Warum Menschen spenden

Kai Fischer

Warum Menschen spenden

Ein Gabe-theoretischer Beitrag zur Fundierung des Fundraisings

Mission-Based Verlag

Bibliografische Information der Deutschen Nationalbibliothek:

Die Deutsche Nationalbibliothek verzeichnet diese Publikation in der Deutschen Nationalbibliografie; detaillierte bibliografische Daten sind im Internet über http://dnb.dnb.de abrufbar.

Diese Veröffentlichung lag dem Promotionsausschuss Dr. phil.der Universität Bremen als Dissertation vor.
Gutachterin: Frau Prof. Dr. Dorle Dracklé, Uni Bremen
Gutachterin: Frau Prof. Dr. Gesa Birnkraut, HS Osnabrück

Das Kolloquium fand am 10. Juni 2015 statt.

Verlag: Mission-Based Verlag - Kai Fischer
Alstertor 15, 20095 Hamburg

www.mission-based-verlag.de

Umschlaggestaltung: SÜDNORD Design, Kathrin Göbel
Lektorat: Panoptes - Andreas Huschen
Herstellung: BoD – Books on Demand, Norderstedt

ISBN: 978-3-9817457-0-2

Auch als e-book erhätlich: ISBN: 978-3-9817457-1-9

Vorwort

Die vorliegende Dissertation schließt vorläufig einen Suchprozess ab, der mich mehr als 10 Jahre begleitet hat. Sein Ausgangspunkt war an einem warmen Hamburger Sommerabend die Frage, warum Online-Fundraising nicht ähnlich erfolgreich ist wie Direct Mail. Zu diesem Zeitpunkt hatten Gitta Roselius von VIER PFOTEN und ich schon mehrere Jahre intensiv zusammengearbeitet und es war an der Zeit, eine erste Bilanz zu ziehen. An diesem Abend wurden in unserer Diskussion zwei Dinge deutlich: Bei der Inszenierung von Kommunikation über unterschiedliche Kommunikationskanäle gelten unterschiedliche Gesetze, und die jeweilige Logik des Fundraising muss mit dem gewählten Kommunikationskanal korrespondieren. Denn eins war uns damals schon klar: Die Logik, welche Nonprofit-Organisationen im Direct Mail praktizieren, lässt sich auf Online-Fundraising nicht übertragen.

Stellt man die Frage nach den unterschiedlichen Beziehungen, die im Fundraising entstehen, kann man bei einigen – jedoch nur wenigen – angelsächsischen Autoren fündig werden. Beeinflusst haben mich in der Folgezeit Autoren wie Terry Axelrod, Ken Burnett, Kay Sprinkle Grace oder auch Penelope Burk, deren Beiträge ich mit großem Gewinn gelesen habe. Bei Axelrod, Timothy Seiler und Peter Brinckerhoff habe ich den Ansatz des „mission-based" (missionsbasierten) Fundraisings bzw. Managements kennengelernt und erfahren, dass es tatsächlich unterschiedliche Ansätze im Fundraising gibt und dass sich verschiedene Arten von Beziehungen zwischen Organisationen und ihren Förderern beschreiben lassen.

Damit ergaben sich erste Ergebnisse, jedoch fehlte eine theoretische Fundierung. Den Zugang hierzu verdanke ich Prof. Dr. Fritz-Rüdiger Volz. Er machte mich sowohl in seinen Arbeiten als auch persönlich darauf aufmerksam, dass Spenden als Gabe-Handlungen zu verstehen sind. Hiermit zeigte er mir eine theoretische und empirische Welt, die mir aufgrund meiner soziologischen Ausbildung zwar nicht fremd war, die ich bis zu diesem Zeitpunkt jedoch nicht in Beziehung zu meiner Fragestellung hatte setzen können. Ohne seine Ausarbeitungen und Hinweise wäre diese Dissertation nicht möglich gewesen. Hierfür bin ich ihm zu tiefem Dank verpflichtet.

Frau Prof. Dr. Dorle Dracklé gab mir die Möglichkeit, an ihrem Institut an der Universität Bremen meiner Fragestellung im Rahmen einer Dissertation nachzugehen. Ich möchte mich an dieser Stelle nicht nur dafür bedanken, dass sie sich auf das Experiment mit einem externen Doktoranden eingelassen hat – der auch noch Firmen führt und eine Familie hat! –, sondern auch für ihre Kritik und Hilfestellung, die dieser Arbeit die notwendige Richtung und Tiefe gaben. Die Möglichkeit, das Thema im Rahmen eines Vortrags vorzustellen, erleichterte es, die Fragestellung zu präzisieren und die Struktur der Arbeit zu finden.

Dr. Thomas Kreuzer danke ich für eine Reihe von Diskussionen über das Thema und für die Möglichkeit, einzelne Aspekte, die in dieser Arbeit ausgeführt werden, im Rahmen von Veranstaltungen vorzustellen und mit anderen Teilnehmern zu diskutieren. Dadurch konnte ich Fragestellung, Gedanken und Argumente präzisieren und meine Einschätzungen mit Experten aus dem Feld abgleichen.

Mit Frau Prof. Dr. Bettina Hohn habe ich viele der hier vorgestellten Aspekte und Fragen diskutiert. Mit ihrer wirtschaftswissenschaftlichen Sichtweise war sie an einigen Stellen das notwendige Korrektiv. Hierfür möchte ich mich bei ihr bedanken. Danken möchte ich auch Selma Reese, Gitta Roselius und Tom Martens, die Teile des Textes gelesen und kommentiert bzw. mir die Möglichkeit gegeben haben, in gemeinsamen Diskussionen Themen zu fokussieren. Dr. Jens Uwe Böttcher danke ich für die Kontakte und die Diskussion verschiedener Inhalte dieser Arbeit. Damit hat er einen entscheidenden Anteil daran, dass diese Dissertation realisiert werden konnte.

Meine Kolleginnen und Kollegen – Ehrenfried Conta Gromberg, Dr. Katrin Jutzi, Kai Kulschewski und Jürgen Stöcker – mit denen ich in den letzten fünf Jahren eng zusammengearbeitet habe, hatten alle einen wesentlichen Anteil am Entstehen dieser Dissertation. Nicht nur sind viele Gesichtspunkte, die hier analysiert werden, in unsere gemeinsame Arbeit eingegangen. Sie haben auch viele Aspekte mit mir diskutiert, Teile bzw. die vollständige Arbeit Korrektur gelesen und mir wichtige Hinweise zur Präzisierung der Argumentation gegeben. Gleichzeitig haben sie mir damit gezeigt, dass meine Arbeit an der Dissertation durchaus praktische Relevanz besitzt und im Rahmen unserer Beratungsprojekte mit Gewinn eingesetzt werden kann. Hierfür möchte ich mich herzlich bei ihnen allen bedanken – und auch für das Verständnis und die Geduld, die sie mir entgegenbrachten, wenn ich gerade im Kopf mit theoretischen Fragen oder Schreiben beschäftigt war. Ohne das und ihre Unterstützung wäre die Dissertation nicht fertig geworden.

Im Rahmen verschiedener Veranstaltungen und Beratungsprojekte konnte ich darüber hinaus Teile dieser Arbeit mit Fundraiserinnen und Fundraisern diskutieren. Alle diese Diskussionen waren für mich bereichernd und ich habe aus allen mitnehmen dürfen, dass der von mir gewählte Zugang zum Fundraising innovativ ist und eine Reihe neuer Erkenntnisse bereithält – auch für „alte Hasen“. Ganz besonders möchte ich der Regionalgruppe Hamburg des Deutschen Fundraising Verbands danken. Während der letzten fünf Jahre hatte ich Gelegenheit, einzelne Aspekte dieser Arbeit in die Diskussionen der Gruppe einzubringen und konnte hierdurch neue Einsichten gewinnen, die der Dissertation zugutegekommen sind.

Frau Prof. Dr. Gesa Birnkraut danke ich für die unkomplizierte Bereitschaft, das Zweitgutachten zu übernehmen. Es hat mich sehr gefreut, dass sie sich als ausgewiesene Expertin an dem Promotionsverfahren beteiligt hat. Für ihre Bereitschaft am Kolloquium teilzunehmen, danke ich Frau Prof. Knecht, Frau PD Dr. Weißköppel sowie Dr. Hinkelbein und Dr. Müller.

Ohne die Unterstützung meiner Familie schließlich wäre die Dissertation nicht fertigzustellen gewesen. Auch ihnen möchte ich für die positive Unterstützung während der letzten Jahre danken.

Ihnen als Leser bzw. Leserin wünsche ich bei der Lektüre, dass Sie ebenso viele neue Erkenntnisse gewinnen mögen, wie ich sie beim Schreiben gefunden habe. Ich hoffe, dass Sie diese in Ihre eigene Arbeit einbringen können. Schließlich ist das Ziel dieser Dissertation nicht der damit verbundene akademische Titel, sondern ihre praktische Relevanz. Denn die qualitative Weiterentwicklung des Fundraisings in Deutschland ist eine der wichtigen Aufgaben, denen wir uns stellen müssen – damit wir gemeinsam die Zivilgesellschaft entwickeln und Lösungsansätze für die großen und drängenden Probleme unserer Gesellschaft finden können.

Als letzter Hinweis: Der leichteren Lesbarkeit wegen wurden männliche Bezeichnungen verwendet. Fast immer sind Frauen mit gemeint. Wo das nicht der Fall ist, habe ich dies gekennzeichnet.

Kai Fischer
Hamburg, Juni 2015

Inhaltsverzeichnis

Abbildungsverzeichnis

1. Einleitung

Es ist Gemeingut, dass als zentraler Aspekt zu einer entwickelten Zivilgesellschaft[1] die Beteiligung der Bürgerinnen und Bürger gehört. Diese äußert sich sowohl im freiwilligen bzw. ehrenamtlichen Engagement als auch im Spenden, d. h. in der Übertragung von Vermögenswerten und Ressourcen. Beides wird von Nonprofit-Organisationen zur Realisierung ihrer Missionen in ihren Projekten und Programmen eingesetzet

Die Übertragung von Vermögenswerten und Ressourcen bzw. das Spenden ist dabei alles andere als selbstverständlich, da Spender keine marktadäquate Gegenleistung für ihre gegebenen Ressourcen erhalten (Urselmann 1998: 21). Spenden widerspricht zumindest in Teilen der Annahme, dass Menschen egoistisch handeln und ihre eigenen Vorteile optimieren. Dies ist häufig beim Spenden nicht der Fall – auch wenn es Ausnahmen hierzu gibt.[2]

Es ist zu fragen, ob es sich beim Spenden überhaupt um einen Markt-Tausch handelt, wie er als zentraler Fokus den Wirtschaftswissenschaften zugrunde liegt und von ihnen bearbeitet wird. Die bisher vorliegenden Versuche, Spenden über Markt-Tausch zu erklären, sind vielfach nicht befriedigend, wie noch zu zeigen sein wird.

Das Spenden als philanthropische Aktivität einzelner Akteure entspricht aufseiten der Nonprofit-Organisationen dem Fundraising. Sie versuchen, mithilfe des Fundraisings eben jene Spenden zu erhalten. Lässt sich erklären, warum Menschen spenden, ist hiermit auch die Möglichkeit verbunden, Fundraising theoretisch zu fundieren und inhaltlich weiterzuentwickeln. Damit ergibt sich die Chance, weitere Einnahmen für Nonprofit-Organisationen bzw. für deren Projekte und Programme zu erschließen.

1 Auf den Zusammenhang von Spenden bzw. Fundraising und Zivilgesellschaft wird am Ende noch einmal dezidierter eingegangen. An dieser Stelle soll der Hinweis genügen, dass mithilfe von Fundraising Zivilgesellschaft mit konstituiert wird.

2 Ob und in welcher Form egoistische oder altruistische Motive dem Spenden zugrunde liegen, wird noch ausführlich diskutiert.

Dies ist auch zwingend notwendig: Fundraising hat in den letzten 20 Jahren in Deutschland einen erheblichen Aufschwung genommen. Nicht nur in der Etablierung als Profession, die sich z. B. in der Gründung des Deutschen Fundraising Verbands[3], der Fundraising Akademie (1997) und der Etablierung des Deutschen Fundraising Kongresses zeigt, sondern auch durch die Aufmerksamkeit in der Öffentlichkeit sowie in der Nachfrage nach spezifischen professionellen Leistungen wird dieser Prozess deutlich.[4]

Diese Entwicklung ist stark mit gesellschaftlichen Wandlungsprozessen der letzten 30 Jahre verknüpft, die es für viele Nonprofit-Organisationen immer notwendiger erscheinen lassen, mithilfe von Fundraising Einnahmen zu erschließen. Hierzu gehören unter anderem:

- Die Entstehung und Etablierung sozialer Protestbewegungen in den 70er- und 80er-Jahren des letzten Jahrhunderts führte zur Notwendigkeit, alternative Formen der Finanzierung zu entwickeln. Für Bewegungen, die sich in Opposition zum Staat verstanden,[5] war es schlichtweg nicht möglich, öffentliche Gelder in nennenswertem Umfang anzunehmen. Folgerichtig gehören Organisationen wie Greenpeace (Gründung der deutschen Sektion 1980)[6], der WWF (Gründung der deutschen Sektion 1962)[7] oder auch Tierschutz-Organisationen mit zu den Pionieren des deutschen Fundraisings.

- Die Einführung marktwirtschaftlicher Prinzipien in die Vergabe öffentlicher Mittel im Anschluss an die partielle Reorganisation

3 Die Gründung erfolgte 1993 noch unter dem Namen Bundesarbeitsgemeinschaft Sozialmarketing (Müllerleile o. J.). Die Umbenennung erfolgte 2003. Zurzeit wandelt sich der Deutsche Fundraising Verband von einem Berufs- zu einem Fachverband (vgl. Protokolle der Mitgliederversammlungen 2010 und 2011).

4 Zur Professionalisierung des Fundraisings in Deutschland vgl. Andrews (2011).

5 Nicht alle Umwelt- und Tierschutz-Organisationen sehen sich in Opposition zum Staat. Infolgedessen werden heute auch öffentliche und quasi-öffentliche Mittel (z. B. von der Bundesstiftung Umwelt, deren Vermögen aus der Privatisierung des staatlichen Salzgitter-Konzern gespeist wurde) angenommen bzw. eingeworben.

6 Zur Gründung der deutschen Sektion vgl. Hönsch (o. J.).

7 Zur Geschichte des WWF vgl. o. V. (o. J.) (b).

der öffentlichen Verwaltung im Zuge der Einführung des Neuen Steuerungsmodells (KGSt 1993) führte in der Folge auch zu Änderungen bei der Zuweisung von Zuwendungen. Konkurrenz und Steuerung über Märkte sollen Innovationen fördern sowie die Effizienz und Effektivität sozialer Dienstleistungen verbessern (Bogumil et al. 2003; Enquete-Kommission „Zukunft des bürgerschaftlichen Engagements 2002: 242). Diese Vorstellungen wiederum korrespondieren mit neoliberalen Leitbildern, denen zufolge nur über Märkte effizient und effektiv Leistungen distribuiert werden könnten.

- Kürzungen in öffentlichen Haushalten aufgrund des Abbaus von Schulden sowie Umschichtungen in den Etats führen bei vielen Nonprofit-Organisationen zu zurückgehenden Einnahmen, die – soll die Leistungsfähigkeit der Organisation erhalten bleiben – kompensiert werden müssen. Fundraising erscheint hier als eine Möglichkeit, dies zu bewerkstelligen.[8]

- Der Diskurs über Zivilgesellschaft[9] und Corporate Social Responsibility (CSR) propagiert bürgerschaftliches Engagement von Privatpersonen und Unternehmen und verweist hierbei auch auf die Notwendigkeit, die Erfüllung öffentlicher Aufgaben wieder zurück an Bürger und Unternehmen zu delegieren. Dabei changieren die Diskurse zwischen dem Versuch der Übertragung öffentlicher Aufgaben und der Möglichkeit, jenseits staatlicher und politischer Kontrolle innovative Leistungen zu erstellen. Diese Diskurse können auch als Versuche interpretiert werden, das Fehlen von Ressourcen aus nicht mehr zur Verfügung gestellten öffentlichen Mitteln zu kompensieren. Gleichzeitig schaffen sie eine gesellschaftliche Legitimation und die Bereitschaft, diese Ressourcen auch einzuwerben.

8 Fischer/Conta Gromberg (2009) weisen darauf hin, dass fehlende finanzielle Mittel häufig der Ausgangspunkt für Fundraising-Projekte sind. Diese Defizit-Orientierung hat erhebliche Auswirkungen auf Bedeutung und Konzeption des Fundraisings in den jeweiligen Organisationen.

9 Unterschiedliche Konzeptionierungen des Begriffs und seine Verwendung in politischen und gesellschaftlichen Diskursen analysiert Adloff (2005).

Auf Basis dieser Entwicklung konnte sich das Fundraising sowohl als öffentliches Thema als auch als Berufsfeld etablieren und ausweiten. Dies bedeutet allerdings noch lange kein quantitatives oder gar qualitatives Wachstum. So stellen Marktuntersuchungen seit fast 20 Jahren ein stagnierendes Spendenaufkommen in Deutschland fest (Urselmann 2000). Sieht man einmal von Spitzen wie nach dem Tsunami Weihnachten 2004 ab – nach medial stark vermittelten Katastrophen stellen Spender zusätzliche Mittel zur Verfügung –, geht die Zahl der Spender sogar zurück. Da gleichzeitig die Höhe der Spenden pro Spender wächst, bleibt das gespendete Volumen in etwa konstant (Borcherding/Stute 2011).

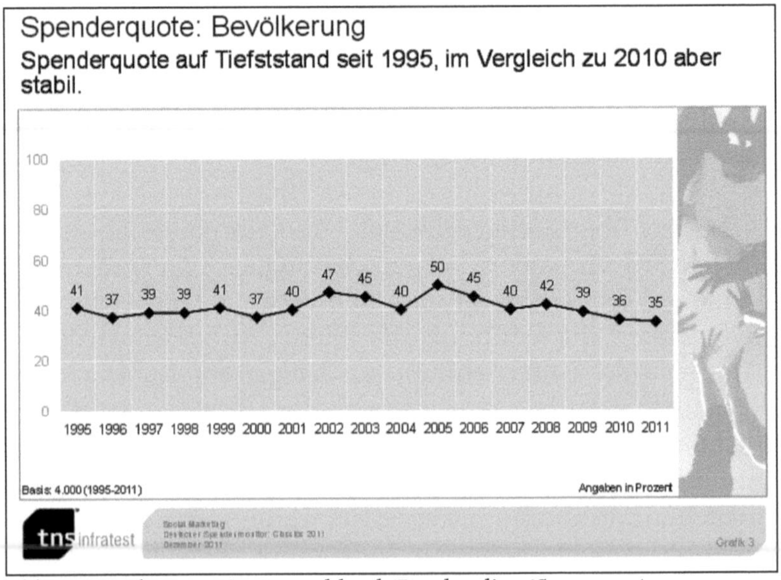

Abb. 1: Spenderquote in Deutschland (Borcherding/Stute 2011)

Gleichzeitig steigt aufgrund des stagnierenden Gesamtvolumens und gleichzeitig neu ins Fundraising eintretender Organisationen der Konkurrenzdruck. Darüber hinaus konkurrieren Nonprofit-Organisationen auch um Werte und Normen, die die Organisationen repräsentieren[10] (vgl. Saxton/Guild 2010). Dies führt zu einem Professionalisierungsdruck auf das Fundraising, welches wiederum mit steigenden Kosten – insbesondere bei Gehältern und Honoraren – sowie einer Akademisierung der Ausbildung einhergeht (Hunziker 2011).[11] Dabei stellt sich natürlich die Frage, ob und in welcher Form es eventuell einen Zusammenhang zwischen dem zunehmenden Konkurrenzdruck auf der einen und dem Rückgang der Spenderzahl auf der anderen Seite gibt.

Hinzu kommt, dass es bis heute kaum gelungen ist, eine größere Anzahl von Förderern langfristig zu binden.[12] So zeigen Zahlen der Gesellschaft für Konsumforschung (GfK), dass jedes Jahr etwa 40 % der Förderer den Organisationen verloren gehen und durch neue Förderer ersetzt werden müssen, um den Stand der Einnahmen zu halten (Adler 2011). Legt man internationale Erfahrungen zugrunde, kann davon ausgegangen werden, dass nur die Hälfte aller neuen Spender eine weitere Spende tätigt (Burk 2000). In allen Folgeperioden verlieren die Organisationen etwa 30 % der Förderer, die schon mehrfach gespendet haben (Burk 2000). Dies ist ökonomisch problematisch, erhöht sich doch der Life-Time-Value mit jedem Jahr der Unterstützung signifikant (Sargeant/Jay 2004).

Gleichzeitig ist das Image des Fundraisings alles andere als positiv. Die mediale Öffentlichkeit ist – sehr zum Leidwesen der im Fundraising Tätigen – stark von negativen Berichten über Spendenskandale, hohe Verwaltungskosten und unlautere Praktiken geprägt.[13]

---

10 Auf die „Mission" als Konzept der grundlegenden Werte und Normen von Nonprofit-Organisationen und dessen Bedeutung für Fundraising und andere Prozesse wird noch detailliert eingegangen.

11 Dies wiederum stellt, wie Hunziker (2011) ausführt, das Management von Nonprofit-Organisationen vor eine Reihe neuer Herausforderungen.

12 Die folgenden Zahlen basieren auf Durchschnittswerten. Im Einzelfall kann eine andere Bindungsdauer gegeben sein.

13 Vgl. hierzu die Pressemitteilung des Deutschen Fundraising Verbands anlässlich der medialen Berichterstattung über Praktiken des Fundraisings in der Vorweihnachtszeit 2011 (Deutscher Fundraising Verband 2011), in welcher der Verband die Berichterstattung als unfair bezeichnet.

Alle Bemühungen um ein ethisch einwandfreies Verhalten und um Transparenz scheinen wenig auszurichten.

Auffällig ist gerade am Fundraising in Deutschland die große Homogenität hinsichtlich Methoden und Formen. Schon in seiner Dissertation von 1997 hat Urselmann (1997: 226) festgestellt, dass 92 % aller Organisationen auf Direct Mail als vorherrschende Methode setzen. Trotz neuer Technologien hat sich hieran bisher kaum etwas geändert. Allerdings fehlen aktuelle wissenschaftliche Daten zum Einsatz verschiedener Medien in der Fördererkommunikation.

Schließlich ist es dem Fundraising als Profession bis heute nicht gelungen, eine hinreichende Klärung der theoretischen Grundlagen zu liefern. Die meisten Veröffentlichungen basieren auf evidenzbasiertem Know-how.[14] Sie leiten an, wie mit Fundraising um Ressourcen geworben werden kann, liefern aber keine Begründung oder Erklärung der Wirksamkeit. Für die Praxis erscheint dies zunächst auszureichen, da die Methoden hinreichend wirksam sind. Dies ist jedoch wenig förderlich, wenn das Fundraising qualitativ weiterentwickelt werden soll, damit weitere Potenziale erschlossen werden können.

In diesem Spannungsfeld zwischen praktiziertem Handeln und theoretisch fundierter Erklärung und Begründung bewegt sich die vorliegende Arbeit. Sie wird einen Ansatz vorlegen, der aus einem für die theoretische Erklärung von Fundraising ungewöhnlichen Theoriehintergrund heraus Spenden als Gaben versteht. Damit verbunden ist die Konsequenz, den Kern von Fundraising neu herauszuarbeiten und zu einer inhaltlich weiten Betrachtung zu kommen. Es ergeben sich daraus zugleich für die Praxis relevante Aussagen, die bis auf die Ebene der methodischen Umsetzung des Fundraisings reichen.

14 Diese müssen nicht zwangsläufig auch korrekt sein. So zeigen Fischer und Conta Gromberg (2009), dass Teile des kanonisierten Wissens im Fundraising als Mythen bezeichnet werden können, die einer kritischen empirischen Überprüfung nicht immer standhalten.

Die Untersuchungen sind wie folgt aufgebaut:

Um den Gründen für das Spenden nachgehen zu können, sollen in einem ersten Schritt bestehende Ansätze vorgestellt und diskutiert werden. Dabei wird deutlich, dass diese Ansätze Spenden-Handlungen nicht hinreichend erklären können. Deshalb wird in einem zweiten Schritt vorgeschlagen, Spenden als Gaben zu verstehen. Das Spenden wird dabei als Gabe-Handeln (Volz 2006) rekonstruiert. Dies ermöglicht es, anschließend zu fragen, in welche gesellschaftlichen Prozesse Geben und Spenden eingebettet sind. Hierfür wird der Begriff der „Gebe-Logiken" eingeführt, mit dem unterschiedliche Aspekte des Spendens in Bezug auf die Austauschprozesse herausgearbeitet werden.

Die Gebe-Logiken bilden zwar die Basis des Spendens, können jedoch die konkrete Entscheidung zu spenden noch nicht hinreichend erklären. Das Handeln (Spenden) setzt zumeist die Bitte um die Spende voraus. Damit kommt Nonprofit-Organisationen, die Fundraising praktizieren, im Spendenprozess eine aktive Rolle zu. Hierfür wird zunächst Fundraising als diejenige unternehmerische Funktion rekonstruiert, die eingesetzt wird, um Gaben in Form von Spenden zu erhalten. Damit eröffnet sich die Möglichkeit, Inszenierungen von Nonprofit-Organisationen im Fundraising zu rekonstruieren. Diese verweisen wiederum auf zugrunde liegende kognitions- und entscheidungspsychologische Muster, die innerhalb der Inszenierung genutzt werden. Dabei werden den Spendern narrative Angebote unterbreitet, die sie dazu nutzen können, sich selbst ihr Handeln zu erklären.

Dies verweist auf den dritten Schritt der Argumentation. Denn es kommt erst dann zur Spende, wenn die Inszenierung zur gewünschten Handlung führt. Damit steht jetzt der Spender im Zentrum der Betrachtung. Seine Reaktion und insbesondere auch seine Erklärung seines Verhaltens – neben der Spende geht es auch um die Verweigerung der Spenden-Handlung – sind wesentliche Elemente, um letztendlich das Fundraising weiterentwickeln zu können.

Dies ermöglicht dann im letzten Schritt die Frage, in welchem Verhältnis die gewonnenen Erkenntnisse zu den oben beschriebenen Beobachtungen „passen" und welche Folgerungen hieraus sowohl für die Praxis als auch für die herangezogenen Theorien und Erklärungsansätze gezogen werden können.

1.1 Eingrenzung des Untersuchungsfelds

Für das Verständnis der Arbeit ist es notwendig, zunächst das untersuchte Feld zu beschreiben und einzugrenzen, um so Aussagen über die Gültigkeit der Erkenntnisse machen zu können.

Betrachtet werden ausschließlich Nonprofit-Organisationen.[15] Im Anschluss an die internationale Forschungsliteratur (Salamon/Anheier 1996; Meyer/Simsa 2013) werden hierunter Organisationen gefasst, die folgenden Merkmalen genügen:[16]

- Sie besitzen ein Mindestmaß an formaler Organisation und sind juristische Personen oder Körperschaften.
- Sie sind private Körperschaften, d. h., staatliche Organisationen gehören nicht zu den Nonprofit-Organisationen. Gerade in

15 Die Bezeichnung der hier betrachteten Organisationen mit dem Begriff „Nonprofit" ist natürlich problematisch. Zum einen handelt es sich um eine negative Abgrenzung, sodass die Organisationen, die zu dieser Gruppe gehören, nicht positiv bestimmt werden können. Zum anderen ist der Begriff selbst irreführend, da die Organisationen durchaus Profite realisieren können und auch müssen, diese jedoch nicht ausgeschüttet werden dürfen, sondern reinvestiert werden müssen. Alternative Bezeichnungen sind „Not-for-Profit" oder auch „zivilgesellschaftliche" Organisationen. Da sich der Terminus „Nonprofit" im Sprachgebrauch durchgesetzt hat, wird in dieser Arbeit daran festgehalten. Hinzu kommt, dass auch alle anderen genannten Begriffe nicht hinreichend trennscharf sind und zu Missverständnissen führen können (Meyer/Simsa 2013: 5 f.).

16 Soweit nichts anderes vermerkt ist, sind die einzelnen Punkte Meyer/Simsa (2013) entnommen.

Deutschland mit seinen staatlichen Universitäten, Staatstheatern und staatlichen Museen gibt es Abgrenzungsprobleme.[17]

- Sie dürfen keine Gewinne bzw. Überschüsse an Eigentümer oder Mitglieder ausschütten. Es ist ihnen nicht verwehrt, Gewinne bzw. Überschüsse zu erwirtschaften; diese müssen jedoch bei ihnen verbleiben und in die Projekte und Programme bzw. in die Organisation selbst reinvestiert werden.

- Sie besitzen ein Minimum an Entscheidungsautonomie und verwalten sich selbst.

- Sie sind durch ein Mindestmaß an Freiwilligkeit[18] gekennzeichnet, d. h., sie weisen freiwillige Arbeit auf oder finanzieren sich zumindest zu Teilen über gegebene Ressourcen.

- Sie wurden gegründet, um eine Mission zu verfolgen (Horak/ Speckbacher 2013).

Eine Abgrenzung von Nonprofit-Organisationen zu Unternehmen ist in der Praxis nicht immer eindeutig möglich. Es hat sich als sinnvoll herausgestellt, Profit und Nonprofit nicht als Gegensatz, sondern als Endpunkte eines Kontinuums zu verstehen.

---

17 Deutlich wird dies, wenn Universitäten in Stiftungen überführt werden, die – obwohl in staatlicher Trägerschaft – durchaus privatrechtlich organisiert sein können. Genau genommen gehören bei dieser Definition eine Reihe von Kirchen und Religionsgemeinschaften nicht zu den Nonprofit-Organisationen, da sie als „Körperschaften des öffentlichen Rechts" konstituiert sind (vgl. Art. 137, Abs. 5 Weimarer Reichsverfassung (WRV)).

18 Der Terminus „Freiwilligkeit" ist nicht unproblematisch. Er unterstellt, dass privatwirtschaftliche Unternehmen nicht „freiwillig" seien, bzw. die Arbeit in ihnen nicht freiwillig sei. Das ist natürlich Unsinn. „Zwangsorganisationen", wie Gefängnisse oder geschlossene psychiatrische Einrichtungen, sind selten. Nimmt man, wie in dieser Arbeit vorgeschlagen, den Begriff der Gabe als konstitutives Merkmal, dann werden Projekte und Programme von Nonprofit-Organisationen in Teilen durch Gaben ermöglicht. Diese sind immer freiwillig (s. u.).

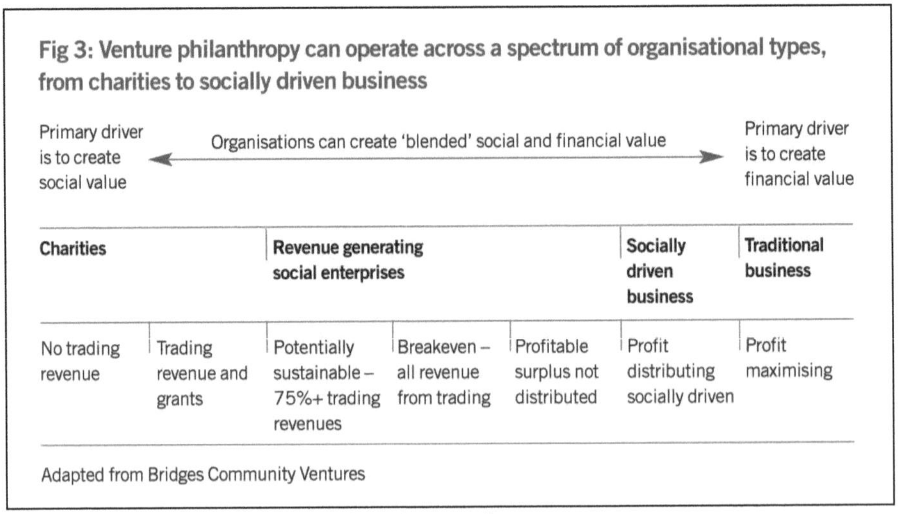

Abb. 2: Kontinuum Profit-Nonprofit (John 2006: 13)

Eine der Besonderheiten von Nonprofit-Organisationen ist die Heterogenität ihrer Finanzquellen. In der Wissenschaft werden drei verschiedene Quellen unterschieden, denen jeweils eine andere Logik zugrunde liegt (Vilain 2006).[19]

Selbst erwirtschaftete Einnahmen

Hierunter fallen alle Formen von Einnahmen, die Nonprofit-Organisationen auf Märkten erzielen können. Alle Formen von Entgelten und Beiträgen gehören in diese Kategorie. Neben Eintrittsgeldern für Theater und Oper werden auch Teilnahmegebühren für Bildungsveranstaltungen hinzugezählt. Zusätzlich lassen sich unter diesen Punkt auch alle Einnahmen fassen, die Nonprofit-Organisationen außerhalb ihres eigentlichen Zwecks vereinnahmen. Hierzu gehören

19 Dies entspricht auch der Differenzierung von Einnahmen, die bei der international vergleichenden Studie zum Dritten Sektor, die von der Johns Hopkins University durchgeführt wurde, zugrunde gelegt wurde. Hier wurde zwischen selbst erwirtschafteten Einnahmen, staatlichen Transfers und philanthropischen Mitteln – die über Fundraising eingeworben werden – unterschieden (Salamon/Anheier 1996).

beispielsweise Einnahmen aufgrund von Catering und Restauration genauso wie Einnahmen aus Werbung (Verkauf von Anzeigen in eigenen Publikationen) und Sponsoring.[20]

Charakteristisch ist bei allen diesen Einnahmenformen, dass Leistungen oder Produkte erstellt werden, die auf Märkten angeboten und von den Nutzern erworben werden. Die Nutzer zahlen mithin für ihren persönlichen Nutzen, den sie aus dem Konsum der Leistung ziehen. Steuerrechtlich handelt es sich also um sogenannte Geschäftsbetriebe (§ 14 Abgabenordnung (AO))[21], wie sie auch bei Unternehmen vorkommen. Teilweise stehen Nonprofit-Organisationen dabei auch in unmittelbarer Konkurrenz zu privatwirtschaftlichen Anbietern.[22] Entsprechend gelten auch für Nonprofit-Organisationen alle rechtlichen Vorschriften, die das Verhältnis von Unternehmen und Kunden regeln.

Der Tausch von Äquivalenten – Geld auf der einen Seite gegen die Nutzung der Leistung oder Übertragung von Eigentums- bzw. Nutzungsrechten auf der anderen Seite – ist der entscheidende Punkt, eine Einnahme dieser Form zuzuordnen.

Zuwendungen aus öffentlichen Haushalten

Wie Vilain herausstellt, liegt allen Zuwendungen ein Antragsverfahren zugrunde, „dessen Durchführung vom Zuwendungsgeber geregelt wird" (Vilain, 2004: 169). Bei Zuwendungen aus öffentlichen

20 Eine Übersicht über mögliche selbst erwirtschaftete Einnahmen liefert Fischer (2011). Vgl. auch Vilain (2006: 238 ff.).

21 § 14 Abgabenordnung (AO) definiert einen wirtschaftlichen Geschäftsbetrieb als „eine selbstständige nachhaltige Tätigkeit, durch die Einnahmen oder andere wirtschaftliche Vorteile erzielt werden und die über den Rahmen einer Vermögensverwaltung hinausgeht." Eine Gewinnerzielungsabsicht ist hierbei nicht notwendig. Wirtschaftliche Geschäftsbetriebe können von Nonprofit-Organisationen auch in der Form von steuerbegünstigten Zweckbetrieben geführt werden (vgl. § 65 AO).

22 Sehr ausgeprägt ist dies beispielsweise im Gesundheitswesen, wo kommerzielle Anbieter neben kommunalen Anbietern und Nonprofit-Organisationen Leistungen erbringen.

Haushalten liegt dem Antragsverfahren eine gesetzliche Regelung zugrunde; in der Regel hat der Antragsteller allerdings keinen Anspruch auf eine Zuwendung.

Charakteristisch für Zuwendungen an Nonprofit-Organisationen ist die vorangehende Formulierung eines politischen oder administrativen Programms, nach welchem entschieden wird, für welche Projekte und Programme Zuwendungen gegeben werden. Auf Basis dieser Programme können Nonprofit-Organisationen sodann Anträge auf Zuwendung stellen.

In Deutschland ist diese Form der Finanzierung eng mit dem aus der katholischen Soziallehre stammenden Prinzip der Subsidiarität verknüpft. Hierbei soll der Staat nicht mehr, aber auch nicht weniger tun, als Hilfe zur Selbsthilfe anzubieten (Spieker 1997: 548). Für die Finanzierung deutscher Nonprofit-Organisationen bedeutet dies, dass der Staat ihnen die Aufgaben übertragen kann – und damit auch finanziert – die sie erfüllen können (Vilain 2004: 69 f.). Damit gilt zumindest für einen Teil der Organisationen, dass sie eng mit der öffentlichen Verwaltung verzahnt sind.[23]

Vilain (2004: 184) weist darüber hinaus darauf hin, dass auch viele Zuwendungen von Stiftungen große Ähnlichkeiten mit Zuwendungen aus staatlichen Haushalten aufweisen. Auch hierbei formulieren in der Regel zunächst die Stiftungen, für welche Zwecke bzw. Aufgaben sie Mittel bereitstellen. Nonprofit-Organisationen können dann Anträge auf Zuweisung solcher Mittel stellen, indem sie Stiftungen konkrete Projekte oder Programme zur Förderung vorschlagen. Vilain schlägt deshalb vor, diese Form der Finanzierung aus der Definition des Fundraisings herauszunehmen und den Formen der Zuwendungen zuzuschlagen. Dieser Überlegung soll im Rahmen dieser Arbeit gefolgt werden, sodass die Anträge an Stiftungen und die Mittel-Akquisition bei Stiftungen nicht weiter verfolgt werden wird.

23 Adloff (2010: 381 ff.) verweist unter Bezugnahme auf Adloff et al. (2004) auf den Umstand, dass das Stiftungswesen in Deutschland sich in zwei Gruppen unterteilen lässt: Dem korporatistischen, eng mit dem Staat verbunden Teil steht ein liberaler Teil gegenüber. Beide Gruppen sind in sich heterogen.

Philanthropische Mittel

Die dritte Gruppe schließlich bilden Spenden als philanthropische Mittel[24]. Fundraising wird dabei als Methode oder Set von Techniken verstanden, philanthropische Mittel einzuwerben. Ausschließlich dieser Teil der Ressourcen von Nonprofit-Organisationen ist Gegenstand dieser Arbeit.

Wie Salamon und Anheier (1996) in ihrer Untersuchung feststellten, spielen philanthropische Mittel im Dritten Sektor insgesamt eine untergeordnete Rolle bei den Einnahmen von Nonprofit-Organisationen. Über alle untersuchten Länder und über alle Tätigkeitsfelder hinweg stammten Anfang der 90er-Jahre des letzten Jahrhunderts nur 10 % aller Mittel aus Spenden. Hingegen wurden 47 % der Mittel selbst erwirtschaftet und 43 % der Mittel waren staatliche Zuwendungen (Salamon/Anheier 1996: 63). Allerdings variierten diese Anteile erheblich – sowohl zwischen den einzelnen untersuchten Staaten als auch zwischen den Tätigkeitsfeldern. Beispielsweise waren in Deutschland nur 4 % aller Mittel philanthropischen Ursprungs.[25] Hingegen dominierten Einnahmen aus öffentlichen Zuwendungen mit 68 % aller Mittel,[26] gefolgt von selbst erwirtschafteten Einnah-

24 In seiner historischen Analyse der Begriffe zeigt Weber (2009: 22 ff.), dass Philanthropie aus einem philosophischen Kontext stammt, während „Caritas" und „Charity" einen kirchlichen Kontext haben. Im Deutschen sind beide Begriffe Fremdworte geblieben. Hier dominieren die Begriffe „Wohltätigkeit", „Mildtätigkeit" und „Gemeinnützigkeit". Für staatliche Leistungen wurden Begriffe rund um das Wort „sozial" – wie „Sozialpolitik" – geschaffen. Weber weist auch darauf hin, dass mit den unterschiedlichen Begriffen und deren Verwendungsweisen unterschiedliche Einstellungen zum Wohlfahrtsstaat verbunden sind, die sich auch in seiner konkreten Ausgestaltung niederschlagen (Weber 2009: 29 ff.).

25 Auch wenn philanthropische Mittel insgesamt nur eine geringe Rolle spielen, finanzieren sich einige Nonprofit-Organisationen ausschließlich oder zu einem großen Teil über Fundraising. So nahm der Hermann-Gmeiner-Fonds in Deutschland 2007 mehr als 116 Mio. an Spenden ein. Die Top-20-Organisationen haben 2007 jede mehr als 24 Mio. an Spenden eigenommen (Deutscher Fundraising Verband, o. J.).

26 Neuere Zahlen zeigen, dass in Deutschland nur 37 % aller Nonprofit-Organisationen überhaupt öffentliche Mittel erhalten (Krimmer/Priemer 2013: 25)

men mit 28 %.[27] Im Gegensatz hierzu wurden in den USA, 52 % aller Einnahmen von Nonprofit-Organisationen selbst erwirtschaftet. Immerhin 30 % aller Mittel wurden von öffentlichen Haushalten zugewendet und 19 % über Fundraising aus philanthropischen Quellen eingeworben.[28] Auffällig ist hierbei, dass selbst in den USA, wo Fundraising als Kulturtechnik weit entwickelt ist, Fundraising bei den Einnahmen von Nonprofit-Organisationen nur eine untergeordnete Rolle spielt. Selbst hier übersteigen die öffentlichen Zuwendungen die Einnahmen von philanthropischen Mitteln deutlich.

Wie schon erwähnt, variieren die Anteile der einzelnen Formen von Einnahmen sowohl zwischen den untersuchten Staaten als auch zwischen den einzelnen Feldern, auf denen Nonprofit-Organisationen tätig sind. So zeigt sich z. B. für Deutschland, dass insbesondere Organisationen, die im Gesundheitswesen oder in sozialen Diensten, aber auch in Bildung und Forschung sowie in internationalen Aktivitäten[29] aktiv sind, verstärkt durch öffentliche Zuwendungen finanziert werden.[30] Zwischen 84 und 73 % aller Mittel stammen aus dieser Quelle. Das Stiftungswesen sowie die Wirtschafts- und Berufsverbände wiederum verfügen weitgehend über selbst erwirtschaftete Mittel, die in diesen Feldern zwischen 85 und 94 % aller Einnahmen ausmachen (Anheier 1998: 68).

Unter dem Fundraising-Begriff wird nicht nur die Einwerbung von Geld, sondern in einem erweiterten Verständnis die von Ressourcen verstanden (Urselmann 2011: 11 ff.): Neben Geld gehören hierzu auch freiwillige Arbeit, Dienstleistungen, Sachmittel, Nutzung von Rech-

27 Die Anteile dürften sich in den letzten Jahren verändert haben, da zum einen öffentliche Zuwendungen zurückgingen und Fundraising in vielen Nonprofit-Organisationen eingeführt und professionalisiert wurde. Aktuellere Zahlen liegen allerdings nicht vor.

28 Alle Zahlen stammen aus Salamon/Anheier (1996: 66). Hier finden sich auch Zahlen zu den anderen untersuchten Staaten.

29 Organisationen mit dem Schwerpunkt internationale Zusammenarbeit erzielen 17 % ihrer Einnahmen aus Spenden. Dies ist ebenfalls überproportional (Anheier/Salomon 1996).

30 Für die ersten drei Bereiche bestätigt sich dieser Befund auch in aktuellen Zahlen; vgl. Krimmer/Priemer (2013).

ten und Weiteres. Um die Argumentation fokussieren und die Aussagen schärfen zu können, werden im Folgenden jedoch ausschließlich Spenden in Form von Geld-Transaktionen betrachtet. Dies bedeutet nicht, dass die anderen Ressourcen nicht wichtig wären, sondern ist ausschließlich der Bearbeitungstiefe geschuldet.

Bei Privatpersonen, denen das von ihnen gespendete Geld selbst gehört, liegt ein anderer Entscheidungsprozess zugrunde als bei Spenden von Unternehmen und Stiftungen, in denen Entscheider über Geld verfügen, das den jeweiligen Körperschaften bzw. Eigentümern gehört. Aus pragmatischen Gründen stehen die Privatpersonen – sofern nicht explizit auf Unternehmen oder Stiftungen Bezug genommen wird – im Zentrum der folgenden Betrachtungen.

1.2 Methodik und Gültigkeitsraum der Erkenntnisse

Die vorliegende Arbeit nutzt in Form einer Sekundäranalyse empirische Erkenntnisse anderer wissenschaftlicher Untersuchungen ohne selbst empirisch zu sein. Mithilfe der vorliegenden empirischen und theoretischen Literatur wird ein Erklärungsmodell für Fundraising herausgearbeitet.

Die Entscheidung für dieses Vorgehen speist sich aus zwei Überlegungen: Jede empirische Studie setzt voraus, dass ihr Gegenstand mithilfe einer entsprechenden Methodik erfasst werden kann. Fragt man nach den Gründen für eine Spende, müsste die empirische Methode beim Förderer und seinem Entscheidungsprozess ansetzen. Bei der vorliegenden Fragestellung sind aber die empirischen Möglichkeiten beschränkt: Werden Interviews genutzt, muss unterstellt werden, dass der Entscheidungsprozess zumindest in Ansätzen verbalisierbar ist. Das ist jedoch beim Spenden nicht zwingend gegeben, da die Entscheidung intuitiv und emotional auf Basis kultureller Standards getroffen wird, die dem Einzelnen nicht zwingend bewusst sind. Fragt man in so einer Situation nach der Entscheidung, wird diese im Interview bestenfalls (re-)konstruiert. Diese Konstruktion verweist aber eher auf kulturelle Standards und kulturell verfügbare Erklärungsmuster als auf die tatsächliche Entscheidung.[31] Dies verstärkt sich dadurch, dass Motiv, Handlung und Befragung zeitlich auseinanderfallen.

Bourdieu (2005: 140 f.) macht in Bezug auf Gaben die empirische Beobachtung, dass Gaben zwar Beziehungen und Strukturen generieren, diese Funktion jedoch kollektiv negiert und verdeckt wird, um den freiwilligen Aspekt der Gabe zu betonen. Wenn dem so ist, können durch eine Befragung von Spendern diese Aspekte nicht erhoben werden: Teil des kulturellen Bezugs ist ja gerade die fehlende Möglichkeit zur Artikulation der Handlungsmotive.

Deshalb bieten sich bei der Erforschung von Spendenentscheidungen nonverbale Verfahren an. Viele der zitierten Studien arbeiten sehr erfolgreich mit Experimenten – sowohl im Labor als auch im Feld. Allerdings zeigen sich beim Einsatz von Experimenten zwei Problemfelder: Neben dem Aspekt der Übertragbarkeit der Erkenntnisse in die Praxis können immer nur einzelne Aspekte einer Situation variiert werden, um valide Ergebnisse zu erhalten. Dies bedeutet, dass mit dieser Methode nur sehr kleinteilige Erkenntnisse erzielt werden können. Eine Fundierung eines Arbeitsfelds, wie sie hier beabsichtigt ist, ist mit dieser Methode kaum möglich.

Zweitens ist der Autor selbst Teil des zu erforschenden Feldes, in welchem er seit mehr als 17 Jahren beruflich aktiv ist – sowohl als Berater, Referent und Ausbilder als auch als Autor und Kommentator. Die Nähe zum Feld ermöglicht zwar einen differenzierten und privilegierten Zugang, hat gleichzeitig aber auch zur Folge, dass eine notwendige Distanz zur empirischen Praxis nicht immer gegeben ist. Hinzu kommt, dass aufgrund der Nähe jede empirische Erhebung im Feld von den Befragten als Intervention verstanden werden kann.

31 Diesen Vorgang kann man an der Arbeit von West (2011), die methodisch auf qualitative Interviews mit Spendern aufbaut, gut zeigen. Vgl. die Auseinandersetzung mit der Arbeit von West in Kap. 2.3.2.

Hierdurch könnte sich das Verhalten von Befragten verändern, sodass Verzerrungen in den Daten zu vermuten wären.

Es wurde deshalb entschieden, die Dissertation als theoretische Arbeit anzulegen. Aufbauend auf empirischen und theoretischen Arbeiten wird ein eigener Erklärungsansatz für Fundraising entwickelt. Empirische Belege, die in der Arbeit zitiert werden, dienen der Erklärung und Illustration.

Grundlagen der Dissertation sind empirische Studien und theoretische Modelle, die vorwiegend aus den USA stammen. Die Gabe-Theorie in der hier verwendeten Form[32] wiederum geht zurück auf den Franzosen Marcel Mauss (1968) und die an seine Arbeit anschließende französische Diskussion und Weiterentwicklung seines Ansatzes. Studien und theoretische Beiträge aus Deutschland wurden berücksichtigt, soweit sie einschlägig sind.

Damit stellt sich die Frage nach dem Erklärungshorizont der vorliegenden Arbeit. Wie Mauss (1968) gezeigt hat, ist Gabe ein universelles Phänomen, welches schon in archaischen Kulturen zu beobachten ist. Einige der identifizierten Gebe-Logiken reichen ebenfalls weit in die Geschichte zurück und sind universell für alle Religionen seit der Achsenzeit (Armstrong 2008) bzw. lassen sich spätestens seit der europäischen Antike (Veyne 1988) in ihrer Grundform zeigen. In ihrer heutigen Ausgestaltung sind die hier betrachteten Gebe-Logiken eng mit der bürgerlichen Gesellschaft verknüpft.[33] Während eine Reihe der grundlegenden Aspekte auf viele Gesellschaften in der einen oder anderen Weise zutreffen, sind viele spezifische Erkenntnisse an bürgerliche Gesellschaften mit einer aktiven Zivilgesellschaft gebunden.

32 Einen historischen Abriss über die wissenschaftliche Diskussion des Gabe-Begriffs in Europa gibt Liebensohn (2011).

33 Zur Entstehung von bürgerschaftlichem Engagement und bürgerlicher Gesellschaft vgl. z. B. Sachße (2002).

Fundraising selbst ist ein Konzept, welches in den USA entwickelt wurde und in den 80er-Jahren nach Deutschland importiert wurde.[34] Insofern ist der Gegenstandsbereich ein Kulturimport, welcher an die hiesigen Gegebenheiten adaptiert wird. Dieser Prozess ist bis heute nicht abgeschlossen.[35]

Damit steht diese Arbeit selbst im Prozess der Adaption eines kulturellen Imports: Auf der einen Seite ist deutlich, dass die bisherige Adaption zwar in gewissem Umfang erfolgreich war, jedoch im Moment stagniert. Zur weiteren Adaption werden mit der Gabe-Theorie Erklärungsansätze mit europäischem Hintergrund herangezogen. Viele empirische Studien stammen jedoch aus den USA. Ihre Gültigkeit wird auch für Deutschland bzw. Europa bis zum Beweis des Gegenteils unterstellt. Soweit empirische Studien vorliegen, wurden diese ergänzend herangezogen, um Gemeinsamkeiten und Unterschiede herausarbeiten zu können.

Damit steht diese Arbeit im Zentrum eines ökonomisch induzierten strukturellen Veränderungsprozesses, der seinerseits zu einer doppelten kulturellen Adaption führt: Aufgrund der durch die Einführung von Markt-Prozessen und zurückgehende öffentliche Förderungen angestoßenen Prozesse importieren Nonprofit-Organisationen Fundraising als kulturelle Praktik aus den USA und adaptieren diese an die hiesige Kultur. Dabei unterstellen sie – bis zum Beweis des Gegenteils – die Übertragbarkeit der kulturellen Voraussetzungen. Mithilfe der importierten und adaptierten Praktiken bitten sie um Gaben, die ihnen von Menschen zugewandt werden, die im Rahmen ihrer Kultur geben. Dabei machen Förderer und Angesprochene im Prozess des Fundraisings ebenso wie die Nonprofit-Organisationen einen Lern- und Adaptionsprozess durch, in dem die importierten

---

34 Und es basiert seinerseits auf früheren Kulturimporten aus Europa, vor allen Dingen aus Deutschland und Großbritannien, in die USA. Im 18. Jahrhundert haben Mitglieder von US-Eliten Muster bürgerschaftlichen Engagements aus Europa in die USA importiert (Adam 2009b).

35 Diese Dissertation lässt sich als Teil des Adaptions- und Selbstverständigungsprozesses lesen.

und tradierten sozialen Praktiken beider angepasst und dadurch verändert werden.

2. Theoretische Modelle zur Erklärung des Spendens

Spenden als einseitige Transaktionen ohne marktadäquate Gegenleistung widersetzen sich zumindest in Teilen gängigen theoretischen Konzepten egoistischen Verhaltens: Theorien in der Tradition des Rational Choice postulieren den individuellen Nutzen, den ein Akteur aus einer Handlung zieht und aufgrund dessen er handelt.[36] Obwohl auch Spenden durch individuelle Nutzen motiviert sein können, ist ein solcher – beispielsweise wenn Menschen in fernen Kontinenten eine Spende zugedacht wird – nicht notwendigerweise immer gegeben.

Im Folgenden sollen theoretische Erklärungen dieses Verhaltens diskutiert werden, um zu zeigen, wie in Psychologie und Wirtschaftswissenschaften diese Phänomene erklärt werden. Anschließend werden empirische sozialwissenschaftliche Erkenntnisse vorgestellt und erörtert.

2.1 Altruismus und prosoziales Verhalten

Folgt man der Argumentation von Heidbüchel (2000), lassen sich Spenden als spezifische Form des prosozialen Handelns[37] verstehen. Mit Spenden transferieren Spender Ressourcen – meistens in Form von Geld – damit diese eingesetzt werden, um Dritten zu helfen.[38]

---

36 Obwohl heute selbst in den Wirtschaftswissenschaften nicht mehr notwendigerweise auf Rational-Choice-Ansätze rekurriert wird (vgl. die Auszeichnung des Psychologen Kahnemann mit den Nobelpreis für Wirtschaftswissenschaften 2002 und damit die Würdigung der *behaviorial economics* (Kahnemann 2012)), arbeiten sich viele wissenschaftliche Ansätze noch an diesem Paradigma ab. Caillé (2008) versteht sein wissenschaftliches Programm als Alternative zu utilitaristischen und normativistischen Theorien. Vgl. auch den Ansatzpunkt von Bierhoff (2010). Auf diese Auseinandersetzung wird im Folgenden rekurriert.

37 Grundlage der Beschäftigung mit prosozialem Verhalten sind empirische Beobachtungen von Hilfeleistungen, wenn Dritte in Notsituationen sind. Gefragt wird, wann und unter welchen Bedingungen Menschen geholfen wird (Penner et al. 2005: 367).

38 Dies ist allerdings, wie weiter unten gezeigt wird, nicht die einzige Gebe-Logik.

Dies deckt sich mit der Definition von Bierhoff (2010: 13 f.), der ein „intentionales und willentliches Verhalten, das potenziell oder tatsächlich zum Wohlergehen des Empfängers beiträgt und keine Dienstobliegenheit darstellt", als prosozial bezeichnet.

Prosoziales Verhalten kann – auch wenn es auf das Wohlergehen eines Dritten gerichtet ist – durch eigennützige Motivationen begründet sein: Das Bewahren eines Selbstbildes oder die Befolgung von Normen und Erwartungen können ebenso motivationale Grundlagen sein, wie antizipierte zukünftige Ehrungen und positive Rückmeldungen, Anerkennung und Reputationsgewinne (Piliavin 2009). Dies schließt jedoch nicht aus, dass prosoziales Verhalten auch altruistisch motiviert sein kann. In seinen Studien kann Batson (2011) im Rahmen der *emphaty-altruism hypothesis* zeigen, dass in bestimmten Hilfesituationen Handlungen aufgrund einer empathischen Empfindung, die zu einer altruistischen Motivation führt, ausgeführt werden.[39] Empathie versteht Batson dabei als „other oriented emotion elicited and congruent with perceived welfare for someone in need." (Batson 2011: 11).

Handlungen, die auf uneigennützige Motivationen zurückzuführen sind, stellen theoretische Annahmen im Rahmen utilitaristischer Theorien über menschliches Verhalten infrage: Im Kontext von Rational-Choice-Ansätzen wird unterstellt, dass „Akteure in Entscheidungssituationen unter Restriktionen versuchen, ihre Präferenzen möglichst gut zu realisieren." (Diekmann/Voss 2003: 15). Die Einschätzung, dass durch eine empathische Empfindung ausgelöste altruistische Motivation jenseits dieses Axioms steht, ist in der Wissenschaft umstritten,[40] aber, wie empirischen Studien zeigen, nicht vollständig ausgeschlossen (Paliavin 2009). Monroe (1994: 863) schlägt deshalb vor, eigennützige und uneigennützige Motivation nicht als Gegensätze, sondern als Endpunkte eines Kontinuums zu

39 „Altruismus" wird im Rahmen dieser Arbeit in Übereinstimmung mit Batson (2011) und Paliavin (2009) als Motivation aufgefasst, nicht als spezifische Form des Handelns.

40 Vgl. hierzu auch den Diskussionsbeitrag von Cialdini et al. (1987).

betrachten: Die Absichten können in jedem Einzelfall mehr oder weniger eigennützig oder altruistisch sein. Auch eine Mischung beider Motivationen ist denkbar.

Unterscheiden lassen sich prosoziale Handlungen hinsichtlich der Adressaten: In den klassischen Studien zu prosozialem Verhalten werden Hilfeleistungen für Einzelne, die sich in konkreter Not befinden, analysiert. Im Rahmen von Studien in Organisationen wird prosoziales Verhalten im Kontext von Kooperationen betrachtet. Hier wird danach gefragt, welchen Beitrag prosoziales Verhalten zum Gelingen dieser Kooperationen leistet.[41] Da Spenden individuelle Handlungen sind, die einem Dritten zugutekommen, werden im Folgenden die Effekte auf Kooperationen in Organisationen nicht weiter betrachtet.

2.1.1 Erklärungsansätze für prosoziales Verhalten

Zur Erklärung prosozialen Verhaltens werden, wie Penner et al. (2005: 369 ff.) zeigen, evolutionstheroretische Modelle aus dem Umfeld des Neo-Darwinismus herangezogen. Danach handeln Menschen prosozial aufgrund genetischer Prädispositionen oder weil Gruppen, in denen prosoziales Verhalten praktiziert wird, evolutionär anderen Gruppen überlegen sind und sich deshalb durchsetzen (vgl. bspw. Barrett et al. 2002).

Nach der Theorie der Verwandten-Selektion wird die Übertragung der Gene sichergestellt, wenn jeweils den fittesten Verwandten als Träger eben dieser Gene geholfen wird. So kann – auch unter Einsatz der eigenen Gesundheit oder des eigenen Lebens – die Weitergabe der Gene der Sippe oder des Clans gesichert werden. Dabei ist nicht das Überleben des Einzelnen, sondern die Gesamtfitness der Gruppe entscheidend. Dieser Sachverhalt lässt sich empirisch beobachten,

41 Hinter dieser Fragestellung steht die empirische Beobachtung, dass bei ausschließlich eigennützigem Verhalten Kooperationen nicht gelingen können. In prosozialem Verhalten wird eine Lösung des Kooperationsproblems gesehen. Vgl. bspw. Gintis (2003).

wenn Amerikaner oder auch Japaner bei einer Befragung angeben, sie würden in einer tendenziell tödlichen Situation zunächst diejenigen Verwandten retten, die gesund und reproduktionsfähig sind (Burnstein et al. 1994).

Prosoziales Verhalten lässt sich auch über Normen der Reziprozität erklären (Penner et al. 2005: 370), wenn über soziale Normen sichergestellt ist, dass prosoziales Verhalten auch umgekehrt vergolten wird. Reziprozität ist eine starke soziale Norm, die nicht nur in allen Gesellschaften anzutreffen ist, sondern die sozialen Austausch und damit das Überleben von Individuen ermöglicht (Cialdini 2007: 43 ff.). Beispielsweise wurde empirisch gezeigt, dass Menschen eher bereit sind, Menschen zu helfen, die ihrerseits Hilfe anbieten (Boster et al. 2001). Zusätzlich erhöht das Anbieten von Hilfe den Status innerhalb der Gruppe und kann zu Reputationsgewinnen führen (Wedekind/Braithwaite 2002).[42]

Schließlich zeigt die Theorie der Gruppenselektion, dass altruistische Gruppen egoistischen überlegen sind und damit reproduktive Vorteile erringen können (Penner et al. 2005: 371): Durch altruistisches Verhalten stellen sich die Individuen in den Dienst der jeweiligen Gruppe und schaffen so über Synergieeffekte einen optimaleren kollektiven Output, woran jedes Individuen wiederum partizipieren kann. Insgesamt entsteht sowohl auf kollektiver als auch auf individueller Ebene ein größerer Nutzen. Gruppen mit egoistischen Mitgliedern müssen hingegen befürchten, dass einzelne Akteure auch auf Kosten anderer Gruppenmitglieder und der Gruppe insgesamt ihren individuellen Nutzen maximieren. Sowohl der Gesamt- als auch der Individualnutzen können somit geringer ausfallen.

Die theoretischen Erklärungen verweisen sowohl auf eine biologische bzw. genetische Disposition für prosoziales Verhalten als auch auf die Bedeutung sozialer Normen. Wenn evolutionäre Vorteile durch prosoziales Verhalten errungen werden können, könnte sich dies auch

42 Die Möglichkeit von Reputationsgewinnen wird im Zusammenhang mit der Darstellung der Gebe-Logiken in Kap. 4 wieder aufgenommen und vertieft.

in genetischen Dispositionen und entsprechenden physiologischen Reaktionen niederschlagen.[43] Gleichzeitig können die evolutionären Vorteile auch durch soziale Normen, wie die der Reziprozität, gesichert werden. Sowohl über Internalisierung als auch über Kontrolle und Sanktionen können soziale Gruppen diesen Vorteil sichern.

2.1.2 Bedingungen für prosoziales Verhalten

Zur Frage nach den Determinanten prosozialen Verhaltens – d. h., welche Bedingungen beeinflussen, ob in einer konkreten Situation eine Person in Not Hilfe erhält – hat die psychologische Forschung in den letzten Jahren eine Reihe von Erkenntnissen herausgearbeitet.

Zu den wichtigsten situativen Determinanten gehört das Bystander-Problem: Je mehr Menschen Zeuge einer Notsituation sind, desto geringer ist die Wahrscheinlichkeit, dass Hilfe geleistet wird. Die geringere Bereitschaft zur Hilfe wird auf die Uneindeutigkeit der Verantwortung *(„diffusion of resonsibility")* für die Hilfe zurückgeführt (Paliavin 2009: 211). Keiner der Anwesenden muss selbst die Verantwortung übernehmen, da diese genauso gut durch einen anderen Anwesenden übernommen werden könnte. Die fehlende Strukturierung der Situation kann zu Unsicherheiten bei den Beobachtern führen und verhindert somit tendenziell, dass kollektiv gehandelt wird (Cialdini 2007: 172 ff.). Allerdings kann hierdurch die Varianz des Verhaltens nicht vollständig erklärt werden, da auch Situationen bekannt sind, in denen Menschen Hilfe erhalten haben, wenn viele Menschen in der Situation anwesend waren (Paliavin 2009: 211 f.).

Hinzu kommt, dass die Interpretation einer Situation als Notfall nicht immer eindeutig ist und durch die Anwesenheit anderer Personen, die nicht reagieren, erschwert wird. Da Situationsdefinitionen intersubjektiv konstruiert sind (Berger/Luckmann 2012), orientieren sich Menschen an anderen. Reagieren diese aufgrund der Uneindeu-

43 Vgl. hierzu auch die Ausführungen zu den physiologischen Bedingungen prosozialen Verhaltens weiter unten.

tigkeit nicht, steigt die Wahrscheinlichkeit, dass eine Situation nicht als Notfall eingeschätzt wird, und eine Reaktion unterbleibt (Paliavin 2009).

Schließlich beeinträchtigen zeitliche Restriktionen zusätzlich die Interpretation einer Notsituation: Befinden sich Menschen in Eile, neigen sie dazu, eine Notsituation zu übersehen und diese nicht als einen Notfall einzuschätzen, der ihre individuelle Hilfe erfordert (Aronson et al. 2004: 422).

Auch die Art der Beziehung zwischen demjenigen, der hilft und demjenigen, der der Hilfe bedarf, spielt für die Wahrscheinlichkeit prosozialen Verhaltens eine Rolle: Neben der sozialen Ähnlichkeit – Menschen, die dem Helfenden hinsichtlich sozialer und demografischer Merkmale ähnlich sind, wird eher geholfen[44] – ist die Enge der Beziehung entscheidend: Je enger die soziale Beziehung zwischen Helfer und Hilfebedürftigem ist, desto höher ist die Wahrscheinlichkeit der Hilfe (Aronson et al. 2004: 423).

Die Wahrscheinlichkeit prosozialen Handelns ist auch vom Ort der Notsituation abhängig: In Großstädten ist die Wahrscheinlichkeit geringer (Aronson et al. 2004: 421), welches mit der *Urban-Overload*-Hypothese (Milgram 1970) erklärt wird: Die Reizüberflutung führt zu einer Abkapselung, wodurch die Wahrscheinlichkeit sinkt, sich für andere zu interessieren und eine Notlage als Hilfesituation zu interpretieren. In einer vergleichenden Untersuchung von prosozialem Verhalten in 23 Städten kommen Livine et al. (2001: 551) zu dem Ergebnis, dass die Hilfsbereitschaft in mittelgroßen Städten (100.000 Einwohner) am größten ist (Bierhoff 2010: 33).

Livine et al. (2001) konnten darüber hinaus feststellen, dass Hilfsbereitschaft mit dem Lebensstandard stark negativ (r=-0,43) korreliert. Je höher der Lebensstandard in den untersuchten Städten ist, desto geringer ist die Wahrscheinlichkeit einer Hilfeleistung. Augenschein-

44 Homans hat schon 1950 darauf hingewiesen, dass soziale Ähnlichkeit ein entscheidendes Merkmal bei der Konstitution sozialer Gruppen darstellt.

lich sind Menschen mit einem höheren Einkommen weniger auf Solidarität und gegenseitige Unterstützung angewiesen, da sie sich Hilfe und Unterstützung notfalls kaufen können (Bierhoff 2010: 33).

Die Höhe des Einkommens als Indikator für prosoziales Verhalten ist wiederum mit dem Klima korreliert: Bei einem hohen Einkommen gilt: Je kälter das Klima, desto größer die festgestellte Hilfsbereitschaft. Umgekehrt gilt bei einem niedrigen Einkommen: Je heißer das Klima, desto größer die Hilfsbereitschaft (Bierhoff 2010: 35).

Auch unterschiedliche kulturelle Ausprägungen können eine unterschiedliche Hilfsbereitschaft erklären: In einer individualistischen Kultur werden andere Grenzen zur Ingroup gezogen als in interdependenten Kulturen (Aronson et al. 2004: 417). In der Studie von Livine et al. (2001) zeigt sich dies in Städten mit einer aus dem Spanischen stammenden *Sympat a*-Kultur. In dieser wird Hilfeleistung ein höherer Wert zugeschrieben, sodass sich in Städten aus diesem Kulturkreis auch eine höhere Hilfsbereitschaft gegenüber Fremden darstellen lässt (Bierhoff 2010: 35).

Selbst emotionale Stimmungen haben Einfluss auf prosoziales Verhalten: Eine positive Stimmung kann genauso förderlich sein wie Schuldgefühle und Traurigkeit. Während es bei Traurigkeit und Schuldgefühlen beim prosozialen Verhalten um Überwindung und Kompensation dieser Gefühle geht (Cialdini/Kenrick 1976), sind Menschen mit einer positiven Stimmung offener für Mitgefühl und Empathie (Aronson et al. 2004: 418).

Der Zusammenhang von Stimmungen und Emotionen mit prosozialem Verhalten wird über genetische und physiologische sowie hormonelle Prozesse gesteuert. Piliavin (2009: 214 f.) fasst in ihrem Übersichtsartikel entsprechende aktuelle Studien zusammen, die zeigen, dass sowohl genetische Faktoren (vgl. bspw. Matthews et al. 1981), als auch unterschiedliche Hirnaktivitäten (Tankersley et al. 2007; Moll et al. 2006) beobachtet worden sind. Auch das Hormon

Oxytocin scheint bei prosozialem Verhalten eine Rolle zu spielen (Zak et al. 2007).

Damit liegt die Frage nahe, ob es altruistische Persönlichkeiten gibt, die eher als andere Menschen zu prosozialem Verhalten neigen. Dies legen die unterschiedlichen physiologischen Reaktionen nahe.

Bierhoff (2010: 89 f.) weist darüber hinaus darauf hin, dass auch die Situation selbst Einfluss auf prosoziales Verhalten hat. Kann sich eine Person einer Situation nur schwer entziehen, lässt sich ihr prosoziales Verhalten als Erfüllung sozialer Normen verstehen. Besteht hingegen die Möglichkeit, Verantwortung zu delegieren, kann prosoziales Verhalten eher auf altruistische Motivation oder die Erfüllung von Erwartungen anderer zurückgeführt werden.

Aronson et al. (2004) weisen schließlich auch auf den Einfluss geschlechtsspezifischer Stereotype und Normen hin: Verweisend auf eine Studie von Eagly und Crowley (1987) schreiben sie Männern ein ritterlich-heroisches Verhaltensmuster zu, welches mit riskantem prosozialem Verhalten – z.B. Rettung eines Drittens unter eigener Lebensgefahr – einhergeht und Frauen eher Hingabe und den Aufbau lang anhaltender Beziehungen – z.B. in Pflege und Betreuung.

Monroe (1994) und Paliavin (2009) sehen schließlich prosoziales Verhalten über personale Identität vermittelt: Monroe versteht „Identität“ als spezifisches Muster von Kultur, welches über die Internalisierung von Werten und Normen im Sozialisationsprozess erworben wird (Monroe 1994: 877 ff.). In ihrem *Cognitive-perceptual*-Ansatz erklärt sie Altruismus durch Faktoren wie Identität, Selbstwahrnehmung, Weltsicht und Empathie: Die durch den Sozialisationsprozess internalisierten Werte und Normen ermöglichen nicht nur die Konstruktion der eigenen Identität, sondern bilden als kognitive Muster und Frames die Basis, um Informationen über die Welt und die eigene Person zu organisieren. Gleichzeitig sind sie mit Affekten bzw. der affektiven Verarbeitung der Informationen verbunden (Monroe 1994: 886). Das Commitment zu prosozialem Verhalten aus altruistischen Motiven kann somit Teil der personalen Identität werden (Piliavin 2009: 216): Wer sich selbst als altruistisch handelnde Person sieht und dieser Form des Handelns einen Wert beimisst, wird eher prosozial und helfend reagieren.

Prosoziales Verhalten wird mithin durch vielfältige Einflüsse bedingt: Neben Persönlichkeitsfaktoren auf Ebene der physiologischen und hormonellen Steuerung sowie der Konstruktion von Identität wirken auch kulturelle und situative Faktoren mit.

2.1.3 Prosoziales Verhalten als Entscheidungsprozess

Mit Batson (2011: 80) kann man prosoziales Verhalten als komplexen Entscheidungsprozess verstehen: Damit es zu prosozialem Handeln kommt, muss abhängig von situativen, kulturellen[45] und persönlichen Merkmalen die Situation selbst als Notsituation wahrgenommen und als Notsituation interpretiert werden. Aufgrund internalisierter Normen und Werte ergibt sich die Bereitschaft zur Handlung. Die Werte und Normen können sowohl egoistische Aspekte der individuellen Nutzen-Optimierung aufweisen als auch am Wohlergehen des anderen orientiert sein. Welche Werte und Normen handlungsleitend sind, wird über die jeweilige personale Identität vermittelt.

Hieraus ergibt sich die jeweilige Motivation zum Handeln. Damit es aber auch zur tatsächlichen Handlung kommt, erfolgt eine Kosten-Nutzen-Analyse des möglichen Verhaltens – auch unter Bezug auf internalisierte Werte und Normen – einschließlich der Möglichkeit, Verantwortung zu delegieren und sich der Situation zu entziehen (Aronson et al. 2004: 408). Paliavin (2009: 213) verweist jedoch auf Studien von Batson, denen zufolge es bei einer empathischen Einstellung und altruistischer Motivation auch zu Hilfe und prosozialem

45 Kulturelle Faktoren sind bisher in diesem Zusammenhang wenig untersucht worden. Denkbar ist, dass Attributionsprozesse („selbst schuld") oder kulturelle Standards – z. B. in Bezug auf Kinderarbeit oder Kindheit – ebenfalls Einfluss auf die Entscheidung zu prosozialem Verhalten haben. Diese Aspekte werden im Kontext von Spenden weiter vertieft.

Verhalten kommen kann, wenn diese mit Kosten oder Bestrafungen verbunden sind.

Wird prosoziales Verhalten als Entscheidungsprozess verstanden, zeigen sich seine Komplexität und die gegenseitige Beeinflussung der jeweiligen Variablen. Erst in der Komplexität von personalen, kulturellen und situativen Faktoren finden sich Erklärungen, wie und wann Menschen bereit sind, sich prosozial zu verhalten. Eine vollständige Reduktion auf Kosten-Nutzen-Kalküle kann aufgrund der auch feststellbaren altruistischen Motivation nicht vorgenommen werden. An diesem Punkt schließt die Diskussion über Spenden wieder an.

2.2 Ökonomische Theorie des Spendens

Spenden sind für Ökonomen – wie Andreoni (2006) ausführt – theoretische Herausforderungen, da sie als einseitige Transfers kaum die Konstruktion als Markt zulassen.[46] Ökonomen behelfen sich, indem sie feststellen, dass viele Spenden-Handlungen nicht notwendigerweise uneigennützig sein müssen. Entweder können Spender von den mit ihren Spenden erbrachten Leistungen direkt (bspw. in Form der Betreuung der eigenen Kinder oder Eltern) oder indirekt – sollten sie selbst einmal in eine entsprechende Notsituation kommen – profitieren. Allerdings lassen sich nicht alle Motive so erklären, da bei Spenden für hungernde Kinder in Afrika kein Nutzen für den Spender konstruiert werden kann (Andreoni 2006) und, wie oben gezeigt, auch altruistische Motive handlungsleitend sein können.

Ausgehend von den Arbeiten von Hochman/Rogers (1969) und Kolm (1969) werden aus Spenden an Nonprofit-Organisationen Leistungsprozesse finanziert, die als öffentliche Güter verstanden wer-

46 Gahrmann (2012) spricht in diesem Zusammenhang von unvollständigen Märkten und versucht so, diesem theoretischen Problem zu entgehen. Bei ihm sind unvollständige Märkte eben auch Märkte und können damit ohne weitere Umstände in wirtschaftswissenschaftlicher Terminologie und entsprechenden Theoriekonstrukten gefasst werden.

den können: Menschen spenden an eine Nonprofit-Organisationen, damit diese aus den Spenden öffentliche Güter erstellt. Diese sind auch dann öffentliche Güter, wenn die Spender selbst aus den Gütern Nutzen ziehen können (Andreoni 2006), da eben nicht nur der Spender selbst, sondern auch andere Menschen in den Genuss der Güter kommen können.

Unterstellt man zunächst vereinfacht im Anschluss an Becker (1974), dass öffentliche Güter nur von privaten Akteuren finanziert werden, dann lässt sich das Spenden als Nutzen-Optimierungsproblem privater Akteure interpretieren: Menschen entscheiden entsprechend ihrer individuellen Nutzenkalküle, welche Ressourcen sie für private und welche sie für öffentliche Güter aufwenden wollen, um ihren eigenen Nutzen zu optimieren. Sie werden nur so lange einen Teil ihres Budgets für öffentliche Güter aufwenden, wie diese ihren Vorstellungen entsprechen. Sie ergänzen das öffentliche Gut, welches schon durch Finanzen anderer, unabhängiger Akteure finanziert worden ist (Andreoni 2006).[47]

Aufgrund der Free-Rider-Problematik – öffentliche Güter können auch von denen genutzt werden, die keinen Beitrag zu ihrer Erstellung liefern – ergeben sich tendenziell öffentliche Güter, die weniger effizient hergestellt und geringere Qualität aufweisen (Andreoni 2006). Für den Staat mit seinem Interesse an qualitativ hochwertigen und effizient hergestellten öffentlichen Gütern kann dies bedeuten, dass in diese Güter investiert werden muss: Durch direkte Zuwendungen an Nonprofit-Organisationen werden fehlende Spenden ausgeglichen und die Organisationen in die Lage versetzt, öffentliche Güter auch bei geringen Spendeneinnahmen zu erstellen. Durch Steuererleichterungen können darüber hinaus Anreize zum Spenden gesetzt werden.

Empirische Studien haben jedoch gezeigt, dass Zuwendungen des Staates an Nonprofit-Organisationen zu einem Crowding-out privater

47 Andreoni bezieht sich in seinen Ausführungen explizit auf die Arbeit von Bergstrom et al. (1986).

Spender führen: Bei steigenden öffentlichen Zuwendungen sinken die eingenommenen Spenden. In der Theorie wird dies damit erklärt, dass es aus Sicht der Spender unerheblich sei, ob sie öffentliche Güter durch Steuern oder durch Spenden finanzieren. Ihr subjektiver Nutzen ist in jedem Fall der Gleiche. Werden sie deshalb zur Zahlung von Steuern herangezogen, sinkt ihre Bereitschaft zum Spenden, da die öffentlichen Güter schon mit ihren Steuern finanziert wurden (Andreoni 2006).

Obwohl dieses Modell über Nutzenkalküle Spendenverhalten erklären könnte, führt es unter einer Reihe weiterer Annahmen zu teils absurden Folgerungen (Andreoni 2006).[48] Ein Punkt ist dabei, dass zwar Crowding-out – wie im Modell vorhergesagt – empirisch nachweisbar ist, in der Praxis jedoch keine reine Substitution von privaten Spenden und staatlichen Zuwendungen erfolgt. Um diesen Effekt zu erklären, führt Andreoni den „Warm-Glow"-Effekt[49] in die Erklärung des Spendens ein: Er verweist auf die moralische Komponente menschlichen Handelns und erklärt, dass Spender beim Spenden ein „gutes Gefühl" erfahren. Bei der Nutzenoptimierung werden folglich nicht nur Nutzen betrachtet, die aus privaten und öffentlichen Gütern gezogen werden können, sondern auch der individuelle Nutzen aus dem guten Gefühl. Hierin findet Andreoni nicht nur Begründungen für das nicht vollständige Crowding-out von privaten Spenden bei öffentlichen Zuwendungen, sondern auch einen Grund dafür, dass Menschen spenden und dass sich Spenden verschiedener Akteure gegenseitig nicht substituieren.[50] Für Andreoni (2006) folgt

48 Diese sollen an dieser Stelle nicht weiter vertieft werden, da es für den weiteren Gang der Argumentation nicht notwendig ist. Detaillierte und zusammenfassende Ausführungen anhand mathematischer Modelle finden sich bei Andreoni (2006).

49 Andreoni (2006) weist darauf hin, dass dieser Effekt in der Literatur auch unter dem Begriff „impure altruism" diskutiert wird. Es kann eben kein rein altruistisches Verhalten unterstellt werden, sondern Spender haben aufgrund des „guten Gefühls" immer einen eigenen Nutzen aus dem Spenden.

50 Aufgrund der Free-Rider-Problematik müsste dies beobachtet werden, da ein Akteur keine weiteren Ressourcen aufwenden muss, wenn andere Akteure schon gegeben und damit das öffentliche Gut finanziert haben.

hieraus, dass sowohl Altruismus als auch „Warm-glow" in der Praxis existieren und in Nutzenkalküle immer beide Aspekte einfließen.[51]

Mit „Warm-glow" führt Andreoni in die ökonomischen Modelle eine Variable ein, die hilft, einige theoretische Probleme zu lösen. Obwohl sie in der Theorie unterstellt wird, ist damit aber noch lange nichts über die inhaltliche Aussagekraft der Variable gesagt. Denn es wird von ihm nicht untersucht, ob das gute Gefühl, welches mit Spenden verbunden ist[52], zur Erklärung des Spendenverhaltens hinreichend ist. Dies kann aufgrund unterschiedlicher empirischer Erkenntnisse, die im Folgenden entwickelt und gezeigt werden, durchaus bestritten werden. Auch wenn Spenden-Handlungen häufig mit guten Gefühlen verbunden sind,[53] kommen in der Regel weitere Gründe bzw. Logiken hinzu, die zur Erklärung von Spenden-Handlungen notwendig sind. Die ökonomischen Erklärungen, die von Andreoni und anderen vorgetragen werden, greifen folglich zu kurz. Sie können zwar die Handlungen in einem theoretischen Modell simulieren, dieses Modell ist jedoch für die Erklärung der tatsächlichen Praxis nur sehr bedingt geeignet.[54]

Im Rahmen eines ökonomischen Modells des Spendens bzw. der Philanthropie wird nicht nur versucht, Spenden-Handlungen abzubilden. Ökonomen haben sich auch dafür interessiert, ob und in welchem Umfang Preis- und Einkommenselastizitäten feststellbar

---

51 Zum Unterschied führt er aus: „[I]t is altruism that should tell you what to give, but warm-glow tells you how much to give (Andreoni 2006: 24).

52 Vergleiche hierzu die Ausführungen zu Gabe und Emotionen im nächsten Kapitel, in welchem dieser Zusammenhang näher beleuchtet wird.

53 Es kann übrigens empirisch nicht ausgeschlossen werden, dass auch mit einem schlechten Gefühl gespendet wird: wenn Spender das Gefühl haben, überrumpelt oder in eine Situation hineinmanövriert worden zu sein, in welcher sie zum Spenden genötigt werden und sich dieser Situation nicht entziehen können (vgl. Cialdini 2007: 60).

54 Andreoni und Payne (2003; 2011) weisen zum Beispiel darauf hin, dass der Crowding-out-Effekt nicht durch Substitution der Spender, sondern durch eine Reduzierung der Fundraising-Ausgaben erklärt werden muss. Dies wird in dem Modell nicht berücksichtigt, da Nonprofit-Organisationen als Akteure nicht betrachtet werden (List 2011).

sind (List 2011; Eckel/Grossman 2003; Eckel/Grossman 2008; Meier 2007).[55] Da Spenden einseitige Transfers darstellen, werden Steuerersparnisse oder andere Vergünstigungen als „Preis“ definiert: Durch Steuerersparnisse sinken die Aufwendungen, die ein Akteur für seine Spende leisten muss. Sie wird für ihn günstiger, was Ökonomen als Preis-Äquivalent definieren, um die Preiselastizität beurteilen zu können.

Entsprechend der ökonomischen Theorie wird definiert, dass es bei einer gegebenen Preiselastizität und sinkenden Preisen – d. h. bei zunehmenden Steuerersparnissen – zu größeren Spenden kommen müsste. Aufgrund ökonometrischer Untersuchungen in den USA über längere Zeiträume, in welchen die Absetzbarkeit von Spenden verändert wurde, ließ sich eine Preiselastizität zwischen -1,1 und -1,5 zeigen (List 2011). Dies zeigt einen deutlichen Zusammenhang zwischen Steuerersparnissen und der Bereitschaft zu spenden – so wie in der ökonomischen Theorie angenommen wurde.

Randolph (1995) ist in seiner Untersuchung der Frage nachgegangen, ob dieser Zusammenhang nur kurzfristig – als unmittelbare Reaktion auf die angekündigte Steuerersparnis – oder auch langfristig feststellbar ist. Er kommt in seiner Untersuchung auf eine kurzfristige Elastizität von -1,55 bis -2,27, was auf einen starken Effekt hindeutet. Langfristig tendiert – zumindest nach seiner Untersuchung – die Elastizität gegen null. Gemessen wurden Effekte von -0,08 bis -0,15. Auten et al. (2002) konnten dies mit ähnlichen Daten, jedoch einer anderen Methodik, nicht bestätigen. Sie fanden auch einen langfristigen Effekt von -1,0. O'Neill et al. (1996) weisen darüber hinaus darauf hin, dass unterschiedliche Einkommens-Cluster unterschiedliche Preiselastizitäten haben.

Für die Preiselastizität müsste es unerheblich sein, wann und in welcher Form Anreize gegeben werden. Sind sie hinsichtlich ihres

55 Die folgenden Ausführungen konzentrieren sich auf Preiselastizitäten. Die Erkenntnisse zur Einkommenselastizität werden im Zusammenhang mit den individuellen Präferenzen der Förderer (6.1) vorgestellt und diskutiert.

Preis-Effekts äquivalent, müssten sie zum gleichen Verhalten führen. Aufgrund dieser Überlegungen haben sich Ökonomen unterschiedlichen Formen von Vergünstigen wie Incentives, Seed-Money, Matching Funds, Rabatten und Steuererleichterungen zugewandt. Sowohl in Laborexperimenten als auch in Feldstudien sind sie der Frage nachgegangen, wie die verschiedenen Formen von „Preisen", die auch zu unterschiedlichen Zeitpunkten gegeben werden[56], auf die Spenden-Entscheidung wirken.

Übereinstimmend stellte sich in allen Studien heraus, dass die einzelnen Formen von Anreizen mit erheblichen Unterschieden im Spendenverhalten verknüpft sind. Während Incentives und Matching Funds durchaus verstärkend auf die Entscheidung zu spenden wirkten, waren Rabatte bei gleicher Preisreduktion deutlich weniger effektiv. Wurden unterschiedliche Matching-Verhältnisse gewählt – wodurch unterschiedliche Preise simuliert werden können –, waren kaum Unterschiede in der Spendenhöhe feststellbar: Das Verhältnis zwischen Preis und Höhe der Spende erwies sich als invariant. Hinzu kommen Erkenntnisse, dass Matching Funds und Incentives auch nachhaltig die Motivstruktur der Spender verändern können.[57] Meier (2007) kommt zu dem Schluss, dass mithilfe der ökonomischen Theorien das empirisch erfasste Verhalten der Spender erklärt werden kann. Oder um Andreoni (2006: 2) zu zitieren: „A possibility is that our economic discipline of self interested behavior is simply not well suited to explain philanthropy."

Zusammenfassend lässt sich feststellen, dass ökonomische Modelle zwar auf den ersten Blick einige Aspekte von Spenden-Handlungen erklären können, sich diese Erklärungen aber als brüchig erweisen: Obw[illegible] im ökonomischen Modell mit dem „Warm-Glow"-Effekt ein[illegible]ariable eingeführt wurde, mit deren Hilfe das Verhalten hinre[illegible]end modelliert werden kann, kann innerhalb der Theorie jedoch

56 Incentives in Form von Geschenken werden in der Regel vor der Spende, Matching Funds mit der Spende und Rabatte bzw. Steuererleichterungen nach der Spende gegeben.

57 Die Ergebnisse der Studien werden im Einzelnen im Zusammenhang mit den Fundraising-Aktivitäten von Nonprofit-Organisationen erörtert. Vgl. Kap. 5.3.1.

nicht gezeigt werden, ob tatsächlich das gute Gefühl letztlich für die Entscheidungen verantwortlich ist. Wie zu zeigen sein wird, ist Philanthropie deutlich komplexer und kann nicht auf ein gutes Gefühl reduziert werden – auch wenn dieses immer auch Teil des Spenden-Handelns ist.

Ebenso ist die ist Betrachtung der Preiselastizität kaum geeignet, Spenden-Handlungen zu erklären. Unterschiedliche Formen von Anreizen führen zu deutlich unterschiedlichen Verhaltensweisen, auch wenn die Anreize hinsichtlich ihrer Preiswirkung äquivalent sind. Erklärungen müssen folglich jenseits ökonomischer Theoriebildungen gewonnen werden.

2.3 Spendertypologien

Ein Schwerpunkt der sozialwissenschaftlichen Spenderforschung besteht in der empirischen Analyse von Spendertypologien, die Aussagen über unterschiedliche Aspekte des Verhaltens von Spendern ermöglichen soll. Im Folgenden sollen beispielhaft drei solche Typologien vorgestellt werden.[58]

2.3.1 Spendertypologie von Schneider

Schneider (1996: 158 ff.) untersucht in seiner Studie unterschiedliche Reaktionsweise auf Spendenbitten. Er unterscheidet fünf Typen:

- Desinteressierte Zufallsspender (15,7 %)
  Der desinteressierte Zufallsspender beschäftigt sich wenig mit Themen und Organisationen. Die Spendenentscheidung ist weder gedanklich noch habituell gesteuert. Diese Gruppe weist in seiner Studie ein niedriges Durchschnittsalter, ein niedriges

58 Eine Übersicht der Studien mit deutschen Spendertypologien findet sich bei West (2011: 46 ff.).

durchschnittliches Haushaltseinkommen sowie niedrige Durchschnittsspenden auf. Der Anteil von Frauen ist höher als in den anderen Gruppen.

- Informationsbedürftige Intensivspender (12,6 %)
  Der informationsbedürftige Intensivspender gibt den durchschnittlich höchsten Spendenbetrag pro Jahr und verfügt über ein überdurchschnittliches Haushaltseinkommen. Das Durchschnittsalter in dieser Kategorie und der Anteil an Männern sind überdurchschnittlich hoch. Diese Spender haben einen hohen Habitualisierungsgrad beim Spenden und einen hohen Informationsbedarf. Obwohl Spenden regelmäßig gegeben werden, wollen die Spender dieses Typs wissen, wie ihre Spende eingesetzt wird und was mit ihr bewirkt wird. Die Spender dieses Typs sind häufiger Mitglieder einer Nonprofit-Organisation bzw. bekleiden ein Ehrenamt.

- Skeptische Spendenverweigerer (22,3 %)
  Skeptische Spendenverweigerer zeichnet nach Schneider eine negative Einstellung gegenüber Nonprofit-Organisationen aus: Ihre Professionalität und Effizienz wird infrage gestellt, ihnen wird Verschwendung unterstellt, und dass Spenden in „falsche Kanäle" fließen würden. Spenden sie, ist dies eine rationale Entscheidung, die auf einem hohen Informationsbedarf beruht. Habitualisierungen sind bei diesem Typ nicht feststellbar. Skeptische Spendenverweigerer zeichnen sich durch ein niedriges Durchschnittsalter, eine kleine durchschnittliche Spendensumme sowie eine geringe Spendenhäufigkeit aus.

- Impulsive Aktionsspender (31,9 %)
  Impulsive Aktionsspender neigen zur spontanen Entscheidungsfindung. Bei Katastrophenfällen spenden sie deshalb überdurchschnittlich häufig. Ebenso lassen sich Spender dieses Typs gut zu

Weihnachten ansprechen. Sie zeichnet ein durchschnittlich geringes Haltseinkommen aus, und sie geben eher kleine Summen.

- Leichtgläubige Gewohnheitsspender (17,5 %)
  Diese Gruppe zeichnet nach Schneider ein hoher Habitualisierungsgrad sowie ein quasi automatisierter Entscheidungsprozess beim Spenden aus. Er bezeichnet ihren Umgang mit Nonprofit-Organisationen als naiv und wenig kritisch. Allerdings spenden sie überdurchschnittlich häufig und auch die von ihnen gespendeten Beträge sind überdurchschnittlich hoch.

2.3.2 Spendertypen nach West

West (2011) versucht in ihrer Dissertation, Motive von Spendern mithilfe qualitativer Interviews zu identifizieren. Diese verdichtet sie zu Typen, um Unterschiede in den Motiven deutlich machen zu können. Auch sie findet fünf Typen:[59]

Typ 1: Der Saturierte
Zu diesem Typ gehören nach West (2011: 115 ff.) vor allen Dingen Menschen mittleren Alters, die materiell gut abgesichert sind. Ihre Einstellung sieht West durch ein Gefühl von privater Verantwortung für die Lösung gesellschaftlicher Missstände gekennzeichnet. Dabei sehen sie sich in der Rolle des Mäzens, des „Starken", der es sich leisten kann zu spenden, ohne die eigene Spendentätigkeit gegenüber dem Empfänger zu kommunizieren. Das soziale Umfeld spendet in ähnlicher Weise. Die Spendentätigkeit ist inhaltlich konsistent, thematisch abgegrenzt und kontinuierlich.

Typ 2: Der pragmatische Aktivist
Pragmatische Aktivisten engagieren sich nach West (2011: 135 ff.) für ihre gesellschaftlichen Ziele und setzen hierfür sowohl Zeit und Arbeit als auch Spenden ein. Sie sehen Spenden als Investition in die

59 Ein Interview kann von ihr nicht in die Typen einsortiert werden. Es ist nicht klar, ob hier ein sechster Typ „Solidarität" vorliegt (West 2011: 191 ff.).

Zukunft und wollen damit politischen Einfluss nehmen. Der Einsatz ihrer Ressourcen ist vielfach strategisch durchdacht und deshalb weniger spontan. Sie sehen sich mit ihren politischen Einstellungen in Opposition zur Mehrheit der Bevölkerung und wollen mit ihren Ressourcen gesellschaftliche Veränderung vorantreiben. (West 2011: 142)

Typ 3: Der Kompensierende

Der Kompensierende hat nach West (2011: 148 ff.) ein aktives Selbstbild sowie eine negative bzw. pessimistische Grundhaltung gegenüber anderen Menschen, die als passiv erlebt werden. Kennzeichnend ist eine Einstellung nach dem Motto: „Wenn ich nichts tue, tut keiner etwas." Die Spenden sind Ausdruck eines strategischen Ansatzes zur Veränderung, wobei die Spende – vor allem das persönliche Engagement – auch als Ausdruck der Zugehörigkeit zu einer sozialen Gruppe interpretiert werden kann.

Typ 4: Der Emotionale

Der Emotionale reagiert, wie West (2011: 164 ff.) ausführt, stark auf emotionale Anreize. Dabei wirken sowohl die konkrete Situation, in der die Ansprache erfolgt, als auch die persönliche Situation als Verstärker. Spenden ist für Angehörige dieser Gruppe ein normaler Vorgang. Der Emotionale gibt gern etwas von seinem Glück ab.

Typ 5: Der Enttäuschte

Enttäuschte erleben sich eher als ohnmächtig und den vielfältigen gesellschaftlichen Anforderungen und Ambivalenzen ausgeliefert. Mit Spenden und eigenem Engagement versuchen nach West (2011: 177 ff.) Spender dieses Typs ihre Ohnmacht zu kompensieren: Mithilfe von Spenden und Engagement können sie etwas bewirken. Sie sind thematisch festgelegt und spenden, wenn ein Grundvertrauen durch persönliche Beziehungen vorhanden ist. Obwohl sie eine diskontinuierliche Spendentätigkeit aufweisen, sind Spenden bei diesem Typ überlegte Handlungen.

2.3.3 Spendertypen nach Hope Consulting

In ihrer empirischen Studie zur Segmentierung von US-Spendern differenzieren Hope Consulting (2010: 20 ff.) sechs Typen hinsichtlich ihrer Motivation zur Spende:

„Repayer"
„Repayer" geben etwas zurück: Sie haben von ihrer Universität eine gute Ausbildung erhalten, die ihnen eine Karriere ermöglichte. Mit ihrer Spende geben sie der Universität zurück. Dieses Motiv findet sich auch bei Spenden an Krankenhäuser, die durch Dankbarkeit nach einer erfolgreichen Behandlung motiviert sind.

„Casual Givers"
„Casual Givers" integrieren ihr Spenden in ihren Alltag. Sie verzichten auf einen Teil ihres Einkommens – häufig die Centbeträge des Lohns –, das in Form von „Payroll-Giving" direkt vom Arbeitgeber an eine Nonprofit-Organisation weitergegeben wird. Oder sie laden Freunde zu einem Fundraising-Event ein und sind an diesem Abend deren Gastgeber.

„High Impact"
Spendern dieses Typs geht es um den gesellschaftlichen Effekt ihres Spendens. Sie geben dort, wo sie mit ihrer Spende den größten Effekt erzeugen können oder die meisten sozialen Güter produziert werden.

„Faith Based"
Spenden für religiöse Zwecke haben in den USA große Bedeutung. Menschen geben dediziert für ihre jeweilige Kirche. Hinzu treten bei diesem Typ auch Spenden für Zwecke, die mit den eigenen religiösen Werten und Vorstellungen übereinstimmen.

„See the Difference"
Spender dieses Typs spenden vor allen Dingen für lokale Nonprofit-Organisationen. Ihnen liegt an den Wirkungen, die ihre Spende für das unmittelbare Umfeld hat. Die Wirkungen wollen sie möglichst

unmittelbar erfahren, was im lokalen Raum am einfachsten möglich ist.

„Personal Ties“
Spender dieses Typs spenden aufgrund persönlicher Beziehungen. Sie geben, wenn ihnen die handelnden Personen in der Nonprofit-Organisation bekannt sind. Oder sie werden von Freunden und Bekannten angesprochen und unterstützen dann die Zwecke, für die diese sich einsetzen.

Die identifizierten Typen werden in Beziehung zu ihrem Anteil an der Gesamtpopulation sowie zur Höhe ihrer Spenden gesetzt. Darüber hinaus werden der Durchschnitt sowie der Median der Spenden betrachtet:

	% POPULATION	% DONATIONS	MEAN DONATION[1]	MEDIAN DONATION[2]
Repayer	23%	17%	$11,000	$1,800
Casual Giver	18%	18%	$15,000	$2,500
High Impact	16%	12%	$11,000	$3,500
Faith Based	16%	18%	$18,000	$7,700
See the Difference	14%	10%	$10,000	$2,500
Personal Ties[3]	13%	25%	$27,000	$3,700

1. Refers to all donations. 2. Refers to all donations. Estimated as people entered their giving in ranges (e.g., $1,000 - $2,499) vs. directly inputting the amount. 3. The reason that Personal Ties has such a large % of donations is because. In our survey, a disproportionate # of people who gave >$1M / year fell into this category. This may be unsurprising, as many other reports discuss the importance of personal connections for very high net worth donors

Abb. 3: Spender-Segmentation nach Hope Consulting (2010: 24)

Obwohl die Gruppe der „Repayer“ fast ein Viertel der Bevölkerung umfasst, ist ihr Anteil an den getätigten Spenden deutlich niedriger – nur 17 % aller Spenden stammen aus dieser Gruppe. Die Gruppe „Personal Ties“ ist zwar mit 13 % der Bevölkerung die kleinste, aber ein Viertel aller Spenden stammen von ihr. Besonders bedeutsam ist dabei der Unterschied zwischen dem Durchschnitt und dem Median:

Die Differenz zeigt, dass es vor allen Dingen Großspenden sind, die von Angehörigen dieser Gruppe gegeben werden. Beim Median gibt es im Vergleich zu den anderen Gruppen nur gering Abweichungen.

Die Typologie von Hope Consulting zeigt, dass Typen hinsichtlich der Beziehungsstrukturen zwischen den Organisationen und ihren Spendern differenziert werden können. Dies liefert einen ersten Hinweis auf die weiter unten entwickelten Gebe-Logiken, die einige dieser Typen wieder aufnehmen. Darüber hinaus zeigt die Analyse, dass einzelne Typen unterschiedliches ökonomisches Potenzial besitzen. Dies wiederum liefert erste Hinweise darauf, welche Typen für das Fundraising „lukrativer" sind.

2.4 Spenden jenseits von Markt und prosozialem Handeln

Sicherlich lassen sich, wie Heidbüchel (2000) ausgeführt hat, Spenden auch als prosoziales Handeln verstehen: Immerhin werden Spenden auch gegeben, um – teilweise altruistisch motiviert – anderen Menschen in einer konkreten Notsituation zu helfen. Hierfür lassen sich in der Praxis viele Fälle beobachten.

Mithilfe der Spendertypologien lässt sich jedoch zeigen, dass die Rückführung allein auf prosoziales Handeln zu kurz greift. Spendenmotivationen sind deutlich vielfältiger. Sowohl Schneider (1996) als auch West (2011) können jeweils fünf verschiedene Typen unterscheiden, Hope Consulting sogar sechs. Hieraus lässt sich der Schluss ziehen, dass Spendenmotivationen nicht auf ein einziges Motiv oder Motivbündel zurückzuführen sind.

Die Versuche von Andreoni (2006) und anderen, eine ökonomische Erklärung von Spenden zu entwickeln, hat zwar eine Reihe interessanter Aspekte hervorgebracht, kann aber am Ende nicht wirklich überzeugen: Obwohl auch Gegenleistungen konstruierbar sind, sind Spenden zunächst einseitige Transaktionen. Nur in einer der Spendertypologien taucht das Motiv „Gegenleistung" für das Geben von Spenden auf. Dies schließt jedoch weder aus, dass Gegenleistungen jenseits der bewussten Wahrnehmung eine wichtige Rolle spielen, noch, dass Spenden in der Absicht gegeben werden, positive Effekte für die eigene Person zu verwirklichen. Aber dies scheint nicht zu dominieren.

Die Grenzen der ökonomischen Erklärungen werden auch inhärent deutlich: Die Autoren können einige empirische Widersprüche zu ihren Annahmen nicht hinreichend erklären: Werden finanzielle Gegenleistungen als „Preise" verstanden, dann müssten alle „Preise" in gleicher Weise Auswirkungen auf die Preiselastizität haben. Dies ist empirische jedoch nicht der Fall, wie oben gezeigt werden konnte.

Auch die Analyse der Spendertypologien führt letztendlich nicht weiter. Insbesondere die Arbeit von West zeigt sehr deutlich die Grenzen dieser Analysen: In ihren Beschreibungen der Interviewsituationen wird implizit deutlich, dass die Spender im Interview ihr Handeln nicht nur rekapitulieren, sondern vor allen Dingen Sinn konstruieren, um es sich selbst und der Interviewerin erklären zu können. Hieraus lassen sich zweierlei Schlüsse ziehen:

- Die Motive für Spenden sind rational schwer zugänglich. Die Entscheidungen scheinen auf einer vorbewussten Ebene abzulaufen und in ihrer Motivstruktur kaum hinterfragbar zu sein. Für den Einzelnen sind sie allenfalls Reaktionen auf emotionale Situationen, ohne dass die zugrunde liegende Struktur erkannt werden kann.

- Wenn die Motivlage erst rekonstruiert und mit Sinn versehen werden muss, um darüber sprechen zu können, werden in den empirischen Studien, wie sie West (2011) und Schneider (1996) vorgelegt haben, vor allen Dingen kulturelle Standards abgebildet. Diese werden von den Interviewpartnern herangezogen, um ihr Handeln erklärbar zu machen. Folglich dient die Methode der qualitativen empirischen Sozialforschung an dieser Stelle der Erhebung kultureller Deutungsmuster von Spenden, und weniger der individuellen Motive.

In den Schilderungen von West (2011) wird darüber hinaus auch deutlich, wie mit Spenden in Verbindung stehende negative Effekte – etwa, dass Spender sich herausstellen und Ansehen gewinnen möchten – abgewehrt und umgedeutet werden. Würde man die einzelnen von West geführten Interviews eingehender analysieren, steht zu vermuten, dass diese eher Aufschluss über die Konstruktion von Identität geben als über Spendenmotive.[60]

Auch die Studie von Hope Consulting bringt am Ende kein befriedigendes Ergebnis: Es wird nicht deutlich, mithilfe welcher Methodik die Kategorien gebildet wurden. Zwar kann durch Clusteranalysen gezeigt werden, wie die Typen gebildet wurden und welche Faktoren auf diese laden. Die theoretische Auswahl der Fragen bleibt unbekannt. So kann nicht ausgeschlossen werden, dass durch Auswahl anderer Fragen auch andere oder weitere Typen darstellbar gewesen wären.

Für die weitere Analyse des Spendenverhaltens bedeutet dies, dass ein theoretischer Ansatz benötigt wird, der:

- Austauschprozesse jenseits von Märkten in den Blick nimmt;
- prosoziales Handeln inkorporieren kann und
- die Möglichkeit bietet, unterschiedliche soziale Prozesse zu beschreiben und die aufscheinenden, unter dem Aspekt der Spendermotivation diskutierten Phänomene zu erklären.

Soziale Austauschprozesse jenseits von Märkten werden in der Gabe-Theorie, wie sie von Mauss (1968) entwickelt und in der Folge

60 Fast schon idealtypisch lässt sich im ersten Interview die Konstruktion einer protestantischen Identität beobachten. Die angesprochen Topoi entsprechend fast in Reinkultur den von Weber (2009) beschriebenen kulturellen Standards, die dieser als kulturelle Muster der Entstehung des Kapitalismus zugeschrieben hat.

expliziert wurde, beschrieben. Im Folgenden soll zunächst die Gabe-Theorie hinsichtlich ihrer Leistungsfähigkeit vorgestellt und dann für die Erklärung von Spendenprozessen fruchtbar gemacht werden. Anschließend wird gezeigt, wie auf Basis der Gabe-Theorie verschiedene Formen des Spendens – hier gefasst als Gebe-Logiken – beschrieben werden können. Damit kann – wie in der Einleitung als These formuliert wurde – gezeigt werden, dass zur Erklärung von Spenden ein neuer theoretischer Ansatz notwendig ist.

3. Spenden als Gabe-Handeln

Nachdem mit den vorgestellten Ansätzen Spenden nicht befriedigend erklärt werden können, wird im Folgenden vorgeschlagen, Spenden als Gaben und den Handlungsprozess als Gabe-Handeln[61] (Volz 2006) zu verstehen. Hierzu werden zunächst Gabe-Handlungen im Anschluss an den Essay „Die Gabe“ von Marcel Mauss von 1925 (Mauss 1968) rekonstruiert und vom Tausch über Märkte abgegrenzt. Im Anschluss wird gezeigt, dass sich Spenden als Gaben verstehen lassen. Dies bildet den Ausgangspunkt, um Fundraising als Technik zur Einwerbung von Gaben zu rekonstruieren.

3.1 Gabe-Handeln

Folgt man der grundlegenden Arbeit von Mauss (1968) besteht Gabe-Handeln aus drei aufeinander aufbauenden Schritten: Geben, Nehmen und Zurückgeben (Erwidern) bzw. Weitergeben[62]. Der Prozess beginnt mit dem Geben, bzw. der Entscheidung, ob eine Gabe gegeben werden soll. Denn grundsätzlich ist Geben freiwillig. Es mag obligatorische Erwartungen an Gabe-Handlungen geben, aber dies ändert nichts an der Freiwilligkeit, da jede Person immer auch die Möglichkeit hat zu entscheiden, nicht in den Gabe-Prozess einzusteigen, d. h., nicht zu geben.

Während mit der Annahme der Gabe in den Prozess der Konstitution einer Beziehung eingetreten wird, kann deren Zurückweisung als Affront erlebt werden. Entscheidend für den Prozess des Gabe-Handelns ist, dass die implizite Erwartung an die annehmende Person besteht, die Gabe zu erwidern und ihrerseits zu geben – nicht

61 Der Begriff des Gabe-Handelns bzw. der „Gabe-Handlung“ geht auf Volz (2006) zurück. Er ermöglicht hiermit, zwischen der Gabe als dem, was getauscht wird und dem Prozess des Austausches selbst zu unterscheiden.

62 „Weitergeben“ ist eine Erweiterung des ursprünglichen Konzepts von Mauss (1968) und geht auf die Arbeiten von Volz (2006) zurück.

sofort und unmittelbar nach dem Nehmen, sondern zeitversetzt.[63] Auch diese Handlung ist – trotz der bestehenden Norm der Reziprozität – grundsätzlich freiwillig. Jeder kann sich auch entscheiden, eine Gabe nicht zu erwidern. Es gibt auch Situationen, in denen die Gabe weitergegeben wird, statt sie zu erwidern.[64]

Aus dem Alltag kennen wir diese Zusammenhänge zwischen Geben, Nehmen und Erwidern: Klassische, ritualisierte Gabe-Handlungen können an Geburtstagen oder zu Weihnachten beobachtet werden, wenn wir uns gegenseitig Geschenke machen. Wer zu einer Geburtstagsfeier eingeladen ist, bringt ein Geschenk mit. Gleiches gilt für Einladungen bspw. zum Essen – auch hier werden Geschenke mitgebracht. Und sie werden erwidert: Wer zum Essen oder zum Geburtstag eingeladen wurde, lädt seinerseits ein. Wer etwas geschenkt bekommen hat, revanchiert sich zu gegebener Zeit. Diese Erwiderungen sind ebenfalls Gaben, die gegeben und die angenommen werden. Und die wiederum auch zu einer Erwiderung führen, sodass eine Handlungsstruktur aus gegenseitigen Gaben entsteht, in welcher sich die Akteure als Gebende und Nehmende abwechseln.

Aus den Alltagsbeobachtungen wird auch deutlich, dass Gaben sowohl freiwillig als auch obligatorisch sind: Es gibt weder einen Zwang noch eine Regel, jemanden zum Geburtstag oder zum Essen einzuladen. Aber nicht einzuladen, bleibt nicht ohne Folgen: Zwischen beiden Personen entsteht keine Beziehung und eine Freundschaft wird sich nicht entwickeln. Wird ein Geschenk zurückgewiesen, wird dies als Affront und Aggression wahrgenommen (Mauss 1968: 36). Im Grunde ist dies ein Signal, dass eine Beziehung beendet oder der Versuch, eine Beziehung zu etablieren, zurückgewiesen wird. Es wird

63 Hierin unterscheidet sich Gabe-Handeln vom Markt-Tausch, bei welchem der Austausch der Güter unmittelbar und quasi zeitgleich erfolgt. Damit entsteht eine symmetrische Beziehung im Austausch-Punkt. Darüber hinausgehende Beziehungen sind nicht gegeben (Godbout, 2000: 25). Bourdieu (2005) weist darauf hin, dass die zeitliche Differenz für Gabe-Handlungen konstitutiv ist. Auch das sofortige Erwidern kann als Affront angesehen werden.

64 Deutlich wird dies schon am Beispiel des Kula-Rings, auf welches Mauss verweist: Die Gaben werden über die Inseln weitergegeben (Mauss 1968: 44 ff.).

zwar erwartet, dass eine Gabe erwidert wird. Aber auch dies ist freiwillig: Wird sie nicht erwidert, kommt die Beziehung zum Erliegen. Eine neue Gabe ist nicht zu erwarten.

Aus dieser kurzen Betrachtung zu Gaben im Alltag wird deutlich: Durch Gaben stiften und konstituieren Akteure zwischenmenschliche Beziehungen. So ist eine Gabe immer auch das einseitige Angebot, in eine Beziehung einzutreten. Die Annahme der Gabe ist dann die Bestätigung, dass die Beziehung konstituiert werden soll. Und mit der Erwiderung wird die Gegenseitigkeit innerhalb der Beziehung etabliert.

Dabei ist jede einzelne Handlung der Gabe-Handlungs-Sequenz asymmetrisch (Volz 2006): Es gibt immer einen Gebenden und einen Nehmenden. Ihren Ausgleich erfährt die Asymmetrie erst durch die Erwiderung; in ihr dreht sich das Verhältnis beider um: Aus dem ursprünglich Nehmenden wird der Gebende und umgekehrt. Die Asymmetrie hebt sich dabei nicht auf, sondern die Akteure erleben sich durch den Wechsel in unterschiedlichen Rollen. Dadurch wird ein Ausgleich geschaffen; die grundsätzlich angelegte Asymmetrie bleibt bestehen.

Durch die Asymmetrie von Geben und Nehmen und die zeitliche Verzögerung, die zwischen Nehmen und Erwidern liegt, erzeugen beide Partner eine Beziehung miteinander, die auf moralischer Verschuldung beruht (Godbout 2000: 25). Solange die Gabe nicht ausgeglichen ist, besteht die – zwar freiwillige, jedoch obligatorische – Norm zur Reziprozität und zum Ausgleich. Und da jede Erwiderung ihrerseits eine Gabe ist, wird mit ihr zwar die Schuld getilgt, aber gleichzeitig eine neue etabliert, die es durch eine erneute Erwiderung auszugleichen gilt. So entsteht ein Band gegenseitiger Verpflichtungen und Verschuldungen, gestützt auf Gabe-Handeln und den Dreischritt von Geben, Nehmen und Erwidern.

Für die Konstitution der Beziehungen ist nicht nur das Gabe-Handeln, sondern auch die Gabe selbst, d. h. das, was gegeben wird, wichtig.[65] Auch dies zeigt sich im Alltagshandeln, worauf Berking (1996) hinweist: Wer einmal das falsche Geschenk gewählt hat, weiß, wie stark die Gabe selbst einen Einfluss auf die Definition der Beziehung hat. Denn durch die Wahl der Gabe gibt der Gebende nicht nur etwas, sondern immer auch etwas von sich. Die Gabe ist also immer zurückgebunden an den Gebenden.[66]

Gleichzeitig ermöglicht die Gabe auch eine Aussage über Art und Qualität der Beziehung. Zwischen einander Unbekannten am Anfang einer Beziehung werden andere Gaben getauscht als zwischen Liebenden oder langjährigen Ehepaaren. Die Gabe als Objekt hat somit eine symbolische Funktion für die Beziehung selbst (Caillé 2008: 165 ff.).[67] In der Gabe wird die Beziehung und die Erwartung an sie symbolisch vergegenständlicht. Deshalb ist es nicht trivial, was tatsächlich getauscht wird.

Damit gelingt, wie Därmann (2005; 2010) und Moebius (2009) feststellen, in der Gabe die Anerkennung des Anderen: Durch die Freiwilligkeit und den Bezug auf den Anderen als Empfänger der Gabe wird dieser als Subjekt und als Individuum anerkannt. Moebius beschreibt diesen Prozess folgendermaßen: „Die Selbsttranzendenz und der Selbstverlust binden die Individuen aneinander, sie sind konstitutiv für die Bindung an Werte, Kollektive und für die Bindung zwischen unterschiedlichen Kollektiven, sie lassen zwischen den

65 Allerdings weist Godelier (1999) – aufbauend auf die Arbeiten von Weiner (1992) – darauf hin, dass nicht alle Dinge zu Gaben werden und in einem Gabe-Handeln gegeben werden. Dinge, die aus dem Geben ausgeschlossen sind, bilden die Bezugspunkte für die Identifikation von sozialen Gruppen und werden so zu quasi „heiligen" Objekten. Wie hierüber Identität geschaffen wird, zeigt ein Blick in jedes Fußballstadion und auf die Bedeutung, die hier Fahnen, Farben und Symbole haben, bzw. wie diese mit Bedeutung aufgeladen werden, um so einen gemeinsamen Bezugspunkt zu schaffen.

66 Mauss versucht dies in seinem Essay über die Verwendung des aus der Sprache der Maori stammenden Begriffs „hau" zu fassen. Durch diese Eigenschaft der Gabe soll sie am Ende wieder zu ihrem ursprünglichen Besitzer zurückkehren (vgl. Mauss 1968: 31 ff.).

67 Bourdieu (2005) spricht in diesem Zusammenhang von einer Ökonomie symbolischer Güter und weist somit sowohl auf die Bedeutung von Gaben als Symbole als auch auf die Bedeutung von deren Austausch hin.

Menschen affektive und ‚wertvolle' Beziehungen entstehen und regenerieren auf diese Weise das soziale Leben" (Moebius 2009: 115). Durch die symbolische Anerkennung versichern sich die beteiligten Akteure wechselseitig ihrer Subjektivität (Adloff 2007: 246).

Damit sind die wesentlichen Merkmale des Gabe-Handelns in ihrem Zusammenhang vorgestellt: Durch das asymmetrische Gabe-Handeln werden Beziehungen zwischen Menschen konstituiert und bekräftigt, da Geben und Nehmen auf einander bezogene und wechselseitige Handlungen sind, in welchen sich Akteure gegenseitig anerkennen und sich ihrer Subjektivität versichern. Die Gabe selbst symbolisiert nicht nur die Beziehung, sondern ist immer auch ein Teil des Gebenden, der sich hierin ausdrückt und die Beziehung konstruiert. Für Mauss ist die Gabe ein totales soziales Phänomen (Mauss 1968: 90 f.): Gabe-Handlungen sind nicht nur symbolisch und religiös, sie sind immer auch ökonomischer Austausch und sie strukturieren die sozialen Beziehungen der Akteure untereinander und zur sozialen Gruppe. Dabei spielen ästhetische Aspekte genauso eine Rolle wie juristische Fragen von Eigentum und Besitz. Und schließlich sind Gabe-Handlungen über die Erwartung einer obligatorischen Erwiderung in soziale Normen und Sanktionen eingebettet.

3.2 Erwiderung und Reziprozität

Obwohl – oder gerade weil – Erwiderungen für die Konstitution von Beziehungen zentral sind, bleibt deren theoretische Rekonstruktion wissenschaftlich umstritten. Auf der einen Seite wird „Erwiderung" und „Reziprozität" als eine starke soziale Norm gefasst, die Gouldner (1984: 118) mit dem Inzest-Tabu gleichsetzt. Über diese Norm werden basale soziale Strukturen des sozialen Handelns ermöglicht (Cialdini 2007: 48 ff.) und über Sanktionen – den Abbruch von bzw. Ausschluss aus sozialen Beziehungen – gesichert. Diese normativistische Rekonstruktion von „Erwiderung" führt unmittelbar zur Frage nach der Freiheit menschlichen Handelns und dem Problem des Anfangs: Denn die erste Gabe muss, wie Simmel (2005) ausführt, frei sein, da sie selbst auf keiner Erwiderung beruhen kann.

Die normativistische Betrachtungsweise der Gabe und des Gabe-Handelns widerspricht jedoch alltäglichen Erfahrungen der Akteure: Eine Gabe, die aus reiner Pflicht zur Erwiderung gegeben wurde, hat nur einen geringen Wert (Godbout 2000: 31 f.). In ihr spiegelt sich nicht die Anerkennung des Anderen wider, da sie keinen oder nur einen geringen Teil der Person des Gebenden symbolisiert. Deshalb spielen wir – wie Godbout schreibt – die Bedeutung unserer Gaben herunter, um die Verpflichtung zur Erwiderung zu verkleinern und dem Anderen die Möglichkeit zu geben, frei die Gabe zu erwidern (Godbout 2000: 32).

Damit steht aber „Erwiderung" als Norm insgesamt zur Disposition. Denn erst die Freiheit der Erwiderung schafft die Basis, auf der egalitäre Beziehungen etabliert werden können. Dies führt zu der Vorstellung, dass Gaben „rein" zu sein haben.[68] Eine Gabe ist dann „rein", wenn Erwiderungen grundsätzlich ausgeschlossen werden, indem Gaben ohne obligatorische Erwiderung gegeben werden bzw. die Empfänger nicht wissen, wer ihnen gegeben hat[69]: Ist der Gebende unbekannt, kann eine Erwiderung nicht stattfinden. Kann keine Erwiderung stattfinden oder ist sie ausgeschlossen, kann kein Schuldverhältnis konstituiert werden, das für alle Beziehungen, die über Gabe-Handlungen konstruiert werden, konstitutiv ist.

Derrida führt diese Konstruktion der Gabe bis ins Extrem: Sind Verschuldung und Erwiderung ausgeschlossen, dann darf die Gabe weder dem Empfänger als Gabe erscheinen – sie würde dann zur obliga-

68 Vgl. in diesem Zusammenhang auch Derrida (1993), der Gaben nur dann als Gaben betrachtet, wenn Erwiderungen ausgeschlossen sind.

69 Eine klassische Textstelle, in der auf dieses Phänomen Bezug genommen wird, findet sich im Matthäus-Evangelium: „Wenn du Almosen gibst, soll deine linke Hand nicht wissen, was deine rechte tut. Dein Almosen soll verborgen bleiben und dein Vater, der auch das Verborgene sieht, wird es dir vergelten." (Matthäus 6, Vers 1 ff.) Auf das Verhältnis von Almosen und Hierarchie bzw. Macht wird noch zurückzukommen sein.

torischen Erwiderung führen – noch dem Geber, da dieser sonst mit seiner Gabe in irgendeiner Form eine Erwiderung erwarten könnte – zum Beispiel eine göttliche im Jenseits. Eine Gabe jedoch, die weder dem Geber noch dem Nehmer als Gabe erscheint, ist keine Gabe. Sie hebt sich auf, sie ist unmöglich (Derrida 1993: 26).

Und sie wäre, darauf weist Douglas (1990) in ihrem Vorwort zur englischsprachigen Ausgabe von Mauss' Essay hin, auch unsinnig: Mit der Aufgabe der Erwiderung entfallen eben auch die sozialen Beziehungen, die durch Verschuldungen und die Norm der Reziprozität konstituiert werden. Durch die Norm der Erwiderung entstehen Netzwerke und soziale Strukturen zwischen Individuen, durch welche sich Akteure vergemeinschaften.[70]

Godbout löst dieses theoretische Problem auf, indem er darauf verweist, dass es sich hierbei um ein Missverständnis handelt, da zwei unterschiedliche Ebenen der Gabe betrachtet werden: Auf der einen Seite werden die strukturellen und funktionalen Aspekte der Gabe betrachtet – was in welcher Form zirkuliert – und auf der anderen Seite die Bedeutung, welche die Akteure ihren Handlungen zuschreiben (Godbout 2005: 41). Während auf der Ebene der Bedeutung Akteure freiwillig geben und die Erwiderung offen lassen, um dem Empfänger ebenfalls die Möglichkeit zur freiwilligen Gabe zu geben, vollziehen sie gleichzeitig die Bildung einer sozialen Struktur, bei welcher es keine reinen Gaben gibt: Obligatorisch werden sie erwidert, um Verschuldungen gegenseitig auszugleichen und um soziale Beziehungen zu konstituieren. Eine Gabe ist damit immer beides zugleich: Sie muss freiwillig gegeben werden und ist gleichzeitig obligatorisch, damit sie ihre soziale Funktion erfüllen kann.

Durch diese Differenzierung in die Bedeutung des Gabe-Handelns für die Akteure auf der einen und die Konstitution von sozialen Beziehungen durch Gabe-Handeln auf der anderen Seite wird in der

70 Zum Begriff der Gemeinschaft vgl. Tönnies (1991). Caillé (2000) weist darauf hin, dass Assoziationen über Gabe-Handlungen konstituiert werden. Auf den Zusammenhang von sozialen Netzwerken, Sozialkapital und Gaben wird unten noch dezidiert eingegangen.

theoretischen Betrachtung Raum geschaffen, um die Handlungs-Motivationen enger in den Blick zu nehmen. An dieser Stelle lässt sich Gabe-Handeln auch im Kontext von Rational-Choice-Ansätzen interpretieren. Hier werden Akteure als nutzenoptimierend verstanden, die Beziehungen aufbauen und Gabe-Handlungen ausführen, wenn sie hiervon einen Nutzen haben (Blau 2005). Profitieren Akteure von Kooperationen und Beziehungen, ist es für sie sinnvoll, diese durch Gabe-Handlungen aufzubauen und zu festigen. Die hinter diesem Argument aufscheinende Logik lässt sich aber auch noch einen Schritt weiterführen: So können Gabe-Handlungen auch eingesetzt werden, um eigenen Nutzen auf Kosten anderer Akteure in den Beziehungsnetzwerken zu optimieren, indem bspw. etwas gegeben wird, um etwas anderes erhalten zu können. Allerdings zerstört ein derartiger instrumenteller Umgang mit Gaben die Beziehungen, die hiermit konstruiert werden sollen: „Love, friendship, and social recognition are either given freely or utterly worthless" (Vandevelde 2000: 3).

Dies verweist aber auf ein Spannungsfeld, welches ebenfalls in der Erwiderung enthalten ist: Auf der einen Seite existiert immer auch der Eigennutz an der Konstitution sozialer Beziehungen. Soziale Beziehungen wiederum lassen sich nur dann konstituieren, wenn das individuelle Verhalten nicht instrumentell auf die eigenen Vorteile ausgerichtet ist: Die Anerkennung des Anderen in der Gabe bedeutet eben nicht nur, dass vom Gebenden ein Teil in der Gabe enthalten ist, sondern auch vom Empfänger.

Erwiderungen erweisen sich damit als in doppelter Weise ambivalent: Auf der einen Seite sind sie freiwillig, aber doch obligatorisch, um Beziehungen überhaupt konstituieren zu können. Auf der anderen Seite haben Akteure ein eigenes Interesse an sozialen Beziehungen, die jedoch zusammenbrechen können, wenn sie zum eigenen Nutzen instrumentalisiert und einseitig optimiert werden.

Damit lassen sich nach Caillé (2008: 202) Gabe-Handlungen in einem zweidimensionalen Feld verankern. Das Feld wird durch die

Pole „Spontaneität“ und „Verpflichtung“ auf der einen Achse sowie „Interesse“ und „Vergnügen“ auf der senkrecht hierzu stehenden Achse aufgespannt. In diesem Feld lassen sich die einzelnen Gabe-Handlungen verorten – in jedem einzelnen Fall an einer anderen Position. Damit entsteht eine Verbindung zwischen diesen vier anthropologischen Polen ohne die Differenzen zwischen ihnen aufzuheben (Moebius 2006: 363).[71]

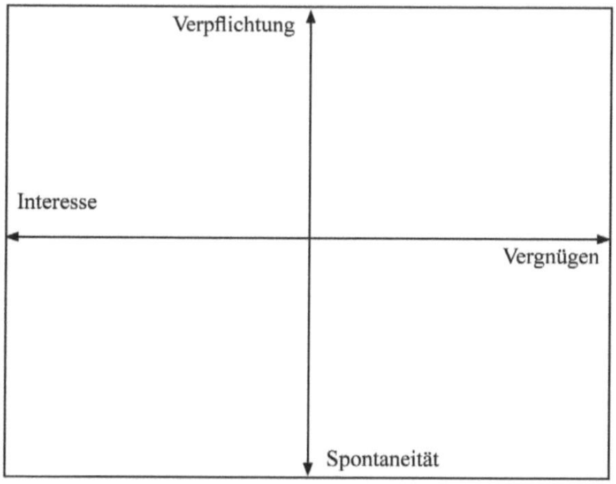

Abb. 4: Feld der Gabe-Handlungen nach Caillé (2008).

3.3 Gabe und Emotionen

Die über Gaben konstituierten Beziehungen werden, wie Simmel (2005) zeigt, auch emotional gestützt. So führt er aus, dass Treue für die langfristige Existenz sozialer Beziehungen eine wesentliche Voraussetzung ist, um Stabilität zu erzeugen, die Handlungskoordinierungen erleichtert und vereinfacht. Treue wiederum führt er auf Gabe-Handeln und die damit verbundene Dankbarkeit zurück: Wer Gaben erhält, ohne sie sofort zu erwidern, empfindet Dankbarkeit für geleistete Hilfe oder Unterstützung. Über das Gefühl der Dank-

71 Moebius führt hierzu aus, dass es sich nicht um ein Reziprozitäts-, sondern um ein Zirkulationsprinzip „zwischen diesen vier nicht aufeinander reduzierbaren Grundpolen menschlichen Handelns“ handelt. (Moebius 2006: 364)

barkeit wird nach Simmel erst die Stabilität der Beziehungen erzeugt: Sie wirkt auch nach Abschluss der eigentlichen Transaktion – ähnlich wie die Norm der Reziprozität und der moralischen Verschuldung – und wird damit zu einem „Bindemittel" (Simmel 2005: 103) der Gesellschaft. Damit wird Dankbarkeit zu einem inneren emotionalen Antrieb der Erwiderung und wirkt zusätzlich zur sozialen Norm bzw. stützt diese auf einer psychischen Ebene ab (ebd.).

Dankbarkeit und daraus resultierende Treue sind aber nicht die einzigen Emotionen, die mit Gabe-Handlungen verbunden sind. Neurophysiologische Studien zeigen, dass Geben mit positiven Gefühlen wie Freude verknüpft ist (Anik et al. 2011). Nicht nur, dass glückliche Menschen mehr geben bzw. spenden, Spenden-Handlungen selbst machen auch glücklicher. Anik et al. (2011: 4) beschreiben einen sich selbst verstärkenden Zyklus: Wenn Geben glücklich macht und glückliche Menschen mehr geben, dann werden Menschen durch Gabe-Handlungen noch glücklicher und geben schließlich mehr.[72]

Gabe-Handlungen haben folglich nicht nur eine strukturbildende Funktion, sondern wirken auch emotional auf der psychischen Ebene der Akteure. Im Gabe-Handeln folgen sie nicht nur einer Norm oder eigenen Interessen, sondern sind auch emotional in die Handlungen involviert, sodass die konstruierten Beziehungen emotional verstärkt und abgestützt werden.

3.4 Gabe und Macht

Durch die Erwiderung wird die Asymmetrie von Geben und Nehmen umgekehrt und die bestehenden Verschuldungen werden ausgeglichen. Wie oben beschrieben, bilden sich aus erwiderten Gaben rezi-

72 Auf Auswirkungen dieses Kreislaufs auf Inszenierungen im Fundraising wird noch einzugehen sein. So folgen hieraus nicht nur Hinweise auf die Gestaltung von Botschaften und zur Rückmeldung an den Förderer, sondern die Unterbrechung dieses Kreislaufs durch die Transformation in andere Gebe-Logiken kann zum Abbruch des Kreislaufs und zu sogenannten Crowd-out-Effekten führen (Anik et al. 2005: 9).

proke egalitäre Beziehungen und Netzwerke. In den so konstituierten Beziehungen wechseln sich Geben und Nehmen ab, sodass sich Asymmetrien und Verschuldungen ausgleichen und neue konstituiert werden. Die so entstehenden Beziehungen sind egalitär, auch wenn immer wechselseitige Verschuldungen bestehen.

Allerdings werden nicht alle Gabe-Handlungen erwidert, bzw. können nicht alle erwidert werden. Mauss (1968: 77 ff.) spielt dies am Beispiel des Potlatsch[73] durch: Ethnologen beobachteten bei einigen Indianerstämmen der nordwestlichen Pazifikküste Amerikas, dass diese in einer bestimmten historischen Epoche im Winter ausschweifende Feste veranstalteten, bei denen sich die gastgebenden Häuptlinge gegenseitig durch Gaben und Geschenke zu überbieten versuchten. Aus der Freigiebigkeit wurde sozialer Status abgeleitet: Konnte eine Gabe nicht überboten bzw. erwidert werden, gewann der diese Gabe gebende Häuptling soziales Ansehen und den höchsten Status in der Hierarchie, verbunden mit der hieraus resultierenden Macht.[74]

Die sich im Potlatsch manifestierende Form des Gebens lässt sich im Sinne Bourdieus (1972) als Transformation von ökonomischem in soziales Kapital interpretieren. Die Investition in einen Potlatsch demonstriert in der Öffentlichkeit die ökonomische Potenz des Gebenden. Weite Teile des Besitzes werden entäußert und gegeben, bzw. im Potlatsch auch zerstört. Diese Demonstration der ökonomischen Potenz – man muss es sich erst einmal leisten können, weite Teile des Besitzes wegzugeben – mündet in Anerkennung und schafft damit eine Hierarchie, in der sich Einzelne individuell verorten können und die von außen als Hierarchie wahrgenommen wird. Mit der Hierarchie verbunden sind Statusunterschiede, die sich aus der de-

73 Zum Potlatsch existieren umfangreiche ethnologische Arbeiten vgl. z. B. Kan 1989; Bracken 1997; Deimel 2011.

74 „Macht“ wird hier im Sinne Webers (1980: 28) als „jede Chance, innerhalb einer sozialen Beziehung den eigenen Willen auch gegen Widerstreben durchzusetzen, gleichviel worauf diese Chance beruht“ verstanden. „Herrschaft“ hingegen ist mit einer sozialen Position bzw. mit Status verbunden und stellt eine mögliche Ressource von Macht dar. Zu unterschiedlichen Ressourcen von Macht vgl. bspw. French/Raven (1960).

monstrierten ökonomischen Potenz ableiten lassen und durch diese legitimiert werden.

Die Konstitution von Macht durch Gaben ist nicht auf die nordamerikanischen Indianer beschränkt. Für die europäische Geschichte zeigt Veyne (1988) am Beispiel des „Euergetismus“ der antiken Griechen und Römer ein ähnliches System auf, das sich in Details unterscheidet, aber vom Prinzip her vergleichbar ist: In der Antike mussten Honoratioren und Kaiser dem Volk Geschenke in Form von Bauwerken, aber auch von Spielen im Circus oder in der Arena sowie von Banketten machen. Diese Geschenke, die grundsätzlich freiwillig waren, wurden von Menschen, die einen höheren sozialen Status bekleideten oder bekleiden wollten, erwartet. Sie waren obligatorisch und von unterschiedlich starkem Zwang begleitet (Veyne 1988: 22 f.). Der Euergetismus ist auf einen doppelten Antrieb zurückzuführen: Auf der einen Seite treten die Honoratioren miteinander in Wettbewerb um Freigiebigkeit und Großzügigkeit. Auf der anderen Seite sehen sie sich von der Plebs dazu genötigt, Vergnügungen und Bauwerke zu schaffen (Veyne 1988: 23).[75]

Wer folglich zur Elite in der Antike gehören wollte oder in sie hineingeboren wurde, muss sich als Euerget betätigen: Die Anerkennung des sozialen Status sowohl durch die anderen Honoratioren als auch durch die Plebs wurde durch Großzügigkeit erworben – und damit über die Tugend, wie in der Nikomachischen Ethik von Aristoteles (2009) beschrieben ist[76], die sich in der Gabe der Eugesien ausdrückt. Nur wer diese gibt, kann als Honoratior anerkannt werden und damit sozialen Status einnehmen und die damit verbundene Macht ausüben.[77]

75 Im Unterschied zur christlichen Barmherzigkeit gehen in diesem Fall die Spenden an die Allgemeinheit, nicht an ein bedürftiges Individuum (Veyne 1988: 24).

76 Vgl. auch in diesem Zusammenhang Veyne (1988: 29 f.).

77 Oder, wie Sigmund für moderne Stifter schreibt: „Reichtum verpflichtet somit, man besitzt, um zu geben, aber nur gebend besitzt man. Großzügigkeit evoziert große Namen, die wiederum Reichtum nach sich ziehen und zugleich Reichtum bedeuten [...] [, sodass] das symbolische Guthaben in Form von Verpflichtungen, Treue und Ehrerbietung, Diensten und Abhängigkeiten unentwegt wächst.“ (Sigmund 2000: 343).

Gaben ohne Erwiderung und Reziprozität werden nicht nur gegeben, sondern auch empfangen. Beispiele für diese einseitigen Gaben sind Huldigung und Tribut (Veyne 1988: 73). Allerdings ist in diesen beiden Fällen die Richtung der Gabe-Handlung umgekehrt. Nicht Honoratioren oder Häuptlinge machen Geschenke, um ihren sozialen Status zu demonstrieren, sondern sie empfangen Gaben als Ausdruck der Anerkennung ihres sozialen Status. Huldigung und Tribut sind symbolische Gesten der Unterwerfung und der Anerkennung von Macht.

Konstitutiv für die Etablierung von Macht und Hierarchie durch Gabe-Handeln sind sowohl für Bourdieu (1998: 162 ff.) als auch für Graeber (2012: 115 ff.) die bestehenden Verschuldungen, die nicht ausgeglichen werden: Durch die Annahme der Gabe besteht über die Norm eine obligatorische Verpflichtung zur Erwiderung. Wird dieser nicht nachgekommen, bleibt die „Schuld“ bestehen. Mit der Verschuldung bricht die Beziehung jedoch nicht zusammen, sondern transformiert sich in eine Machtbeziehung. Diese erfordert vom Nehmenden als hierarchisch Niedrigeren die symbolische Anerkennung von Macht und Hierarchie sowie des eigenen untergeordneten Ranges. So gelingt es nicht nur, einfache Über- und Unterordnungen, sondern auch relativ komplexe Loyalitätsbeziehungen und „Seilschaften“ zu konstituieren. Denn aus der sozialen Unterordnung folgt nicht nur die Anerkennung von Hierarchie und Macht, sondern auch Loyalität. Diejenigen, die sich in der Schuld befinden, müssen sich, um von den Beziehungen weiter profitieren zu können, loyal verhalten. Einseitige Gaben ohne Erwiderung werden so zur Voraussetzung von Macht-Netzwerken, in denen durch Gaben Nutzen und Loyalität gesteuert werden.

Das Problem des Verschuldens, wenn Gaben nicht erwidert werden können, führt in egalitären Gemeinschaften zu einem zentralen Problem: Wird postuliert, dass alle Menschen in einer Gemeinschaft gleich sind, ist nicht akzeptabel, dass durch Gaben Hierarchien und Machtasymmetrien entstehen, die die postulierte Gleichheit auflösen würden.

Hiermit korrespondiert das Problem des Dankens, das Christen[78] – wie Blanke (2007) konstatiert – schwerfällt. Er zeigt, dass die bestehenden Machtungleichgewichte eliminiert werden können, wenn es gelingt, die Gabe zur Pflicht werden zu lassen. Wenn Geben zur Pflicht wird, bedarf es keiner Dankbarkeit für die Gabe. Die in der Dankbarkeit enthaltene Anerkennung des asymmetrischen Verhältnisses der Gabe wird somit ausgesetzt. Die Konstitution der Egalität geht jedoch mit einem Verlust des Dankens sowie der Wertschätzung des Gebenden einher. Gleichzeitig wird damit auch die Freiwilligkeit der Gabe aufgehoben, da sie zur moralischen Pflicht wird.

Allerdings schließen „reine" Pflicht-Gaben nicht nur Hierarchie, Macht und Schuld aus, sie negieren auch die egalitäre Beziehung selbst. Auch diese auf gegenseitiger Verschuldung basierende Gleichheit ist an die Erwiderung gebunden. In der Erwiderung kommt die doppelte Bedeutung der Gabe zur Geltung: Sie konstituiert ein Schuldverhältnis, welches sowohl zu egalitären Beziehungen zwischen Gleichen als auch zu hierarchischen, von Machtasymmetrie gekennzeichneten Beziehungen zwischen Ungleichen führen kann. Beide Möglichkeiten sind im selben Prinzip – dem Gabe-Handeln – angelegt und werden durch Gaben symbolisch ausgedrückt und konstituiert – je nachdem, ob Erwiderungen möglich sind oder nicht.

3.5 Gaben als Ressourcen des Sozialkapitals

Sozialkapital in seinen unterschiedlichen Formen[79] ist in soziale Netzwerke inkorporiert und steht den Akteuren im jeweiligen Netzwerk als Ressource zur Verfügung – sie können es erwerben, es wird ihnen zugeschrieben oder auch vererbt (Lin 2001: 55). Das in diese Netzwerke eingebettete soziale Kapital (Lin 2001) ermöglicht

78 Christen konstruieren eine egalitäre Gemeinschaft, in der alle Menschen vor Gott gleich sind.

79 Zu den verschiedenen Formen von Kapitel s. Bourdieu 1982. Zur Theorie des Sozialkapitels vgl. bspw. Lin 2001; Burt 2000; Coleman 1988 u. 1990; Putnam 1993 u. 2000 sowie zusammenfassend Hennig 2010.

Zugriffe auf materielle und immaterielle Ressourcen sowie Unterstützungsleistungen (Lin 2001: 55 f.; Hennig 2010: 177). Diese lassen sich als Gaben interpretieren, die in Form von Gabe-Handlungen ausgetauscht werden, sodass sich durch die gegenseitige Verschuldung die Netzwerke verstärken und das Kapital akkumuliert wird.

Auf Ebene individueller Akteure geht es hierbei um die Frage, wie und unter welchen Bedingungen sie in Sozialkapital investieren, wie sie es nutzen und wie hierdurch Sozialkapital konstruiert wird. (Hennig 2010: 178; Lin 2001). Durch Gaben von Ressourcen oder Unterstützungsleistungen stehen in Form der Normen und Strukturen des Gabe-Handelns sowie der dadurch konstituierten Verschuldung wiederum Ressourcen zur Verfügung, die dann der ursprünglich Gebende nutzen kann. Wie Coleman (1988; 2000) zeigt, setzen dabei soziale Gruppen Normen, Vertrauen, Sanktionen und Autorität ein und schaffen Strukturen, die die Nutzung des Sozialkapitals regulieren. Hierin wird die Stärke der Norm der Reziprozität deutlich: Ein Verstoß gegen die Norm kann den Ausschluss von der Verfügung über das inkorporierte Sozialkapital bedeuten, was zu erheblichen materiellen Nachteilen für den Ausgeschlossenen führen kann.

Coleman (1988) zeigt am Beispiel der New Yorker Diamantenhändler die Wirkung von Sozialkapital in exklusiven Netzwerken: Die New Yorker Diamantenhändler sind ausschließlich jüdischen Glaubens, besuchen die dieselbe Synagoge, leben im selben Viertel und deren Familien sind durch Heiraten miteinander verbunden. Die durch starke Beziehungen[80] über mehrere Identitäten (White 1992; 2008) verbundenen Händler können sich ohne weitere Absicherung Säcke mit Edelsteinen im Wert von mehreren hunderttausend Dollar gegenseitig zur Prüfung überlassen. Keiner der beteiligten Akteure muss befürchten, dass Edelsteine entnommen oder Inhalte manipuliert werden. Normen, Sanktionen und das gegenseitige Vertrauen sichern die Beziehungen ab und verhindern im Einzelfall die Normverletzung. Für die beteiligten Diamantenhändler ist das zur Verfügung stehende Sozialkapital ausgesprochen nützlich: Sie können

80 Gemeint sind hier „strong ties“ im Sinne Granovetters (1973).

nicht nur Risiken und Unsicherheiten vermindern, sondern auch auf umfängliche und damit teure Absicherungen ihrer Geschäfte verzichten. Ein Ausschluss von diesem Netzwerk könnte zum geschäftlichen Ruin führen: Nicht nur, dass die Kosten stark steigen würden, die Folge könnte auch ein Ausschluss aus dem Kreis der adäquaten Handelspartner sein: Wer niemanden mehr hat, mit dem er oder sie Geschäfte machen kann, scheidet aus dem Markt aus.

Dieses als „Bonding Capital" (Putman 2000: 28) bezeichnete Sozialkapital ist an die von Homans (1950) beobachteten Phänomene in Kleingruppen anschlussfähig, in welchen er reziproke Zusammenhänge zwischen Mitgliedern feststellte. Hierfür waren drei Faktoren verantwortlich: Interaktion, Empfindungen und Gefühle sowie Aktivitäten. Interaktionen und Aktivitäten basieren dabei auf geteilten Emotionen. Seine Beobachtungen wurden von Lin zur These der „Homophily" erweitert: „Social interactions tend to take place among individuals with similar lifestyles and socioeconomic characteristics" (Lin 2001: 39). Die soziale Ähnlichkeit schafft Vertrauen und beruht auf einem geteilten kulturellen Verständnis, sodass die Möglichkeit besteht, über Gabe-Handlungen Sozialkapital zu schaffen und den Zugang hierzu innerhalb der sozialen Gruppe zu reglementieren. Denn gerade die mehrfache Verschränkung von Identitäten – wie Coleman sie am Beispiel der New Yorker Diamantenhändler zeigt – schafft sowohl die kulturelle und soziale Basis für die Herstellung von inkorporiertem Sozialkapital als auch die Möglichkeit der Regulierung des Zugangs inklusive der Androhung von Sanktionen, die sich über alle Identitäten erstrecken können.

Neben diesen „strong ties" in stark gebundenen, sozial homogenen Kleingruppen, in welchen „Bonding Capital" aufgebaut und zur Verfügung gestellt wird, existieren, wie Granovetter (1973) gezeigt hat, „weak ties", die den Austausch über die „strukturellen Löcher" (Burt 1982) zwischen den einzelnen stark gebundenen Netzwerken ermöglichen. Diese „weak ties" dienen in erster Linie dem Informationsaustausch – z. B. über offene Stellen (Granovetter 1973) –, folgen aber auch dem Gabe-Handeln: In diesem Fall sind Informationen die Gaben, die gegeben, weitergegeben und auch zurückgegeben werden. Auch wenn materielle Ressourcen und Unterstützungsleistungen vor allen Dingen über „strong ties" gegeben werden (Kneidinger 2010),[81] spielt „Bridging Capital" (Putnam 2000: 28) eine wichtige Rolle: Als Anschlusspunkt[82] zwischen Netzwerken ermöglicht es einen Austausch mit geringerer Verpflichtung. Insbesondere trifft dies auf Verbindungspunkte zu Menschen mit Macht, Einfluss und Reichtum zu. Diese als „Linking Capital" (Woolcock/Sweetser 2002) bezeichnete Form des Sozialkapitals ist bedeutsam, wenn Kapital – und somit auch Sozialkapital – nicht gleichmäßig verteilt ist.

Auf einer strukturellen Ebene kann gezeigt werden, wie Sozialkapital genutzt wird, um Macht zu erwerben und zu erhalten (Bourdieu 1982): Je mehr Ressourcen und Unterstützung in das Netzwerk gegeben werden können, desto exklusiver kann der Zugang dazu reglementiert werden: Es werden nur Menschen zugelassen, die ebenfalls in entsprechendem Umfang Ressourcen zur Verfügung stellen können.

Damit lässt sich – in der Terminologie von Bourdieu (1982) – ökonomisches in soziales Kapital transformieren und umgekehrt: Mithilfe des Sozialkapitals werden Netzwerke konstituiert, die es ermöglichen, ökonomisches Kapital zu generieren: Ihre Mitglieder machen miteinander Geschäfte, haben die gleiche Religion und sind unterei-

81 An dieser Stelle wird die Bedeutung des Gegebenen (der Gaben) noch einmal deutlich: Das Sozialkapital hat unterschiedliche Qualität, je nachdem, was getauscht wird – Geld und materielle Ressourcen oder Informationen. Entsprechend unterschiedlich sind die konstituierten Netzwerke und Beziehungen.

82 Der vor allen Dingen auch monetarisiert werden kann. Zugänge zu anderen Netzwerken haben vielfach auch einen ökonomischen Wert. Zons (2010) beschreibt am Beispiel der Agenten in der Filmindustrie Hollywoods diesen Zusammenhang: Die Agenten vertreten Schauspieler und andere Akteure gegenüber den Filmstudios. Ihren Klienten verschaffen sie damit Zugang zu einem Netzwerk, das Beschäftigung und Einkommen verspricht. Für die Filmstudios verringern sie die Kosten, wenn es um die Besetzung von Stellen bei einem Filmprojekt geht, da die Agenten schon eine Vorauswahl getroffen haben und die Vertragsverhandlungen in einem vordefinierten sozialen Raum stattfinden. Für beide ist diese Verbindung wertvoll, entsprechend sind sie bereit, für die Überbrückung und Übersetzung durch die Agenten zu zahlen.

nander verwandt oder verschwägert – was die Basis schafft, noch einfacher noch ertragreichere Geschäfte zu tätigen. Komter (2005: 138) bezeichnet dies als den „Matthäus-Effekt“ des Gebens: Wer hat, dem wird gegeben.[83]

Neben kulturellen Praktiken – die sich in sozialer Ähnlichkeit ausdrücken – kann also auch die Verfügung über Ressourcen dazu genutzt werden, soziale Netzwerke zu konstituieren. Folglich lassen sich auch über die Form bzw. den Wert der Gaben Prozesse der Inklusion und vor allen Dingen der Exklusion beschreiben, die dazu führen, dass Zugänge zu Netzwerken beschränkt werden. Wer nicht in entsprechender Höhe geben kann, kann nicht Mitglied in diesem Netzwerk werden.[84]

Schließlich beschreibt Putnam (1993; 2000) auf gesellschaftlicher Ebene das Fehlen von Sozialkapital anhand zurückgehender sozialer Verbundenheit und gegenseitiger Unterstützung. Auch hier erscheint ein Zusammenhang mit Gabe-Handeln: Durch Gabe-Handeln konstituieren Individuen erst die Netzwerke und Beziehungen, die dann in ihrer Gesamtheit den sozialen Zusammenhalt in der Gesellschaft bedingen und ermöglichen. Mit anderen Worten: Bei zunehmender Individualisierung und gleichzeitigem Rückgang sozialer Einbindung erhöhen sich nicht nur Freiheitsgrade, sondern es geht eben auch das für einzelne verfügbare Sozialkapital verloren, da weniger wechselseitige Verschuldungen über Gabe-Handlungen eingegangen werden, die „strong ties“ mit inkorporiertem Sozialkapital überhaupt erst ermöglichen.

Schließlich wird auch in Nonprofit-Organisationen Sozialkapital aufgebaut bzw. wird es von ihnen der Gesellschaft oder Individuen zur

83 Bei Matthäus (25:29) lautet die Textstelle: „Denn wer da hat, dem wird gegeben werden, und er wird die Fülle haben; wer aber nicht hat, dem wird auch, was er hat, genommen werden.“

84 Auf die Konstitution von Eliten über Gabe-Handeln wird später zurückgekommen. Dabei wird auch gezeigt werden, dass die Verfügung über Ressourcen keinen Anspruch begründet, auch in entsprechende soziale Netzwerke aufgenommen zu werden.

Verfügung gestellt: Durch ehrenamtliche Arbeit oder das Einbringen von Ressourcen verfügen die Organisationen über Mittel, die sie entsprechend ihrer jeweiligen Mission einsetzen können. Zum Teil erbringen sie dabei Unterstützungsleistungen, die zwar notwendig sind, für die jedoch weder soziale Netzwerke noch der Staat aufkommen. Damit kann auch das Geben an Nonprofit-Organisationen als eine Form des Gabe-Handelns verstanden werden (Caillé 2000).[85]

3.6 Gabe-Handeln versus Markt-Tausch

Reziproker Austausch ist nicht nur im Gabe-Handeln in seinem Dreischritt von Geben, Nehmen und Erwidern gegeben. Vielmehr ist auch der Tausch über einen Markt streng reziprok[86]: Im selben Moment tauschen zwei Akteure miteinander Produkte oder Dienstleistungen gegen Geld bzw. andere Ressourcen (Vandervelde 2000: 2). Charakteristisch dafür ist, dass beide Akteure die Möglichkeit haben, ihre jeweils eigenen Interessen zu optimieren.[87]

Damit der Markt-Tausch gelingen kann, bedarf es zweier voneinander unabhängiger Akteure, die in einer symmetrischen Anordnung miteinander Produkte oder Leistungen und Geld austauschen. Sie begegnen sich in symmetrisch angelegten Rollen und treffen eine Vereinbarung über den Austausch, den sie dann durchführen. In der

85 Vgl. hierzu ausführlich das folgende Kapitel, in welchem der Zusammenhang von Spenden als Gaben an Nonprofit-Organisationen mit deren sozioökonomischer Hintergrund beleuchtet werden.

86 Für Graeber (2012: 109 ff.) ist nur der Tausch reziprok. Er unterstellt, dass es beim Gabe-Handeln nicht wirklich zur Reziprozität komme, da beispielsweise Eltern ihren Kindern gegenüber ihre Gaben nicht aufrechneten. Er bezeichnet diese Form des Austausches als „Kommunismus". Allerdings ist nicht deutlich, ob es sich bei den Gaben von Eltern an ihre Kinder nicht um einseitige Gabe-Handlungen handelt, die a) nicht erwidert und b) zu Machtasymmetrien führen. Diese sind zwischen Eltern und Kindern zwangsläufig gegeben.

87 Vgl. in diesem Zusammenhang die Aussagen von Adam Smith über die unsichtbare Hand und wie sich Wohlstand einstellt, wenn alle auf dem Markt partizipierenden Akteure ihren eigenen Nutzen suchen und optimieren (Smith, 2007: 349 f.).

Vereinbarung wird festgelegt, welche Quantitäten in welcher Qualität für welchen Preis getauscht werden sollen (Vandevelde 2000: 2).

Eine Beziehung zwischen den Akteuren besteht nur während der Austauschsequenz. Sobald der Tausch abgeschlossen ist, gibt es keine gegenseitige Verschuldung und die Beziehung ist prinzipiell beendet (Godbout 2000: 25). Zu einem Schuldverhältnis kommt es, wenn eine Seite die zugesagte Leistung nicht erbringt oder erbringen kann. Wie hier ein Ausgleich stattfinden kann, ist in einer Reihe von Gesetzen geregelt – ohne dass diese Regelungen wirklich vollständig und umfassend sein könnten (Vandevelde 2000: 17).[88]

Der Austausch kommt zustande, wenn die Akteure gegenseitig ihre Bedürfnisse befriedigen.[89] Insofern bezieht sich das Kalkül des Käufers, in den Austausch einzutreten oder nicht, auf die Frage nach Gebrauchs- und Tauschwert der zu tauschenden Produkte bzw. Leistungen: Je höher der individuelle Gebrauchswert und je niedriger der Tauschwert ist, desto eher wird ein Käufer in den Markt-Tausch eintreten. Hierfür sind in der Betriebswirtschaft Modelle wie das der Preiselastizität entwickelt worden, mit deren Hilfe derartige Entscheidungen modelliert werden (Pindyck/Rubinfeld 2009: 65 ff.). Ein Verkäufer tritt in den Markt ein, wenn er einen entsprechenden Gebrauchswert schaffen und mit dem Tauschwert mindestens seine Kosten decken kann.

Das Produkt oder die Leistung, die getauscht wird, hat für die Akteure selbst oder für diese Beziehungen keine Bedeutung. Sie ist ein Handelsgut oder eine Leistung, deren Bedeutung sich erst in der Verwendung entfaltet – also nach dem Tausch – entsprechend dem Bedürfnis, das durch sie befriedigt wird.

88 Zum Problem des Vertrauens, welches Markt-Tausch zwingend zugrunde liegt und durch Märkte selbst nicht generiert werden kann, s. u.

89 Konsequenterweise beginnen alle Lehrbücher zum Marketing mit dem Bedürfnis als Voraussetzung zum Tausch auf Märkten. Vgl. bspw. Kotler/Keller/Bliemel (2007: 12) oder Meffert/Burmann/Kirchgeorg (2012: 3).

Über die Bedürfnisbefriedigung des Käufers und damit über den von ihm wahrgenommenen Gebrauchswert erfolgt die Koordinierung von Handlungen auf Märkten:[90] Der anbietende Akteur kann seine eigenen Interessen dann optimieren, wenn es ihm gelingt, die Befriedigung der Bedürfnisse seines Gegenübers nicht nur zu versprechen, sondern dieses Versprechen auch einzulösen. Dies bildet die Grundlage für weitere Geschäfte und führt tendenziell zu einem höheren Erlös, d. h. einem steigenden Tauschwert. Gelingt die Bedürfnisbefriedigung hingegen nicht, lassen sich kaum weitere Geschäfte realisieren.

Tausch auf Märkten setzt immer Vertrauen voraus: Jeder Akteur muss darauf vertrauen, dass die zugesagte Leistung tatsächlich erbracht wird und der Gebrauchswert realisiert werden kann, der versprochen wurde. Klassische Probleme sind schlechte Qualität der Produkte und Leistungen auf der einen und fehlende Zahlungsbereitschaft bzw. -fähigkeit auf der anderen Seite (Beckert 2007: 7).

Die Steuerung von Austausch-Prozessen über Märkte ist ausgesprochen sinnvoll: So weist Simmel (2009: 429 ff.) auf zunehmende Freiheitsgrade hin: Da Markt-Tausch nicht an Beziehungen zurückgebunden ist, müssen beide Akteure auch keine Beziehung eingehen oder aufbauen, um einen Austausch zu realisieren. Dies kann für beide Akteure entlastend sein. So können Produkte und Leistungen an diejenigen verkauft werden, die bereit sind, dafür zu bezahlen. Zu Einschränkungen durch Rücksichtnahme auf Normen in sozialen Beziehungen kommt es allenfalls bedingt und nur dann, wenn der Käufer diese als Nutzen in seine Entscheidungskalküle einbezieht. Allerdings kann eine fehlende Beziehung sowohl zwischen den Akteuren als auch zu den ausgetauschten Produkten und Leistungen zur Entfremdung führen.[91]

---

90 Beckert definiert Märkte als soziale Arenen, in denen Handeln nur gelingen kann, wenn Teilnehmer grundlegende Probleme der Koordination lösen. Dies gelingt ihnen nur unter Rückgriff auf soziale Institutionen, Netzwerke und Sinnhorizonte (Beckert 2007).

91 Zum Begriff der Entfremdung vgl. Israel (1990); vgl. in diesem Zusammenhang auch die Ausführungen von Simmel (2009).

Auch der Hinweis von Adam Smith zum Wohlstandsgewinn ist begründet: Orientieren sich die Anbieter von Leistungen an den Bedürfnissen ihrer Käufer, d. h. an den wahrgenommenen Gebrauchs- und Tauschwerten ihrer Produkte bzw. Leistungen, dann profitieren beide Seiten vom Markt: Jeder kann seinen eigenen Nutzen optimieren und damit seinen Wohlstand mehren. Das bedeutet jedoch nicht, dass Wohlstand und Vermögen gleich oder gar gerecht verteilt wären. Und es begründet auch keinen Zusammenhang zwischen eigener Leistung und individuellem Wohlstand.[92]

Damit ist der Rahmen abgesteckt, in welchem in westlichen Ländern die ideologische Auseinandersetzung über Gabe und Markt stattfindet: Gabe wird zur Antithese zum Markt (Bloch/Parry 1989: 9). Dies ist schon bei Mauss angelegt, obwohl er im Untertitel seines Essays ausdrücklich darauf hinweist, dass er Gabe bei archaischen Gesellschaften beschreibt (Douglas 1990).

Im Anschluss an Mauss unternimmt Polanyi (1978) den Versuch, den Übergang von einem System des Gabe-Handelns zu einer kapitalistischen Gesellschaft, die auf Markt-Tausch basiert, zu fassen. Hierfür setzt er an der Konstitution von Beziehungen an, die über Gabe-Handeln ermöglicht werden. Beim Übergang zur Markt-Wirtschaft werden diese Beziehungen gelöst und die Tausch-Prozesse aus ihren sozialen Bezügen herausgelöst. Thompson (1971) beschreibt dies als Auflösung der bis zu diesem Punkt vorherrschenden moralischen Ökonomie, in welcher Wirtschaft, Politik und Moral eine Einheit bilden: Wirtschaft wird demnach aus ihren normativen und ethischen Bezügen herausgelöst und als eigenes gesellschaftliches Subsystem konstituiert, welches über Märkte mit der entsprechend inhärenten Logik gesteuert wird. Diese Entkleidung von normativen und ethischen Ansprüchen schafft somit die Basis dafür, dass sich individuell

92 Die Kritik an der ungleichen Verteilung von Einkommen und Vermögen durchzieht das gesamte Werk von Marx und Engels. Auch heute bestehen noch gravierende Herausforderungen an eine politische Philosophie der Gerechtigkeit; vgl. bspw. Rawls (2006) oder auch Steinvorth (1999). Zur Kritik an heutigen Zuständen vgl. bspw. Stierle (2010).

nutzenoptimierendes Verhalten ausprägen kann, das – zumindest so die Theorie – zu Wohlstand führt.

Mit der Auflösung der moralischen Ökonomie und der Ausdifferenzierung verschiedener Subsysteme wird Gabe-Handeln in der Folge zu einer sozialen Residual-Kategorie und besteht allenfalls im privaten Raum fort – in Form von Weihnachts- oder Geburtstagsgeschenken oder gegenseitigen Einladungen zum Essen.[93] Gleichzeitig entstehen als Reflex auf die Probleme kapitalistischer Gesellschaften mit einem Rückgriff auf das Konzept der moralischen Ökonomie Ansätze, neue Formen des Wirtschaftens auszuprobieren.[94]

Die These dieses „Disembeddedness" der Wirtschaft im Kapitalismus ist auf zweifache Weise problematisch: Auf der einen Seite zeigen anthropologische, historische und ethnologische Studien, dass – wie beispielsweise im europäischen Mittelalter – vollständig ausgeprägte Märkte neben Gabe-Handlungen bestehen können. Wie Bloch und Parry (1989) aufzeigen und in dem von ihnen herausgegebenen Sammelband dokumentieren, kennen viele Gesellschaften beide Formen des Austausches. Vielfach wird mit Fremden über Märkte getauscht, während innerhalb der eigenen Gemeinschaften Gabe-Handeln vorherrschend ist. Eine historische Abfolge können sie nicht erblicken.

Auf der anderen Seite ist auch das ökonomische Handeln in kapitalistischen Gesellschaften in Sozialstrukturen eingebettet. Wie Granovetter (1985) zeigt, setzen Märkte vielfache soziale Arrangements voraus. Ohne diese Arrangements könnten Märkte gar nicht funktionieren. Besonders deutlich wird dies in der Frage des Vertrauens. Ökonomische Transaktionen auf Märkten setzen wechselseitiges Vertrauen voraus – wie oben schon beschrieben. Allerdings kön-

93 Berking (1996) bspw. beschränkt seine Analysen auf diese Aspekte.

94 Exemplarisch vgl. hierzu Bennholdt-Thomsen (2010) zur theoretischen Fundierung einer Subsistenz-Wirtschaft. Strehle (2009) nimmt Marx in Anspruch, um eine konsequente Entkopplung von Gabe und Gegengabe zu fordern, damit jeder nach seinen Möglichkeiten und Fähigkeiten leben kann.

nen Märkte dieses Vertrauen selbst nicht generieren[95], sondern sind auf soziale Prozesse angewiesen, in denen dieses generiert und für den Markt-Tausch zur Verfügung gestellt wird. Hillebrandt (2009) schließlich nimmt diese Aspekte zum Anlass, um nach der Rolle von Gabe-Handeln in der kapitalistischen Wirtschaft zu fragen. Er kann empirisch zeigen, dass gerade auch in der Wirtschaft Gabe-Handeln praktiziert wird, um Beziehungen zu generieren, die für den Markt-Tausch notwendiges Vertrauen schaffen. Damit ist „auch in modernen Marktgesellschaften die ‚Logik der Gabe' nicht vollständig ausgelöscht" (Adloff 2007: 238).

Mit Markt-Tausch und Gabe-Handeln stehen somit zwei unterschiedliche, nicht aufeinander reduzierbare Austausch-Prinzipien zur Verfügung, über die unterschiedliche soziale Prozesse koordiniert werden: Während durch Gabe-Handlungen soziale Beziehungen und Netzwerke konstituiert werden, zielen Märkte auf einen Austausch von Waren und Leistungen ab, ohne hiermit eine über den Tauschpunkt hinausgehende soziale Beziehung mit zu konstituieren, wodurch nicht nur Freiheitsgrade zunehmen, sondern eben auch Koordinationsprobleme wie die Generierung von Vertrauen.

Obwohl beide Prinzipien sich auf unterschiedliche Koordinationsprozesse beziehen, wird in der konkreten Situation zwischen den Akteuren ausgehandelt, welches der Prinzipien gelten soll. Einen derartigen Prozess schildert Algazi (2003: 11) am Beispiel des Franz von Assisi: Als die kleine Gemeinschaft von Franz von Assisi wuchs, suchten er und seine Anhänger nach einer Kirche und einem passenden Wohnhaus für ihre Gruppe. Sie fragten beim Bischof an und erhielten schließlich Portiuncula von den Benediktinern von Monte Subasio. Die Überlassung von Kirche und Wohnhaus war als Geschenk intendiert, das mit keinerlei Pacht verbunden war. Franz von Assisi jedoch ließ den Benediktinern jedes Jahr ein Fass mit kleinen

95 Versuchen beide Akteure, ihre jeweiligen antagonistischen Interessen zu optimieren, können sie kein Vertrauen aufbauen, da sie immer unterstellen müssen, dass der jeweils andere versuchen wird, sie zu übervorteilen (Godbout 2000: 36).

Fischen schicken. Die Mönche revanchierten sich jedes Jahr mit einem Fässchen Öl.

In diesem Beispiel wird deutlich, wie sowohl Franz von Assisi als auch die Benediktiner versuchten, die Situation mithilfe des Austausches zu definieren: Solange die Überlassung eine Gabe war, die nicht erwidert wurde, bestand ein Ungleichgewicht zulasten der Gruppe des Franz von Assisi: Als diejenigen ohne Besitz waren sie vom Wohlwollen der Benediktiner abhängig. Durch die Zahlung einer jährlichen Pacht, die durch das Fass Fisch symbolisiert wurde, versuchten Franz von Assisi und seine Anhänger die Gabe-Handlung der Benediktiner in einen Markt-Tausch zu transformieren: Damit verbunden wäre eine symbolische Unabhängigkeit von den Benediktinern gewesen, da mit der Pacht die „Schulden" hätten beglichen und die Beziehung auf den eigentlichen Tausch-Akt hätte beschränkt werden können. Indem die Mönche ihrerseits mit einem Fässchen Öl „antworteten", wiesen sie implizit auch die Definition der Situation zurück: Das Fässchen Öl stellte eine Erwiderung auf die „freiwillige" Gabe der Fische dar. Die Mönche definierten eine Gabe-Beziehung und symbolisierten mit der Gabe die Abhängigkeit der Gruppe des Franz von Assisi von ihnen (Algazi 2003: 9).

Hénaff (2009) zeigt die Ambiguität von Gabe-Handeln und Markt-Tausch an einer anderen Stelle: Er geht am Beispiel von Sokrates und den Sophisten der Frage nach, was keinen Preis hat. Auf der einen Seite stellt er Sokrates, der sich als Lehrer mit seinen Schülern auf die Suche nach der Wahrheit begibt. Diese hat nach Hénaff keinen Preis, kann also nicht als Ware verkauft werden. Sokrates verfügt mithin über keinen „Verdienst". Er lebt von dem, was ihm seine Schüler als Anerkennung und Gegenleistung für das geben, was sie von ihm empfangen haben.

Ihm gegenüber stellt er die Sophisten, die die Suche nach der Wahrheit in eine Leistung transformiert haben, die sich gegen Geld anbieten und verkaufen lässt. Hiermit wird ein Gabe-Handeln zwischen Lehrer und Schüler in einen Markt-Tausch mit einem aushandelbaren Preis überführt. Über diese Transformation wird Wahrheit und Lernen zur Ware, was mit dem Vorteil verbunden ist, dass dafür ein Preis verlangt werden kann. Allerdings werden damit gleichzeitig die sozialen Verhältnisse transformiert. In diesem Transformationsprozess sieht Hénaff den eigentlichen Grund für die negative Darstellung der Sophisten in den Schriften von Platon.[96]

Die Ambivalenz von Gabe-Handeln und Markt-Tausch sowie der Transformation von Gabe-Handeln in Markt-Transaktionen lässt sich auch an aktuellen Beispielen zeigen. Ariely (2008: 93 ff.) beschreibt diesen Vorgang am Beispiel der Übungsleiter im Jugendsport: Häufig wird diese Aufgabe von Vätern oder Müttern wahrgenommen, die sich für Training oder Betreuung der Mannschaften zur Verfügung stellen. Sie erbringen die Leistung, weil sie damit u. a. ihren Kindern den Sport ermöglichen, und auch, weil es ihnen Spaß macht. Diese Tätigkeit ist fast immer ehrenamtlich, d. h. sie erfolgt ohne finanzielle Gegenleistung und ist damit eine Form des Gabe-Handelns.

Wird jedoch eine Übungsleiter-Pauschale eingeführt, um den ehrenamtlichen Trainern Kosten zu ersetzen und ihren Aufwand in einem geringen Umfang zu entgelten und anzuerkennen, verändert sich die Situation dramatisch: Die Trainer erleben ihre Leistung nicht mehr als Gabe, sondern als entgoltene Leistung. Das bisherige Gabe-Handeln wird in einen Markt-Tausch transformiert, bei dem Arbeitsleistungen gegen Geld getauscht werden. Was als Anerkennung gedacht war, wird in eine Leistung mit geringer Bezahlung transformiert. Wird die geringe Bezahlung unmittelbar in Bezug zum Aufwand gesetzt, erscheint sie als unverhältnismäßig gering, wodurch letztendlich die Motivation leidet. Das Ergebnis: Übungsleiter sind unzufriedener und leisten weniger, da sie sich nicht hinreichend entlohnt

96 Die ironische Pointe in den Ausführungen von Hénaff ist jedoch die Auseinandersetzung mit Freud, der bekanntlich seine Patienten nach jeder Sitzung dieselbe bezahlen ließ. Hier weist Hénaff darauf hin, dass durch die unmittelbare Bezahlung der Sitzung diese eben nicht als Beziehung, sondern als entkoppelte Markt-Situation definiert wird, die erst die Voraussetzung dafür schafft, dass die Patienten sich selbst verantwortlich fühlen und Übertragungen minimiert werden können (Hénaff 2009: 563 ff.).

sehen. Verschärfend kommt hinzu, dass sich diese Transformation nicht mehr rückgängig machen lässt (Ariely 2008: 93 ff.; Brafman/Brafman 2009: 136 ff.).

Eine ähnliche Transformation beschreibt Titmuss (1997) anhand seiner Analyse zu Blutspenden, die in verschiedenen Ländern unterschiedlich organisiert sind. Während in einigen Ländern Blutspenden freiwillige Gaben sind, werden in anderen Ländern Blutspender für ihre „Spende" bezahlt. Je nachdem, welche Form im jeweiligen Land gewählt wird, ändert sich nicht nur die Motivation, sondern auch die Soziodemografie der Spendenden und damit die Qualität des gespendeten Blutes. So kann Titmuss zeigen, dass „ökonomische Anreize, Blut zu spenden, die Qualität des Blutes senken, da nunmehr sozial schwache und häufig weniger gesunde soziale Gruppen Blut spenden, um sich ein wenig Geld zu verdienen" (Adloff/Mau 2005: 25). Den Rückgang des unbezahlten, unentgeltlichen Blutspendens in den USA führt er auf die Umstellung auf ein entgeltliches Tausch-System zurück, das durch seine Kommerzialisierung ehrenamtliche Spender abschreckt (Titmuss 1978: 211).

Diese Beispiele zeigen, wie Akteure soziale Situationen konstruieren und damit die Form ihrer sozialen Beziehungen konstituieren. Schon geringfügige Änderungen, wie die Einführung einer Anerkennungsprämie, können zu Veränderungen in der Situationsdefinition führen: Die Akteure transformieren sie vom Gabe-Handeln in einen Markt-Tausch. Bezeichnend ist, dass diese Transformation nur in eine Richtung erfolgt: Mit der Transformation wird das Entgelt erwartet und die Akteure beginnen, ihren eigenen Nutzen zu optimieren. Sie verhalten sich als Akteure auf einem Markt und „rechnen" mit der Möglichkeit, dass die „Gegenseite" ihrerseits Nutzen optimiert.

Interessanterweise korrespondieren Gabe-Handeln und Markt-Tausch als Handlungsvollzüge auch mit unterschiedlichen neurophysiologischen Arealen, die bei den jeweiligen Handlungen im menschlichen Hirn aktiviert werden. Wie entsprechende Untersuchungen[97] nahelegen, können Menschen entweder Gabe-Handlungen ausführen oder Markt-Transaktionen durchführen. Gleichzeitig in beiden Formen zu handeln, scheint aufgrund der Unterschiedlichkeit der aktivierten Hirnareale nicht möglich. Die Verfolgung und Optimierung eigener Nutzen wird als Belohnung verarbeitet, wobei das Glückszentrum aktiviert wird, auf welches auch Drogen, wie Kokain, wirken. Beziehungen werden hingegen in einem völlig anderen Hirnareal verarbeitet, welches bei Gaben angesprochen wird. Entscheidend ist die Feststellung, dass beide Hirnareale nicht gleichzeitig aktiviert werden können. Dies bedeutet, dass Menschen entweder in der Logik von Markt-Transaktionen oder in der Logik von Beziehungen handeln können (Brafman/Brafman 2009: 142).

3.7 Gabe-Handeln und Gender

Eine der interessanteren Fragen ist die nach dem Zusammenhang zwischen Gender und Gabe-Handeln. Untersuchungen zu diesem Thema zeigen, dass es im Alltag eher Frauen sind, die für den Aufbau von Beziehungen und damit für das Gabe-Handeln verantwortlich sind: Sie suchen Geschenke aus und achten auf die Reziprozität im Gabe-Handeln (Berking 1996).

Dies korrespondiert mit dem Spendenverhalten: Auch hier dominieren Frauen. 2011 haben 38 % aller Frauen gespendet, während nur 31 % der Männer gespendet haben (Borcherding/Stute 2011: 5). Crole (2006) hat diese Erkenntnis zu dem Schluss veranlasst, dass sich Fundraising stärker auf Frauen ausrichten solle, da sie es seien, die die meisten Spenden tätigten.[98]

97 Bei den Studien handelt es sich um Knutson et al. (2001) und Tankersley/Stowe/Huettel (2007).

98 Dieser Schluss ist – das zeigen schon die Zahlen – verkürzt. Zur Kritik der Position von Crole vgl. Fischer 2007b.

Komter (2005: 76 ff.) weist in ihrer Studie auf die Besonderheiten von Gabe-Handlungen bei der Konstitution der sozialen Geschlechterverhältnisse hin. Gerade Gabe-Handlungen sind in Bezug auf die mit ihnen konstituierten sozialen Beziehungen ambivalent: So können Gaben sowohl zur Konstitution egalitärer als auch asymmetrischer sozialer Beziehungen eingesetzt werden. Komter (2005: 95 ff.) beschreibt es als Paradox des weiblichen Gebens, dass Frauen sehr viel häufiger in Gabe-Handlungen – auch als Objekte (Lévi-Strauss 1992) – involviert sind, sie jedoch seltener von den Vorteilen asymmetrischer Formen des Gebens profitieren und sogar die Gefahr besteht, dass Frauen so viel von sich geben, dass sie ihre eigene Identität verlieren (Komter 2005: 96).

Unterschiedliche Verfügung über ökonomisches Kapital und Macht führt auch dazu, dass Menschen in unterschiedlichen Formen geben. Bedeutsam wird dies, wenn neben Gabe-Handlungen im Alltag auch Gabe-Handlungen in ökonomischen Kontexten betrachtet werden: Hier werden vor allen Dingen von Männern in Machtpositionen asymmetrische Gabe-Handlungen praktiziert, die helfen, Vertrauen und Loyalitäts-Netzwerke aufzubauen. Beide sind für Geschäfte und Karrieren zwingend notwendig.

Damit muss dann die Frage nach Gender und Gabe-Handeln gestellt werden. Berücksichtigt man, dass im Kontext von Wirtschaft auch einseitige Gaben eingesetzt werden, um Macht und „Seilschaften" zu konstituieren, dann ist nicht auszuschließen, dass Männer und Frauen – aufgrund unterschiedlicher Verfügung über soziale und ökonomische Ressourcen und unterschiedlicher hierarchischer Positionen – Gaben zu unterschiedlichen Zwecken einsetzen. Es ließe sich durchaus die Hypothese formulieren, dass Frauen Gaben einsetzen, um reziproke und egalitäre Beziehungen und Netzwerke zu konstituieren. Männer könnten eher Gaben einsetzen, um eigenen Nutzen zu optimieren und machtstrategische Ziele zu erreichen. Für gesicherte Aussagen wären allerdings empirische Forschungen Voraussetzung, die bisher noch nicht vorliegen.[99]

99 Sie hätten auch für das Fundraising hohe Relevanz, könnte mit ihnen doch gezeigt werden, wie Botschaften an Männer und Frauen unterschiedlich konstruiert werden müssten.

3.8 Spenden als Gabe-Handeln

Spenden weisen viele Merkmale von Gabe-Handlungen auf. Bei ihnen handelt es sich um die einseitige Übertragung von Ressourcen, die freiwillig und unentgeltlich erfolgt. „Freiwilligkeit" bedeutet nicht nur, dass kein Zwang auf die Geber ausgeübt werden darf, sondern auch, dass keine vertraglichen Regelungen bestehen, aufgrund derer die Spende gegeben wird. „Unentgeltlich" bezieht sich auf mögliche Gegenleistungen, die definitorisch ebenfalls ausgeschlossen werden (Buchna/Seegers/Brox 2010: 435 f.). Werden „Spenden" mit Gegenleistungen verbunden, wird aus dem Gabe-Handeln ein Markt-Tausch.

Dies entspricht der obigen Beschreibung des Gabe-Handelns, bei dem Gaben obligatorisch, jedoch immer auch frei gegeben werden. Auch Gaben werden nicht unmittelbar reziprok erwidert, sondern schaffen durch die zeitliche Streckung und die damit verbundene Verschuldung erst die Beziehungen, die soziales Leben ausmachen.

Die im Deutschen mögliche Differenzierung zwischen „Gabe" und „Spende" gibt es in dieser Form beispielsweise im Englischen nicht. Dort wird zwischen beidem kein Unterschied gemacht. Beides wird unter dem Begriff „gift" gefasst.[100] Im Folgenden sollen Spenden als Gaben und damit Ressourcen des Sozialkapitals verstanden werden, die im Gabe-Handeln gegeben und in spezifischer Weise verwendet werden.

Damit wird – wie in der Einleitung angekündigt – ein alternativer theoretischer Bezugsrahmen für Spenden vorgeschlagen. Anstatt den Versuch zu unternehmen, Spenden in Begriffen der Ökonomie und des Markt-Tausches zu fassen, werden Spenden als spezifische Formen von Gaben verstanden. Genauso wie durch Gaben werden auch durch Spenden spezifische soziale Beziehungen konstituiert,

100 Die interessante Bedeutungsverschiebung zum Deutschen, in dem „Gift" eine vollständig andere Bedeutung hat, ist ein erster Hinweis auf die dunkleren Seiten, die mit Gaben auch verbunden sein können (vgl. auch Mauss 2006).

die als soziale Basis des Spendens verstanden werden können und im Folgenden als Gebe-Logiken rekonstruiert werden.

Bisher wurde relativ umstandslos von Gaben und Gabe-Handeln gesprochen, ohne auf spezifische Unterschiede in der Form der Beziehungen einzugehen, die dadurch konstituiert werden. So weist Mauss (1968: 21) drauf hin, dass Gaben in archaischen Gesellschaften Beziehungen zwischen Stämmen bzw. sozialen Gruppen konstituieren. Darüber hinaus lässt sich auch ein Gabe-Handeln zwischen Menschen und Göttern – z.B. in Form von Opfern feststellen. Wird das Konzept des Gabe-Handelns auf moderne Gesellschaften übertragen, konstituieren Individuen dadurch Beziehungen untereinander. Sie bilden auf die eigene Person zugeschnittene Netzwerke, die sie durch Gabe-Handlungen konstituieren und in denen sie soziale Beziehungen konstruieren.[101] Spenden werden hingegen Organisationen gegeben. Diese setzen die ihnen gegebenen Ressourcen dann für ihre jeweiligen Zwecke bzw. Projekte und Programme ein. Rechtlich gehen Spenden dabei in den Besitz der Organisationen über. Diese entscheiden über die Verwendung der Spenden, müssen allerdings Zweckbindungen der Spender beachten. (Buchna/Seegers/Brox 2010: 435).

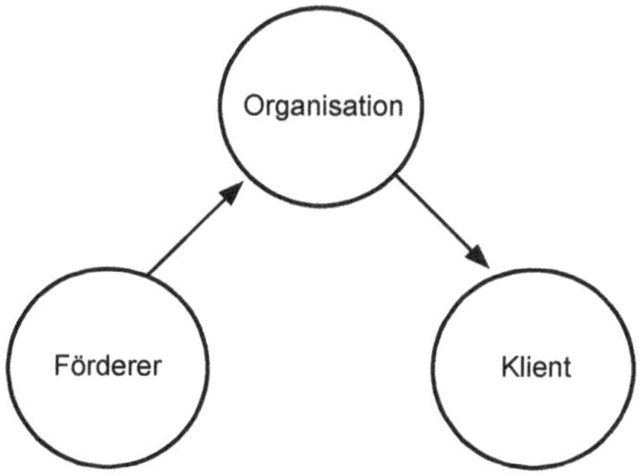

Abb. 5: Transaktionsmodell bei Spenden

101 Zu den unterschiedlichen Formen von Gabe-Handlungen vgl. Godbout (2000: 42 ff.).

Damit ergeben sich eine Reihe weiterer Fragen: So ist zunächst zu klären, welche sozioökonomischen Funktionen Spenden bzw. philanthropische Handlungen haben. Denn wenn Spenden als Gaben an Fremde gegeben werden, mit denen kein Netzwerk konstruiert werden kann, dann sind diese Handlungen erklärungsbedürftig.

Schließlich – und dieser Aspekt wird im Schlusskapitel wieder aufgegriffen – stellt sich die Frage nach der Konstitution von Beziehungen. Denn konstituiert Gabe-Handeln Beziehungen, dann – so ist zumindest zu fragen – müssten diese auch beim Spenden konstituiert werden. Zunächst jedoch sollen die sozioökonomischen Grundlagen des Spendens betrachtet werden.

4. Gebe-Logiken als soziale Basis des Spendens

Nachdem die Grundlagen des Gabe-Handelns beschrieben worden sind, geht es im Folgenden um das Spenden als eine spezifische Form sozialen Handelns und des ökonomischen Austausches. Mit den unterschiedlichen Formen des in sozialen Netzwerken inkorporierten Sozialkapitals inklusive der Konstitution von in sozialen Netzwerken ablaufenden Prozessen der In- und Exklusion stehen soziale Ressourcen zur Verfügung, die als Spenden gegeben und die durch Spenden auch reproduziert werden. Die folgenden Ausführungen haben damit zwei Blickrichtungen: Es wird auf der einen Seite zu zeigen sein, dass Spenden sich als spezifische Form der Verwendung von Sozialkapital verstehen lässt, das für bestimmte – der Allgemeinheit zugutekommende Zwecke – eingesetzt wird. Auf der anderen Seite werden über das Geben von Spenden auch wieder soziale Beziehungen konstituiert, in die wiederum Sozialkapital inkorporiert werden kann.

Damit stehen die sozioökonomischen Aspekte des Spendens im Vordergrund, denn das Geben von Spenden hat neben den materiellen Aspekten immer auch funktionale Aspekte und bezieht sich auf strukturelle Rahmenbedingungen, die durch das Handeln mit konstruiert werden. Insbesondere in sieben zentralen Bereichen lassen sich diese Zusammenhänge von sozioökonomischer Struktur und Spenden beschreiben:

- Solidarität als spezifische Form der Hilfe für Menschen in einer akuten Notsituation

- Herausbildung sozialer Eliten, die sich über ihr Gabe-Handeln als Eliten konstituieren, wobei Prozesse der In- und Exklusion über Spenden-Handlungen zu beobachten sind

- Organisation sozialer Bewegungen, deren Mitglieder über gemeinsame Werte und Ziele an Prozessen der Veränderung gesellschaftlicher Lebensbedingungen beteiligt sind

- Nutzung von Spenden als Sozialkapital in alltäglichen Netzwerken, die wiederum die Beziehungen in den Netzwerken verstärken kann

- Spenden als Erwiderungen auf empfangene Leistungen, die ihrerseits als Gaben interpretiert werden

- Als dunkle Seite die Nutzung von Gaben, mit deren Hilfe der eigene Nutzen bis jenseits der Grenze der Legalität optimiert werden kann

- Bei Spenden als Investment lassen sich die Transformationen von Gabe-Handeln in Markt-Tausch beobachten

Die Betrachtung dieser sieben Aspekte ist analytisch, d. h., in der Praxis schließen sie sich nicht gegenseitig aus, sondern können zu gegenseitiger Verstärkung führen: Auch sich konstituierende Eliten können sich solidarisch für Menschen in Not engagieren und soziale Bewegungen können sich aus den sozialen Netzwerken Betroffener rekrutieren. Für eine bessere Übersichtlichkeit der Darstellung wurde darauf verzichtet, diese Verbindungen und Überschneidungen in jedem Fall explizit zu machen. Sie sind aber immer mit zu denken und spielen in der Praxis eine nicht unerhebliche Rolle.

4.1 Solidarität mit Dritten in Not

Solidarität bzw. solidarisches Handeln[102] ist ein soziales Prinzip, das vielen Spenden-Handlungen zugrunde liegt. Menschen geben, um damit anderen Menschen in einer konkreten Situation zu helfen. Die Situation wird als Notlage des Empfängers eingeschätzt und häufig wird unterstellt, dass der Empfänger alles versucht, um seine Notla-

102 Im Folgenden geht es nicht um den Wert „Solidarität" und seine politischen und philosophischen Implikationen, sondern um ein Handlungsmuster, bei welchem sich die Handlung an einem existenziellen Bedürfnis eines anderen ausrichtet.

ge selbst abzuwenden. Die Gebenden fühlen sich vielfach moralisch verpflichtet zu helfen und geben freiwillig, d. h., sie gehen davon aus, dass der Empfänger keinen rechtlichen Anspruch auf ihre Hilfe hat.[103]

In der wissenschaftlichen Literatur gibt es keine Übereinstimmung darüber, wie der Begriff „Solidarität" zu verstehen ist. (Steinvorth 1998: 54).[104] Seinen Ursprung hat er im römischen Recht, wo „obligatio in solidum" die Verpflichtung des Einzelnen beschreibt, für Verbindlichkeiten einer Gruppe zu haften bzw. die Verpflichtung der Gruppe, dies auch für den Einzelnen zu tun. (Bayertz 1998: 11). Dies entspricht z. B. dem Versicherungsprinzip und der Solidargemeinschaft, wenn eine Gruppe für Schäden und Bedarfe des Einzelnen eintritt (Steinvorth 1998: 55).

Damit verweist der Begriff „Solidarität" zunächst auf das Verhältnis des Einzelnen zur sozialen Gruppe, deren Mitglied er ist. Als Teil der Gruppe genießt er Unterstützung in Form von Hilfen und Gaben, die auch er bereit sein muss, anderen in entsprechenden Situationen zukommen zu lassen. Damit lässt sich ein System freiwilliger Verbindlichkeit und gegenseitiger Verschuldung beschreiben, in welchem alle Mitglieder geben und von den Gaben der anderen profitieren können. Es entsteht ein egalitäres Beziehungsnetzwerk gegenseitiger Hilfe und Unterstützung (Komter 2005; Scholz 2008), in dem Gaben Ressourcen des Sozialkapitals darstellen, auf die alle Akteure zugreifen können, bzw. die ihnen von den anderen Akteuren zur Verfügung gestellt werden.[105]

---

103 Dies entspricht in vielen Punkten der Definition von Solidarität, die Wild (1998: 212 f.) vorgeschlagen hat.

104 Bayertz (1998) unterscheidet vier Verwendungsweisen des Begriffs: „Solidarität" als allgemeine Brüderlichkeit, „Solidarität" als gesellschaftliche Einheit, „Solidarität" als Legitimation des Sozialstaats sowie „Solidarität" als Kampfbegriff. Trotz einiger Unterschiede lassen sich viele Gemeinsamkeiten zu den Unterscheidungen von Scholz (2008) feststellen.

105 Entscheidend ist hierbei, wie Komter (2005) und Scholz (2008) feststellen, dass Gabe-Handeln soziale Beziehungen erzeugt und stabilisiert. Solidarität ist demnach mit Gabe-Handeln eng verknüpft und nur auf Basis von Gabe-Handeln zu verstehen.

Diese Form der Solidarität hat Durkheim (1988), der den Begriff in die Soziologie eingeführt hat, als mechanische Solidarität bezeichnet. Er sieht in der Ähnlichkeit der Akteure in der Gruppe die Basis für gegenseitige Solidarität. Mit anderen Worten: Mechanische Solidarität ist das Bindemittel innerhalb einer sozialen Gruppe, die sich aufgrund von sozialer Ähnlichkeit konstituiert.

Organische Solidarität entsteht nach Durkheim aufgrund zunehmender Arbeitsteilung, wenn die Akteure bei zunehmender Differenzierung immer stärker wechselseitig aufeinander angewiesen sind. Arbeitsteilung und Differenzierung setzen voraus, dass jeder Einzelne sich darauf verlassen können muss, dass die Tätigkeiten, die er selbst nicht mehr ausführt, von anderen in guter Qualität erledigt werden. Dieses gegenseitige Aufeinander-Angewiesensein führt zu solidarischen Handlungen und stabilisiert hierdurch komplexe Gesellschaften.

Kritik an Durkheims Konstruktion von „Solidarität" bezieht sich vor allen Dingen auf die Zuweisung der verschiedenen Formen der Solidarität auf unterschiedliche Gesellschaftsformationen (vgl. bspw. Luhmann 1988).[106] So sieht Durkheim mechanische Solidarität in archaischen Gesellschaften verankert und marktwirtschaftlichen Gesellschaften weist er organische Solidarität zu. Diese Zuweisungen sind, wie schon die Ausführungen zu Gabe-Handeln und Markt-Tausch gezeigt haben, problematisch, denn beide Formen der Solidarität lassen sich in modernen Gesellschaften antreffen und beschreiben. Und soziale Akteure nutzen beide Formen solidarischen Handelns, um soziale Strukturen zu formen und Prozesse zu gestalten, also beide Formen der Solidarität parallel existieren.

Unter dem Blickwinkel von Spenden und Philanthropie geht es jedoch weniger um Solidarität in Form von Sozialkapital und persönlichen Netzwerken der jeweiligen Akteure, sondern um „Fremde",

106 Ein weiterer zentraler Kritikpunkt von Luhmann besteht im Versäumnis von Durkheim, den geldvermittelten Interaktionen einen hinreichenden Platz in seiner Theorie einzuräumen, da aus geldvermittelten Markt-Transaktionen Moral ausgegliedert wurde (Luhmann 1988: 35 f.)

die definitionsgemäß weder zur sozialen Gruppe der Solidarischen gehören noch mit ihnen kooperieren.[107] Im Zentrum der weiteren Betrachtungen stehen Handlungen mit dem Ziel, Menschen außerhalb der eigenen Gruppe zu helfen und zu unterstützen. Traditionell wird dieses Thema unter zwei Aspekten diskutiert: Als „Gastfreundschaft" in der Unterstützung von Fremden,[108] die die Gruppe wieder verlassen und als „Almosen" zur Unterstützung von Bedürftigen und in Not geratenen Menschen.

Für den hier zu diskutierenden Kontext sind „Almosen" von zentraler Bedeutung. Sie werden explizit Menschen gegeben, die nicht zur sozialen Gruppe der Gebenden gehören. Die Gebenden zeigen mit ihrem Almosen in Form einer Spende ihre Solidarität mit den Bedürftigen. Im Folgenden ist zu untersuchen, wie Almosen sozial konstruiert werden, welche Funktionen sie innerhalb von Gesellschaften erfüllen, worin ihre Grenzen liegen und warum sie auch heute noch – oder auch wieder – aktuell sind.

4.1.1 Almosen als soziale Norm

Eine Form solidarischen Handelns manifestiert sich seit Jahrhunderten in Almosen: Menschen geben Bedürftigen. Während in der Literatur jemand als arm gilt, der seine Reproduktion nicht sicherstellen kann (primäre Armut) oder nicht über die Ressourcen für einen statusadäquaten Lebensstil verfügt (sekundäre Armut), gilt derjenige als „bedürftig", der Unterstützung erhält. Während sich „Armut" anhand sozioökonomischer Parameter definieren lässt, basiert „Bedürftigkeit" auf einem sozialen Konstruktionsprozess, der in verschiedenen Epochen durchaus zu unterschiedlichen Ergebnissen führte (Sachße/Tennstedt 1998: 27).

---

107 Hier besteht ein Zusammenhang mit prosozialem Handeln, welches sich in einigen Ausprägungen auch explizit auf Hilfe für Dritte bezieht (vgl. Kap. 2.1)

108 Zu verschiedenen historischen Ausprägungen von Gastfreundschaft vgl. Berking (1996).

Die Unterstützung Bedürftiger ist als Norm in allen Religionen als prägendes Gebot verankert und bezieht nicht zuletzt hieraus seine Wirksamkeit und Handlungsleitung.[109] Armstrong (2008) führt dies auf die gesellschaftlichen Transformationsprozesse während der Achsenzeit (800–200 v. Chr.) zurück, in der die ersten Weltreligionen entstanden sind.

Eine für das Christentum zentrale Stelle in der Bibel ist die Geschichte vom barmherzigen Samariter (Luk 10, 25–37), der im Gegensatz zu verbeikommenden Juden einem bei einem Überfall schwer verwundeten Juden hilft, obwohl, bzw. gerade weil er als Angehöriger einer verachteten Minderheit keine Angst hat, sich an einem Todkranken zu verunreinigen (Strack/Billerbeck 1986: 538 f.).

Nächstenliebe und Barmherzigkeit stellen im Christentum die Basis für Almosen dar. Almosen sind im Neuen Testament in erster Linie Geldzuwendungen, wenngleich andere Formen der Gaben nicht ausgeschlossen sind (Müller 1005: 58). Im Verständnis des Christentums kann der Gebende mit dem Almosen seine Barmherzigkeit vor Gott zeigen und damit die Anforderung an ein gottgefälliges Leben ein Stück weit erfüllen. Mit dem Almosen ist das eigene Seelenheil verbunden: Wer geizig ist, kann nicht in den Himmel kommen.[110]

Das Geben von Almosen kann so ausgelegt werden, dass mithilfe der Gaben und Almosen die Möglichkeit besteht, Heil zu erlangen, die Seele „freizukaufen“ und so Sünden zu tilgen (Müller 2005: 118). Durch Gaben folgen die Gläubigen dem Gebot der Nächstenliebe und Barmherzigkeit. Da dies gottgefällig ist, können sie mit ihren guten Taten einen Teil der Schuld tilgen, die sie durch Sünden auf sich geladen haben.

109 Einen Überblick über verschiedene Formen der Einbindung von Philanthropie in religiöse Vorstellungen liefert der Sammelband von Ilchman u. a. (1998).

110 Es gibt eine Reihe von Stellen im Neuen Testament, die diese Interpretation nahelegen so z. B. der 1. Johannisbrief oder der Jakobusbrief. Zu weiteren Hinweise zur Interpretation dieser Bibelstellen vgl. Müller (2005: 62).

Für die berechnende Mentalität der Kaufleute im Mittelalter und der frühen Neuzeit, die zum Teil große Beträge gestiftet haben, war das Geben von Almosen „ein gutes Geschäft“: Nicht nur, dass sie mit ihren Gaben die Zeit ihrer Seele im Fegefeuer unmittelbar verkürzen konnten. Mit vielen Stiftungen und Gaben an Einrichtungen der Kirche waren Gebete und andere Auflagen für Priester zum Gedenken an den Stifter verbunden. Hierdurch verkürzte sich ebenfalls die Zeit, die die Seele – oder die eines Angehörigen – im Fegefeuer zuzubringen hatte. Schließlich waren auch die Empfänger der Almosen, die Armen und Bedürftigen, angehalten, dem Stifter oder Spender gegenüber dankbar zu sein und um sein Seelenheil zu bitten (Hamm 2008).[111] Das Geben und das Stiften zur Errettung der Seelen wurden im Laufe des Mittelalters bis hin zum bekannten Ablasshandel weiterentwickelt, bei dem die über Land ziehenden Prediger weniger Seelenqualen für jeden Taler versprachen.[112]

Das Geben von Almosen ist eine soziale Norm. Obwohl Almosen grundsätzlich freiwillig sind, sind sie obligatorisch und treten dem Akteur als Verpflichtung gegenüber: Wer sich nicht an diese Norm hält, wird spätestens im Jenseits für den eigenen Geiz sanktioniert.

Mit der Reformation wurde diese enge Bindung von Jenseitigkeitsvorstellungen an das Geben von Almosen bzw. die Errichtung von Stiftungen aufgehoben. Dies bedeutete jedoch nicht, dass damit gleichzeitig auch die Stiftungstätigkeit zum Erliegen gekommen wäre. Was sich jedoch änderte, waren die religiösen Bezugspunkte und Begründungen für das Stiften. Im Protestantismus rückte die Frage nach

111 In seinen Untersuchungen zu Stiftungen im Mittelalter kommt Hamm zu dem Schluss, dass für die Stifter zwar ihr eigenes Seelenheil im Zentrum stand, sie aber typischerweise neben Almosen bzw. der materiellen Versorgung von Armen und Bedürftigen auch deren Seelenheil im Blick hatten: Durch Gebete und Andenken an die Stifter taten sie gleichzeitig auch etwas für ihr eigenes Seelenheil (Hamm 2008: 58 f.).

112 Der Ablass ist aus der frühmittelalterlichen Bußpraxis herausgewachsen (vgl. Poschmann, 1948: 63). Mithilfe von Geldzahlungen konnte ein Nachlass der Strafzeiten für Sünden erreicht werden. Sie stellten also gewissermaßen auch eine Form der Wiedergutmachung dar, die auch für andere Personen geleistet werden konnte (Müller 2005: 128 f.).

der Gestaltung von Gesellschaft stärker in den Mittelpunkt. Spender und Stifter verstanden sich als Akteure, die unmittelbar für das Gemeinwesen verantwortlich sind und ihre Mittel einsetzen, um es zu gestalten (vgl. Schneider-Ludorff 2008).

Die Norm des Gebens und die religiösen Bezugspunkte fußen auf einer sozioökonomischen Notwendigkeit: Almosen sind immer auch eine Reaktion auf Not und Armut und die ungleiche Verteilung von Lebenschancen. Dass Almosen sozialer Ausgleich sind, wurde auch von Scholastikern des Mittelalters durchaus gesehen und befürwortet[113] (vgl. Müller 2005: 122).

Für ihre Versorgung waren Bedürftige im Mittelalter nicht allein auf Almosen angewiesen. Wie die neuere sozialgeschichtliche Forschung zeigt, existierten sowohl in mittelalterlichen als auch in neuzeitlichen Gesellschaften unterschiedliche Strategien, Bedürftige zu unterstützen und zu versorgen.[114] Neben vielfältigen Formen der Unterstützung durch Familienstrukturen und Nachbarschaften existierten auch Netzwerken für Alleinstehende. Für die Versorgung Bedürftiger waren Klöster und Spitäler ebenso wichtige Akteure – wobei Klöster nicht nur Bedürftige speisten und ihnen ein Bett für die Nacht boten, sondern in einigen Fällen Arbeit so verteilten, dass sie möglichst vielen Menschen ein Einkommen bot, die deshalb nicht auf die Armenversorgung angewiesen waren (Fischer 1982: 31).

Jedoch waren mittelalterliche Gesellschaften in Europa zusätzlich auf Almosen zur Versorgung und Fürsorge von Menschen angewiesen, die ihren Lebensunterhalt nicht bestreiten konnten (Müller 2005: 126) – ohne dass dadurch eine ausreichende Versorgung der

113 Die Pflicht zur Gabe von Almosen ging allerdings nicht so weit, dass Reiche ihr gesamtes Vermögen zur Versorgung der Armen und Bedürftigen hätten einsetzen müssen. Vielmehr galt, dass sie zunächst ihren standesgemäßen Lebenswandel finanzieren durften. Erst Vermögen und Einkommen, die hierfür nicht benötigt wurden, sollten als Almosen zur Versorgung der Armen und Bedürftigen eingesetzt werden. Vgl. hierzu die einflussreiche Almosen-Lehre des Thomas von Aquin, auf die Müller (2005: 130 ff.) ausführlich hinweist.

114 Einen Überblick über die Forschung zur Armut im Mittelalter und in der frühen Neuzeit gibt Dinges 2002.

Armen hätte sichergestellt werden können (Fischer 1982). Im Mittelalter war, darauf weisen Sachße und Tennstedt (1998: 27) hin, betteln eine legitime Form der Reproduktion und unterlag keiner Ächtung. Bettler waren eine anerkannte Berufsgruppe und in einige Städten in Zünften organisiert.

Solange die Begründung des Almosens in Bezug zum Geben und dem damit verbundenen Seelenheil stand, war es nicht notwendig, die Empfänger hinsichtlich ihrer Bedürftigkeit zu kontrollieren[115]: Wer bat, dem wurde – im Rahmen des Möglichen – gegeben. Dies änderte sich erst mit sozioökonomischen Veränderungsprozessen zu Beginn der Neuzeit. Nunmehr rückte Arbeit zur Erzielung von Einkommen für die Reproduktion in das Zentrum. Kriterien für Bedürftigkeit, wie Arbeitsunfähigkeit, Krankheit und anderes, wurden zur Voraussetzung des Bettelns. Erst wenn eine Reproduktion durch Arbeit nicht möglich war, war eine Versorgung in Form von Almosen angezeigt (Müller 2005: 156 ff.). Dies wurde durch die Obrigkeit geprüft und – wie schon in der ersten deutschen Bettelordnung von Nürnberg 1370 – durch Bettelzeichen erlaubt (Sachße/Tennstedt 1998).[116] Während in der ersten Phase Betteln grundsätzlich noch erlaubt war, jedoch kontrolliert und eingeschränkt wurde, wurde in der folgenden Phase Betteln grundsätzlich verboten und nur in Ausnahmefällen zugelassen (Sachße/Tennstedt 1998).

Am Beispiel des Almosens lässt sich zeigen, was Mauss (1968) als totales soziales Phänomen bezeichnet hat: Als einseitige Gabe konstituiert das Almosen eine asymmetrische Beziehung, die nicht durch Erwiderung ausgeglichen werden kann. Die über das Almosen als Symbol konstruierte Machtbeziehung schafft nicht nur ein soziales Unten und Oben, sondern enthält eben auch die Verpflichtung, sich um die Abhängigen zu kümmern. Durch sie wird auch ein ökono-

115 Thomas von Aquin sprichst sich deutlich gegen eine Bedürfnisprüfung aus, auch wenn er Bedürftigkeit als Voraussetzung von Unterstützung schon erkennt (vgl. Müller 2005: 129 ff.).

116 Hiermit setzt dann auch die Diskriminierung ein: Bettelzeichen und -orden weisen nicht nur legitime Empfänger von Almosen aus, sondern zeigen auch deutlich den sozialen Abstand auf.

mischer Transfer konstituiert, der zumindest Einzelnen das Überleben ermöglicht. Der Norm des Almosens können sich die Gebenden nicht entziehen, ohne damit gleichzeitig die Statusunterschiede aufzuheben.

Die Empfänger der Almosen sind nicht nur ökonomisch von den Zuwendungen abhängig. Sie erleben in der Annahme des Almosens nicht nur Dankbarkeit dafür, weniger Hunger leiden zu müssen, sondern gleichzeitig auch die symbolische Reproduktion von Herrschaft und deren Legitimation. Gleichzeitig sind Almosen Teil der Kultur. Sie werden über die Religion zur Pflicht, da ansonsten kein Heil erreicht werden kann. Erst wer gibt, kann in den Himmel kommen. Somit ermöglichen die religiösen Vorschriften die ökonomische Reproduktion Bedürftiger.

Insbesondere die zu Wohlstand und Besitz gekommenen Kaufleute können Almosen nutzen, um ihren Sozialstatus zu erhöhen und gleichzeitig innerhalb der Städte Macht zu erringen und symbolisch zu festigen. Da Kaufleute keine Waren produzieren, sondern Gewinne erzielen, indem sie Produkte teurer verkaufen, als sie eingekauft wurden, sind traditionell sowohl ihr Status als auch ihr Prestige gering.[117] Durch die Gabe von Almosen können sie ihre ökonomische Potenz zeigen und gleichzeitig ökonomische Anhängigkeiten schaffen und Macht symbolisch legitimieren.

4.1.2 Die Möglichkeit der Selbst-Inszenierung der Empfänger

Die Konstruktion des Almosens als einseitige Gabe und moralische Verpflichtung schafft einen Freiraum, der von den Empfängern genutzt und durch Inszenierung als „Bedürftiger“ strategisch zum eige-

117 Zum Image der Figur des Kaufmanns in der Antike und im Mittelalter vgl. Hénaff (2009: 95 ff.).

nen Vorteil eingesetzt werden kann: Wer sich als „bedürftig" präsentiert, hat eine größere Chance, Almosen oder Spenden zu erhalten.[118]

Die Möglichkeit, durch geschickte Inszenierung Spenden und Almosen strategisch zu kanalisieren, ist nicht nur aus dem Mittelalter bekannt, sondern lässt sich auch heute noch beobachten. Einige sehr plastische Beschreibungen hat in den letzten Jahren die Journalistin Linda Polman (2010) gesammelt: So erzählt Polman die Geschichte der „amputees" in Sierra Leone, denen im Bürgerkrieg von Rebellen oder Soldaten Gliedmaßen abgehackt worden sind. Ihr Lager befindet sich in der Hauptstadt Freetown direkt an einer zweispurigen Straße zum Ozean. Die Lage an einem Berghang ist zwar exponiert, aber für Rollstuhlfahrer nicht geeignet. Trotz des Angebots, am Rand der Stadt ein eigenes, neu gebautes Viertel zu beziehen, beharren die „amputees" auf ihrem Standort, ist dieser doch von Journalisten und Hilfsorganisationen gut und einfach zu erreichen. (Polman 2010: 77 ff.). Oder sie erzählt die Geschichte der „amputees", die ihre speziell für sie gefertigten Prothesen nicht nutzen, da sie sich sonst nicht mehr als Opfer und Bedürftige inszenieren könnten, sichert dies doch Aufmerksamkeit und finanzielle Zuwendungen (Polman 2010: 81). Eine der dramatischen Pointen ihrer Geschichte liegt jedoch darin, dass die Rebellen Menschen – insbesondere kleinen Mädchen – Gliedmaßen abgeschlagen haben, um die öffentliche Aufmerksamkeit der westlichen Geberländer auf Sierra Leone zu richten – mit dem Ziel, Spenden nach Sierra Leone und damit in ihre Taschen fließen zu lassen (Polman 2010: 184 ff.). Hier wird aus strategischem Kalkül Leid erzeugt und inszeniert, um Mitgefühl zu wecken und Spenden-Handlungen instrumentell auszulösen.

Von den Gebenden wird die Instrumentalisierung der Solidarität bzw. der Versuch, Spenden-Handlungen auszulösen, natürlich bemerkt. Für das soziale System bedeutet dies, dass eine unverschuldete Notsituation nicht mehr vorliegen muss. Sie reagieren mit den

118 Vor diesem Hintergrund sind Diskussionen über „verschämte Arme", d. h. Arme, die sich nicht instrumentell inszenieren, zu verstehen. Allerdings kann auch „verschämte Armut" inszeniert sein.

aus der Geschichte bekannten Klagen über fahrende Bettler, die das Almosen-System schamlos ausnutzen. Städte reagierten schon im Mittelalter bzw. in der frühen Neuzeit mit Bettler-Verordnungen[119], die das Betteln in der Stadt für Fremde deutlich eingrenzten.[120]

Ziel der Erlasse war zunächst nicht das grundsätzliche Verbot des Bettelns, sondern der Schutz der einheimischen Armen, denen das Betteln und Entgegennehmen von Almosen durchaus weiter erlaubt war, vor zuwandernden Bettlern (Müller 2005: 146). Hierdurch sollte auch der Kollaps des Fürsorgesystems aufgehalten werden.[121] Dies korrespondierte mit einer zunehmenden Aversion des Bürgertums gegenüber fremden Bettlern, die als arbeitsscheues und betrügerisches Gesindel wahrgenommen wurden (Müller 2005: 147 f.).

Damit wird im Almosen eine doppelte Funktion der Gabe deutlich: Sie ist gleichzeitig symbolische Handlung zur Konstitution sozialer Beziehungen und Transaktion zur Befriedigung materieller Bedürfnisse, worauf Gesellschaften und Individuen in unterschiedlicher Weise angewiesen sind. Während die Empfänger an der Befriedigung ihrer materiellen Bedürfnisse interessiert sind und sich entsprechend strategisch verhalten können, konstituieren die Geber mit ihren Spenden die Anerkennung sozialer Ungleichheit und sichern gleichzeitig das materielle Überleben der Bedürftigen. Sich dem Geben von Almosen zu verweigern, ist jedoch nicht zielführend, da Bedürftige tatsächlich der materiellen Hilfe bedürfen und diese Hilfe das soziale System

119 Die älteste deutsche Bettelordnung ist von 1370 und stammt aus der Stadt Nürnberg. Sie sah unter anderem vor, dass Fremden das Betteln an nur drei Tagen im Jahr erlaubt war. Einheimische Bettler benötigten eine Erlaubnis, die ihnen nach Prüfung ihrer Bedürftigkeit vom staatlichen Almosenpfleger erteilt wurde (Sachße/Tennstedt 1998).

120 Nach der Nürnberger Almosenordnung von 1522 durften nur Personen unterstützt werden, die mindestens sechs Jahre in der Stadt gewohnt hatten (Sachße/Tennstedt 1998: 33).

121 Parallel zur zunehmenden staatlichen Regulierung wurde als Regulativ die Arbeitsfähigkeit der Armen zum Kriterium für Fürsorge und Bedürftigkeit. Armen wurde zunächst eine eigene Schuld an ihrer Situation zugeschrieben (Müller 2005: 148): Wenn sie arbeiten würden, könnten sie grundsätzlich ihren Lebensunterhalt verdienen. Erst wenn dies nicht möglich war, griff die Fürsorge und die Armen wurden als bedürftig und als der Versorgung durch die Gemeinschaft würdig angesehen.

insgesamt stabilisiert und ein Zusammenleben erst ermöglicht. Die hierin eingebetteten moralischen Dilemmata lassen sich – zumindest auf Ebene der Almosen und der solidarischen Handlung – kaum lösen.[122]

Die Lösung dürfte eher in der Aufhebung der ausgeschlossenen Erwiderung liegen. Durch die ausgeschlossene Erwiderung fehlt ein Regulativ zum möglichen strategischen Verhalten und zur Ausnutzung des Versorgungssystems. Solange Almosenempfänger nicht erwidern, gibt es keine ökonomische Grenze des Nehmens, da sich die Gebenden dem moralischen Druck kaum entziehen können. Reziprozität als Schutz vor Ausnutzung besteht nur in egalitären Beziehungen, die auf einem geschlossenen System von Gabe-Handlungen beruhen. Damit würden Almosen aber in solidarische Handlungen zwischen Gleichen in egalitären Beziehungen verwandelt, was Almosen jedoch nie waren: Bei ihnen ging es immer um die Versorgung der Anderen und Fremden und die gleichzeitige symbolische Reproduktion sozialer Ungleichheit.

Die Beobachtung, dass im letzten halben Jahrhundert mehr als 2,3 Billionen Euro weltweit an Entwicklungshilfe eingesetzt wurden und bisher die Entwicklungsziele vor allen Dingen in Afrika nicht erreicht worden sind (Easterly 2006: 10), führt afrikanische Ökonomen zu einer ganz anderen Schlussfolgerung. So wirft der kenianische Ökonom Shikwati westlichen Ländern vor, mit ihrer Entwicklungshilfe massiv zur Unterentwicklung Afrikas beizutragen. Sie schüfen erst eine Mentalität, bei der sich Afrikaner auf solidarisches Handeln westlicher Spender verlassen, statt sich selbst um die Lösung der Probleme zu kümmern (Bozic 2007). Hinzu kommt der Vorwurf, dass die Geber eher daran interessiert seien, sich selbst zu erhalten, und weniger daran, die Probleme in Afrika zu lösen (Gerhard 2010). Eine Lösung sieht Shikwati nicht einer Veränderung der Gabe-Prozesse, sondern in einer konsequenten Umstellung auf Markt-Trans-

122 Die moralischen Dilemmata können im Fundraising instrumentell genutzt werden, um mit Appellen zu solidarischem Handeln erfolgreich zu sein. Hierauf wird noch zurückzukommen sein.

aktionen: Erst dies würde die Basis einer nachhaltigen Entwicklung schaffen, da über den Markt das Eigeninteresse gestärkt werde und ein systematischer Anreiz entstehe, selbst Leistungen zu erbringen und die sozialen und ökonomischen Probleme zu lösen. seine Forderung lautet daher, dass, statt Spenden bzw. Gaben zu transferieren, die westlichen Länder systematisch in Afrika investieren sollten (vgl. auch Moyo 2011).

4.1.3 Staatliche Versorgung und solidarisches Handeln

Mit der Beschreibung der Möglichkeit, Almosen- und Gabe-Systeme strategisch für den eigenen Vorteil zu nutzen, sind schon erste Gründe genannt, warum diese zur Versorgung von Armen und Bedürftigen aufgegeben und in staatliches Handeln transformiert wurden. In der Literatur werden folgende Trends genannt, die Ursachen dieses Transformationsprozesses sind:

- Aufgrund einer Verarmung der Bauern und deren eigener ökonomischer Not standen weniger Ressourcen zur Verfügung, die als Gaben an Dritte gegeben werden konnten (Langreiter, 2000, 63 f.).

- Räumliche und soziale Mobilität, verbunden mit geringerer sozialer Kontrolle und fehlender Erwiderung, ermöglichten die systematische instrumentelle Nutzung dieser sozialen Unterstützungsstruktur. Klagen über fehlende Demut bei den Empfängern sowie über Fremde, die Täler „abgrasen“, zeigen diesen Kontext exemplarisch auf.[123]

- Zunehmende Not der durch die Industrialisierung in die Städte gezogenen Menschen überforderten die auf Almosen gegründeten sozialen Ausgleichssysteme (de Swaan 1993).

123 Langreiter (2000: 60) zitiert in diesem Zusammenhang Hörmann (1909: 189), der über diese Beobachtungen im Zusammenhang mit dem Striezelgehen klagt.

- Spätestens mit der Französischen Revolution wurde die soziale Dynamik von Almosen infrage gestellt. Die im Almosen symbolisierten Status- und Machtunterschiede entsprachen nicht länger den Vorstellungen von Gleichheit und Brüderlichkeit.[124]

Damit wird die schon im Spätmittelalter aufscheinende Notwendigkeit zu staatlich verordneten und durchgesetzten sozialen Sicherungssystemen immer offensichtlicher. Im späten 19. Jahrhundert werden sie flächendeckend durchgesetzt (de Swaan 1993). Damit wird die unmittelbare Gabe-Beziehung zwischen Gebenden und Nehmenden aufgehoben. Aus einer freiwilligen Gunst wird ein verbrieftes Recht auf Unterstützung. Die Finanzierung kann der Staat durch Zwangsabgaben und Steuern sicherstellen.[125] Allerdings gelingt es zu keiner Zeit vollständig, Almosen zu eliminieren. Wie die Arbeiten von Althammer (2013) zeigen, lassen sich über viele Jahrhunderte Auseinandersetzungen über das Betteln und das Geben von Almosen zeigen.

Die Durchsetzung der staatlichen Versorgung erfolgte schrittweise. Insbesondere in den ländlichen Regionen waren noch bis zum Ende des ersten Weltkriegs Heischebräuche, wie das Striezelgehen in Österreich (vgl. Langreiter 2000) bekannt. Heischebräuche waren ritualisierte Formen des Almosens, bei welchen an bestimmten Tagen im Jahr (bspw. Allerheiligen am 1. Nov.) die Bäuerinnen spezielle Brote backten, die Arme an der Tür erbitten konnten. Auch Heischebräuche erfüllten damit die oben beschriebenen funktionalen Aspekte des Almosens: Sie ermöglichten nicht nur die ökonomische Reproduktion der Armen, sondern waren auch symbolische Handlungen zur Reproduktion von Status und Machtunterschieden (Langreiter 2000). Heute leben Heischebräuche abgeschwächt und ihrer sozialen Funktion weitgehend entkleidet noch im Umgang mit Kindern fort, wie spezielle Geschenke von Paten an ihre Patenkin-

124 Steinvorth (1998) verweist auf die Diskussionen während der Französischen Revolution, in denen Rechtsansprüche auf Fürsorge formuliert und kodifiziert wurden.

125 Dadurch entsteht die vierte Form der Solidarität, die generalisiert über Systeme der sozialen Sicherung vermittelt wird. Zur Form der generalisierten Reziprozität vgl. Stegbauer (2002). Zu den unterschiedlichen Formen von Solidarität Bayertz (1998) und Scholz (2002).

der (Langreiter 2000: 53 f.) oder Sammelbräuche von Kindern, die zu Halloween von Tür zu Tür gehen, zeigen.

Die Einführung staatlicher Versorgungssysteme bedeutet jedoch nicht, dass solidarische Handlungen zugunsten Bedürftiger nicht mehr notwendig wären. Auch wenn unmittelbare soziale Not durch die staatlichen Systeme abgedeckt ist, bleibt die Frage politisch umstritten, was soziale Not bzw. Bedürftigkeit ist und wann solidarische Hilfe notwendig ist – insbesondere dann, wenn durch Steuern und Abgaben Bürger ohne eigene Mitsprache und Entscheidung zur Finanzierung herangezogen werden. Die Diskussion über Sozialpolitik und die Frage, welche Aufgaben staatlich zu finanzieren seien, soll hier nicht weiter vertieft werden. Wichtig für den weiteren Gang der Argumentation ist jedoch der Hinweis, dass Bürger durchaus die Möglichkeit haben, Bedürftigkeit und Not auch jenseits staatlicher Transfers und politischer Entscheidungen zu definieren und zur Linderung dieser Not eigene Ressourcen einzusetzen. Und dies scheint auch weiterhin ein zentrales, normativ aufgeladenes Bedürfnis zu sein. So zeigen empirische Forschungen, dass viele Förderer vorrangig Menschen in einer Notlage helfen wollen (PricewaterhouseCoopers 2008).

Solidarische Handlungen in Form von Spenden stellen damit nicht mehr das zentrale Versorgungssystem für Arme und Bedürftige dar. Vielmehr lassen sich in staatlichen Versorgungssystemen Poren ausmachen, in denen Bürger jenseits staatlicher Programme Bedürfnisse konstruieren können, die durch Spenden befriedigt werden. Spenden in Form solidarischen Handelns ergänzen somit staatliches Handeln, ohne es tatsächlich komplett infrage zu stellen. Die Funktionsweise dieser Spenden wiederum orientiert sich an den normierten Formen des Almosens mit seinen spezifischen sozioökonomischen Mustern. Almosen stellen soziale Ressourcen dar, die genutzt und durch Fundraising eingeworben werden können.

4.2 Bildung von Assoziationen und soziale Bewegungen

Sozialkapital wird nicht nur genutzt, um Externen in einem Akt der Solidarität zu helfen. Sozialkapital kann auch genutzt werden, um gemeinsam Assoziationen oder Nonprofit-Organisationen zu konstituieren, mit deren Hilfe sozialen Normen und Werten Geltung verschafft bzw. in politische Prozesse eingegriffen wird, um soziales Leben innerhalb der Gesellschaft mit zu gestalten. In der Praxis dürfte das eine nicht vom anderen zu trennen sein.[126]

Im Folgenden soll diese Form der Generierung und Nutzung von Sozialkapital analysiert werden. Dafür ist es zunächst notwendig zu beschreiben, welche Voraussetzungen dafür bestehen, dass sich sozial handlungsfähige Nonprofit-Organisationen bilden können. Dies führt dann zum Konzept der Mission als normativem Kern von Nonprofit-Organisationen. Am Beispiel amerikanischer Präsidentschaftswahlkämpfe lassen sich die Zusammenhänge von Mission, gemeinsamen Zielen und Spenden beschreiben. Spenden sind somit Ressourcen, die an Gruppen gegeben werden, um gemeinsam geteilte Werte zu erreichen.[127]

4.2.1 Kollektive Identität und Werte

Damit Nonprofit-Organisationen als Kollektive Handlungsfähigkeit erlangen können, bedarf es der Herausbildung eines „collective action frame" sowie einer kollektiven Identität: Ein „collective action frame is a set of action oriented beliefs and meanings that inspire and legitimate social movement activities and campaigns" (Gamson 1992: 7). Dies beinhaltet nach Klandermans (1997: 17 f.) die Wahr-

126 Die Potenz der Möglichkeit der Gestaltung der Gesellschaft wird deutlich, wenn Adam (2009a) Frauen zitiert, die, als Witwen oder Töchter zur Verfügungsgewalt über Vermögen gekommen, ihre Gestaltungsmacht über von ihnen finanzierte Nonprofit-Organisationen höher einschätzen als ihren Einfluss durch ein allgemeines Wahlrecht. Sie konnten auf Teilhabe durch Wahlen und damit auf ein allgemeines Wahlrecht gut verzichten.

127 Dies entspricht dann im Wesentlichen der politischen Solidarität, die Bayerz (1998) und auch Scholz (2009) beschrieben haben.

nehmung von Ungerechtigkeit, das Element der kollektiven Identität sowie die Einschätzung, etwas ändern zu können.

Melucci (1995: 44) versteht kollektive Identität als einen Prozess, in welchem Individuen interaktiv und gemeinsam ihre Sichtweise auf einen sozialen Tatbestand konstruieren. Dabei entwickeln sie gemeinsame Handlungsziele, das Feld der Handlungsoptionen sowie deren Begrenzungen. Durch wiederholte Aktivierung der Beziehungen zwischen den Individuen werden Bedeutungen geschaffen. Saunders (2008: 232) weist darauf hin, dass mit dem Terminus „kollektive Identität" nicht nur der Prozess, sondern vor allen Dingen auch das Ergebnis dieses Prozesses beschrieben werden kann. In ihrem Verständnis entsteht kollektive Identität in einem wechselseitigen interaktiven Prozess, sie beschreibt aber nicht den Prozess selbst, sondern das jeweils erreichte Ergebnis, d. h. die in einer jeden Situation konstruierte kollektive Identität als „Ding".

Dabei entstehen das Gefühl der Zusammengehörigkeit und die Grenzen zwischen dem „Wir" als gemeinsam handelnde Subjekte und den Anderen („Sie") als außerhalb der eigenen Gruppe oder Organisation Stehenden. Entsprechend verortet Saunders kollektive Identität auf der Ebene der Organisation oder Gruppe – im Gegensatz zur Bewegung, die als multiorganisationales Feld (vgl. hierzu Klandermans 1997: 142 ff.) keine kollektive Identität aufweisen kann. Vielmehr konkurrieren in der Bewegung Organisationen mit unterschiedlichen kollektiven Identitäten in diesem Feld um die Deutungsmacht und das Agenda-Setting (Saunders 2008).

Kollektive Identität ist somit immer auch bezogen auf die Auseinandersetzung mit dem sozialen Umfeld der jeweiligen Organisation. Sich als Organisation in dieser Umwelt orientieren und gemeinsames Handeln organisieren zu können, bedarf der Herausbildung einer gemeinsamen Definition der eigenen Organisation sowie der Verständigung über die Umwelt, in der gehandelt werden soll (ebd.).

Wie eine Reihe von Studien zeigen konnte, entsteht kollektive Identität nicht von allein, sondern in einer Aktion. Allerdings ist die Hürde für die Konstruktion einer kollektiven Identität auch nicht sehr hoch, wie eine Reihe sozialpsychologischer Studien gezeigt haben (Klandermans 1997: 41; Brewer/Gardner 1996). Unterschiedliche Aspekte wirken als Kristallisationspunkte für die Konstruktion einer sozialen Identität: Ähnliche Charaktereigenschaften, gemeinsames Schicksal, die Bedeutung, einer Gruppe anzugehören oder auch das eigene Selbstbild beeinflussen die gemeinsame Konstruktion einer kollektiven Identität (Gurin/Townsend 1986).

Die Vermittlung zwischen den Akteuren innerhalb jeder Organisation erfolgt narrativ. In Geschichten werden Werte und Sichtweisen zugänglich gemacht, interpretiert und tradiert.[128] Sie stehen damit auch für die Sozialisation neuer Mitglieder zur Verfügung. Mythen und Geschichten über die jeweilige Organisation bilden einen narrativen Raum, der sowohl die Konstruktion und Interpretation der kollektiven Identität als auch deren Weiterführung ermöglicht.

Untersucht man die narrativen Strukturen – sowohl bei der Entscheidung zur Partizipation an sozialem Protest als auch bei der finanziellen Unterstützung von Nonprofit-Organisationen – genauer, dann wird deutlich, dass vor allen Dingen zwei Narrationen von zentraler Bedeutung sind:

- Menschen geben, wenn das gemeinsame Ziel erreichbar ist. Sie schließen sich z. B. einer Gewerkschaft an, wenn diese hinreichend deutlich machen kann, dass über die kollektive Aktivität höhere Löhne erkämpft werden können.

- Menschen beteiligen sich an Nonprofit-Organisationen und unterstützen diese, wenn sie den Werten und Normen, die dem Handeln der Organisation zugrunde liegen, öffentlich Geltung verschaffen wollen. So kann Greenpeace unterstützt werden, um

128 Zur Bedeutung von Narrationen zur Bildung und Aufrechterhaltung kollektiver Identitäten vgl. Graves/Tech (2006).

auf Umweltverschmutzung und deren Verursacher aufmerksam zu machen.[129]

Eine kollektive Identität ist zwar notwendig zur Koordination gemeinsamer Handlungen, erklärt aber noch nicht den Zusammenhang zwischen kollektiver, sozialer und persönlicher Identität. Erst durch die Klärung dieses Zusammenspiels kann erklärt werden, warum sich Individuen in welcher Form engagieren und Unterstützung leisten (Klandermans 1999): Bezieht sich personale Identität auf die psychische Einheit des Individuums, welche auch immer ein Konstrukt ist, werden soziale Identitäten in unterschiedlichen Rollen und Positionen konstruiert und aktualisiert. Die Herstellung einer personalen Identität ist mithin eine Konstruktionsleistung, die aus den verschiedenen sozialen Identitäten den gemeinsamen Kern herausarbeitet, welcher dann die Persönlichkeit ausmacht.

Die soziale Identität, die ein Individuum in einer Gruppe einnimmt und die kollektive Identität der Gruppe stehen dabei in einem Spannungsverhältnis, welches über Commitment und Involvement vermittelt wird. Wie Saunders (2008) an Beispielen aus der britischen Umweltbewegung zeigen konnte, verlangen einzelne Organisationen von ihren Mitgliedern ein unterschiedlich starkes Commitment zu den Werten und Zielen der jeweiligen Organisation: Während es für einige Organisationen ausreichend ist, ganz allgemein Ziele und Werte zu teilen bzw. anzuerkennen und sich persönlich im Umweltschutz zu engagieren, verlangen andere Organisationen ein deutlich stärkeres Commitment: Teilweise wird vorausgesetzt, dass die Mitglieder Werte und Normen auch in ihrem alltäglichen Handeln umsetzen und ausdrücken, was sich in Forderungen wie der nach einer veganen Lebensweise niederschlagen kann. Dies kann auch unterschiedliche Anforderungen an das Engagement der Mitglieder und Unterstützer bedeuten, die von der Anerkennung der Normen bis

129 Zur Narration bei der Vergabe von Stiftungsgeldern vgl. Silver (1997). Narrationen und Motive zur Beteiligung an politischem Protest beschreiben van Stekelenburg et al. (2009).

hin zur Bereitschaft zur Teilnahme an Aktionen jenseits (in unterschiedlichem Grad) der Legalität reichen können.[130]

Werte und Normen sowie Anforderungen an Engagement und Commitment werden so zu einem Faktor sozialer Inklusions- und Exklusionsprozesse: Nur wer Werte und Normen sowie die Anforderungen an Engagement und Commitment teilt, kann Mitglied der jeweiligen Organisation werden. Auf diese Weise wird eine Grenze nach außen konstruiert. Damit lässt sich feststellen, dass die Organisationen eben auch miteinander um Werte und Normen konkurrieren (Saxton/Gulid 2010).

„Commitment" wird somit zu einer Schlüsselkategorie im Fundraising. Je stärker das Commitment zur jeweils unterstützten Organisation ausgeprägt ist, desto besser und langfristiger binden sich die Förderer an die jeweilige Organisation. (Naskrent 2010, 266 ff.). Dabei differenziert Naskrent nicht zwischen den unterschiedlichen Qualitäten des Commitment und den jeweiligen Anforderungen daran. Das scheint auch nicht notwendig: Förderer und Unterstützer werden sich nur den Organisationen zuwenden, deren Werte und Normen auf der einen Seite sie teilen und deren Anforderungen an das Commitment auf der anderen Seite sie akzeptieren können. Mit anderen Worten: Es ist zu erwarten, dass sich Förderer ebenso wie Organisationen hinsichtlich der Anforderungen an ihr Commitment ausdifferenzieren. Loyalität ergibt sich dann, wenn die Anforderungen an das Commitment mit den individuellen Ansprüchen an das jeweilige Commitment zur Organisation übereinstimmen.

Wie Naskrent (2010) darüber hinaus zeigen kann, hat demgegenüber Involvement keinen Einfluss auf die Loyalität der Förderer und Un-

130 Unter diesem Aspekt scheint es problematisch, von einer „Leiter des Engagements" (vgl. Ripken 2011: 67) zu sprechen. Unterschiedliche Organisationen stellen unterschiedliche Anforderungen an das Commitment und damit auch an das Engagement. Entsprechend der Bereitschaft zu Engagement orientieren sich Unterstützer dann zu den jeweiligen Organisationen. Unterstützer immer stärker zu involvieren, kann sich als Fiktion und Mythos herausstellen. Hier fehlen jedoch weitere empirische Untersuchungen.

terstützer. Unter „Involvement" fasst sie die Wichtigkeit des Themas für die jeweiligen Förderer zusammen. Dies zeigt, dass die normative und emotionale Bindung über das Commitment deutlich stärker als die Einschätzung der Wichtigkeit des Themas ist: Auch wenn ein Thema als „wichtig" und „bedeutsam" eingeschätzt wird, bedeutet dies noch lange nicht, dass auch Handlungen ausgelöst und Bindungen aufgebaut werden. Erst über Commitment zur Organisation erfolgt die Unterstützung.

Schließlich kann Naskrent auch zeigen, dass es keinen Zusammenhang zwischen Commitment und Vertrauen gibt. Obwohl „Vertrauen" als eine der wichtigsten Kategorien im Fundraising gilt[131], ist Commitment hiervon unabhängig. Stimmen Werte und Normen sowie die Anforderung an das Commitment überein, bauen Förderer und Unterstützer eine Beziehung auf, die nicht mehr über Vertrauen vermittelt wird. Die Unterstützer und Förderer erfahren sich über das jeweils unterschiedliche Commitment als Teil der Organisation und tragen deren Ziele und Werte mit.

4.2.2 Mission als normativer Kern

Die geteilte kollektive Identität lässt sich strukturell innerhalb der Organisation als normativer Kern identifizieren, welcher als „Mission" der Organisation bezeichnet werden kann (Fischer et al. 2012). Ausgangspunkt ist auch hier die Wahrnehmung einer Ungerechtigkeit, bzw. eines gesellschaftlichen Defizits, welche der Gründung vieler Nonprofit-Organisationen vorausgeht: Vor der Gründung einer Nonprofit-Organisation wird in der Regel ein gesellschaftliches Defizit konstatiert. Das konstatierte Defizit kann in unterschiedlichen Bereichen festgestellt werden: Es fehlt ein Theater oder Opernhaus. Kinder, Arme oder Alte müssen versorgt werden. Der Zerstörung der

131 Nicht nur hier: Ohne Vertrauen ist Sozialität – wie Luhmann (2000) schon vor über 50 Jahren ausgeführt hat, nicht möglich. Auch Prozesse in der Wirtschaft setzen zwingend Vertrauen voraus (Moss 2009: 129).

Umwelt muss Einhalt geboten werden. Selbst rituelle Praktiken können Defizite aufweisen, sodass es zu Reformbewegungen kommt.

Diese vorherrschende Defizit-Orientierung bei der Gründung von Nonprofit-Organisationen ist eine soziale Konstruktion, die ihrerseits auf Voraussetzungen beruht:

- Defizite sind immer bezogen auf eine konkrete gesellschaftliche Praxis. Diese Praxis wird als nicht mehr hinreichend wahrgenommen. Probleme werden konstatiert, die durch die herrschenden Praktiken nicht gelöst werden können. Insofern finden sich neu gegründete Nonprofit-Organisationen schnell im Gegensatz zu etablierten Strukturen inklusive der damit verbundenen Machtstrukturen, herrschenden Ideologien und Weltbilder (Scholz 2008). In diesem Verständnis sind Nonprofit-Organisationen notwendige und zentrale Promotoren und Agenten des gesellschaftlichen Wandels.

- Die Interpretation einer Situation als defizitär wiederum setzt ein alternatives Menschen-, Welt,- oder Gesellschaftsbild voraus. Nur auf dieser normativen Folie können Situationen oder Praktiken als defizitär, bzw. als soziale Probleme, die lösungsbedürftig sind, konstruiert werden. Die Notwendigkeit zu erkennen, sich z. B. um Straßenkinder zu kümmern, setzt ein bestimmtes Bild von Kindheit als besonders schützenswerter Zeit und von Familie als besonderem Ort zum Schutz von Kindern voraus. Fehlen diese Voraussetzungen, sind auf der Straße lebende Kinder kein Problem, für das eine Lösung gesucht werden müsste. Dies ist in vielen Ländern der Erde zu beobachten. Dass in Deutschland ebenfalls Kinder auf der Straße leben, ist hingegen ein sozialpolitisches Problem, für welches Unterstützung mobilisiert werden kann.

- Aus der empfundenen Differenz zwischen der als problematisch eingeschätzten sozialen Praktik und der individuellen Bedeutung der Lösung, die vom eigenen Welt- und Menschenbild bestimmt wird, entspringt die Motivation zur Handlung. Je größer die Differenz, desto stärker ist der Handlungsimpuls und desto eher sind Menschen bereit, sich zu engagieren und für Veränderung einzusetzen, und damit auch Ressourcen zur Erreichung des Ziels zur Verfügung zu stellen.

Diese Problemsicht inklusive der damit verbundenen Normen und Werte stellt die Basis für die Arbeit der jeweiligen Nonprofit-Organisation dar. Die Gründer der Organisation schreiben die grundlegenden Normen und Werte quasi in die Organisation ein. Sie bilden das normative Fundament bzw. den Kern der jeweiligen Organisation. Dieser normative, emotional aufgeladene Kern wird als „Mission" bezeichnet und lässt sich im Mission Statement ausdrücken.[132]

Das Mission Statement erklärt, *warum* eine Organisation tätig ist (Seiler 2001).[133] Darin müssen auch die grundlegende Problemsicht und die dahinter stehenden Normen sichtbar werden. Es reicht bei der Formulierung des Mission Statements nicht aus, auf abstrakte Prinzipien zu verweisen. Es geht vielmehr darum zu hinterfragen, warum die Organisation gerade zur Lösung dieser Probleme beitragen will und warum diese für die Organisation und die in ihr handelnden Menschen so wichtig sind.

Die Mission stellt auch Elemente für die Formulierung einer Vision und damit für die Formulierung von Organisationszielen zur Verfügung: Werden die definierten Defizite positiv gewendet, dann lassen sich Zustände beschreiben, an deren Verwirklichung die Organisa-

132 Nicht nur Nonprofit-Organisationen können eine Mission haben. Gerade in den letzten Jahren haben immer mehr Unternehmen ihre Mission definiert, die sie umsetzen wollen und die für ihr unternehmerisches Handeln zentral ist (vgl. z. B. Cohen/Warwick 2006). Auf der anderen Seite können Nonprofit-Organisationen ihre Mission auch aufgeben, wie zurzeit bei der fortschreitenden Ökonomisierung in den Krankenhäusern oder in der ambulanten Versorgung von Kranken und Alten beobachtet werden kann. Durch die Aufgabe der Mission verschwinden zunehmend die Unterschiede zwischen Profit- und Nonprofit-Organisationen: So stellt sich zuweilen die Frage, was das Christliche an einem christlichen Krankenhaus ist.

133 Häufig definieren sich Nonprofit-Organisationen über das „Wie" und „Was", d. h. über die Praktiken zur Lösung der Probleme. Aus den Praktiken lassen sich jedoch nicht die Normen hinter der Organisation erschließen. Deshalb ist es notwendig, die Frage nach dem „Warum" zu klären (Seiler 2001).

tion arbeitet. Diese bilden den Horizont des Handelns der Organisation. Auf ihre Erreichung können jetzt Projekte und Programme ausgerichtet werden, sodass sich eine Zielpyramide entwickeln lässt (Fischer 2007a: 23). Die Bewegung auf das Ziel hin ermöglicht ein Controlling, da die jeweilige Entfernung zum Ziel und das Fortschreiten gemessen werden können. Gleichzeitig bildet es den rationalen Anker für die Unterstützung der Organisation.

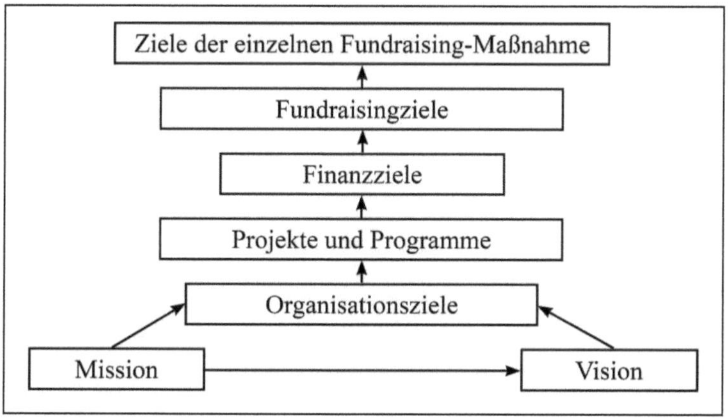

Abb. 6 : Zielsystem von Nonprofit-Organisationen (Fischer 2007a)

Eine Mission ist für eine Nonprofit-Organisation durch den Gründungsprozess konstitutiv. Es gibt keine Nonprofit-Organisation ohne einen inneren normativen Kern. Es kann durchaus sein, dass die Mission verschüttet und in der Praxis der Organisation nicht mehr präsent ist.[134] Trotzdem kann die Mission freigelegt und in einem Beratungsprozess reformuliert werden.

4.2.3 Politik und Spenden

Deutlich wird der Zusammenhang von kollektiver Identität, Mission und Spenden in der Finanzierung von US-amerikanischen Wahlkämpfen, insbesondere im erfolgreichen Fundraising-Projekt von

134 Zu diesem als „Mission-Drift" bezeichneten Prozess vgl. Sprinkle Grace (2005).

Barack Obama 2008. An dieser kann man zeigen, wie Gemeinschaften entstehen und wie aus der Gemeinschaft heraus Ressourcen generiert werden, die den gemeinsamen Erfolg ermöglichen.[135]

Ein Bewerber kann die US-Präsidentschaft nur erringen, wenn es ihm (oder ihr) gelingt, die für die Kampagne notwendigen Ressourcen einzuwerben. Neben der ehrenamtlichen und freiwilligen Arbeit in den Teams und vor Ort spielen Spenden eine große Rolle, da diese erst Wahlwerbung ermöglichen. Aufgrund der geringen öffentlichen Finanzierung des Wahlkampfes in den USA müssen alle Bewerber und Kandidaten Förderer für ihre Bewerbung finden, die ihren Wahlkampf (mit-)finanzieren.

Traditionell finanzieren die Kandidaten ihren Wahlkampf durch Großspenden, die ihnen vermögende Bürger sowie große Konzerne – teilweise auch über Vereinigungen – zukommen lassen. Als einem Außenseiter, der nicht das politische Establishment vertrat, war dieser Weg Obama zumindest zu Beginn seiner Bewerbung versperrt. Wollte er hinreichende Mittel einwerben, musste er eine Kampagne umsetzen, in der viele Kleinspenden von Privatpersonen gesammelt werden. Wie dies gelingen kann, zeigte die Kampagne von Howard Dean vier Jahre zuvor. Ihm gelang es als Bewerber der Demokraten, über das Internet viele Kleinspenden zu gewinnen, jedoch scheiterte er in den Vorwahlen an John Kerry.[136]

Die Ergebnisse von Obama waren durchaus beeindruckend: Insgesamt gelang es ihm, 744,9 Mio. US$ an Spenden einzuwerben. Mehr als 300 Mio. US$ wurden über das Internet gegeben. Ein Großteil der

135 Zur Kampagne von Obama vgl. Moorstedt (2009), Plehwe (2009a; 2009b), Delany (2009) und Plouffe (2009). Die folgenden Ausführungen stützen sich auf diese Analysen und Beschreibungen der Kampagne und des Wahlkampfes bzw. des Fundraisings.

136 Zur Kampagne von Howard Dean vgl. Fischer (2005).

Spenden war eher klein: Spenden unter 200 US$ machten etwa 47 % aller Spenden aus.[137]

Dies gelang Obama nur, indem eine Unterstützer-Community aufbaute, die die Basis seines Erfolgs bildete. Seine Website „MyBO.com" ermöglichte die Registrierung der Unterstützer. Die Registrierung war der Ausgangspunkt bei der Bildung der Community: Die Registrierten wurden regelmäßig mit E-Mails über aktuelle Themen informiert und zu Spenden aufgerufen. Regelmäßige Videos ermöglichten eine virtuelle Teilnahme am Wahlkampf.

Und es bestand auch die Möglichkeit, Unterstützer in der jeweiligen Nachbarschaft zu finden. Das kann in Bundesstaaten, die nicht von Demokraten dominiert werden, von entscheidender Bedeutung sein. So erfuhren Texaner, die sich registriert hatten, dass in ihrer Nachbarschaft weitere Unterstützer von Obama wohnten, mit denen sie sich solidarisieren und gemeinsam den Wahlkampf von Obama unterstützen konnten. Die Vorbereitung von Auftritten, Wahlwerbung von Haustür zu Haustür oder auch die Organisation von House-Parties, um Freunde, Nachbarn und Arbeitskollegen zu überzeugen, waren so einfacher zu bewerkstelligen (Moorstedt 2009). Und die gebotenen Möglichkeiten wurden von den Unterstützern angenommen: Mehr als 75.000 Veranstaltungen wurden während der Kampagne über MyBO.com organisiert (Delany 2009). Trotz der technischen Möglichkeiten gelang der Aufbau der Unterstützer-Community nur, weil die Botschaften der Kampagne sowohl in die Zeit als auch zur Person Obamas passten. Er konnte authentisch „Unity" und „Change" vertreten und Unterstützer um sich vereinen.

Über die Beteiligung an der Community werden Commitment und kollektive Identität erzeugt[138], die die Basis bilden, um der gemeinsa-

137 Einnahmen und Ausgaben der US-Präsidentschaftskandidaten werden durch die Federal Election Commission (http://www.fec.gov/) veröffentlicht. Eine Übersicht zu Obama findet sich u. a. hier: http://query.nictusa.com/cgi-bin/dcdev/forms/C00431445/390969/ (Abruf: 07.09.2011).

138 Wie dies im US-Wahlkampf kommunikativ umgesetzt wurde, beschreibt Plehwe (2009b)

men Sache zum Sieg zu verhelfen. In Wahlkämpfen mit ihrer zugespitzten Situation weckt das Geben durchaus auch einen sportlichen Ehrgeiz: Sowohl in Meinungsumfragen als auch in der Summe des gesammelten Geldes lässt sich der Grad der Unterstützung gut ausdrücken. Wem es gelingt, die größere Summe zu sammeln – die in den USA veröffentlicht und staatlich kontrolliert wird – liegt vorne und hat eine größere Chance, auch den Wahlkampf für sich zu entscheiden.

Dies gelingt nicht nur in den USA. Wie der politische Streit um das Schulsystem in Hamburg 2010 gezeigt hat, kann es auch in Deutschland einer kleinen, kampagnenfähigen und schlagkräftigen Gruppe gelingen, sich gegen etablierte Politik mit ihren Strukturen und Ressourcen durchzusetzen und eines der politischen Ziele von Bündnis 90/Die Grünen zu Fall zu bringen.

Nachdem der schwarz-grüne Hamburger Senat beschlossen hatte, zum Schuljahr 2009/2010 die Grundschulzeit auf sechs Jahre zu verlängern und damit die Gymnasialzeit von acht auf sechs Jahre zu verkürzen, gründeten Eltern und andere Interessierte vor allen Dingen in den bürgerlichen Vierteln der Stadt eine Bürgerinitiative, der es gelang, mit mehr als 180.000 Unterschriften – damit wurde die notwendige Stimmenzahl dreifach übertroffen – ein Bürgerbegehren durchzusetzen und anschließend auch im Volksentscheid erfolgreich zu sein. Damit wurde die Schulreform in Hamburg gestoppt.[139] Finanziert wurde die Kampagne durch Spenden der Unterstützer, die sich mit dem Ziel solidarisierten und die notwendigen Ressourcen zur Verfügung stellten.

4.2.4 Problemfelder bei der Finanzierung von Assoziationen

Die Gründung missions-getriebener Nonprofit-Organisation, die auf Spenden von Unterstützern basieren, um gemeinsam soziale Proble-

139 Zur Auseinandersetzung über die Hamburger Schulpolitik vgl. Stauber-Klein (2010) und Menke/Verbeet (2009).

me zu lösen, basiert auf einer Idealvorstellung von Bürgergesellschaft, an der alle Bürger in gleicher Weise teilhaben und in die sie sich mit ihren unterschiedlichen Ressourcen einbringen können. Allerdings ist in diesem Ansatz auch eine Reihe von Problemen eingebettet:

Das Extremismus-Problem

Kollektive Identität und Commitment als Grundelemente, auf denen das Geben von Spenden beruht, sind stärker ausgeprägt in „puren" Organisationen mit einer starken und eindeutigen normativen Ausprägung ihrer Mission im Fundraising (Conner/Epstein 2007). Ihnen gelingt es besser als pragmatischen Organisationen, Bilder und Emotionen zu erzeugen und ihre Mitglieder und Unterstützer auf ein Commitment zu verpflichten. Pragmatische Organisationen hingegen, die auf Kompromisse und gesellschaftliche Transformationsprozesse setzen, können nur ein weniger eindeutiges und schwächer emotional aufgeladenes Identitätsangebot machen, welches häufig zu einem schwächeren Commitment und damit zu geringeren Erfolgen im Fundraising führt.

Dies hat in der Konsequenz zur Folge, dass Organisationen mit extremen oder sogar extremistischen Positionen, obwohl sie aufgrund der strikteren Anforderungen an das Commitment für weniger Unterstützer attraktiv sind, dennoch über größere Beträge verfügen können als Organisationen, die sich pragmatisch positionieren. Diese sind aufgrund ihrer diffuseren Identitätsangebote möglicherweise zwar für unterschiedliche Gruppen attraktiv, können unter Umständen aber nur in geringerem Umfang Ressourcen mobilisieren. Die Schärfung der eigenen Mission und eine eindeutige Positionierung können helfen, auch bei pragmatischen Positionen ein notwendiges Commitment bei den Unterstützern zu erzeugen. Damit ist die Klärung der Mission eine der wichtigsten strategischen Aufgaben.

Das Problem der Normgeltung

Werden Nonprofit-Organisationen auf Basis ihrer kollektiv geteilten Werte und Normen aktiv, tragen sie unmittelbar zum Diskurs über die Geltung von Normen und Werten bei: Sie erhalten Unterstützung, wenn ihre Ziele erreichbar erscheinen oder ihre Mission so attraktiv ist, dass sie unterstützt oder zumindest anerkannt wird. Dies bedeutet im Umkehrschluss, dass die Organisationen, denen es gelingt, die meisten Förderer bzw. Unterstützungsleistungen zu erhalten, ihre Projekte und Programme auf Basis ihrer Werte und Normen umsetzen und ihnen so Geltung verschaffen können.

Damit verändert sich der Standard, auf dessen Basis Normen und Werte Geltung beanspruchen können: Statt in einem Diskurs, in welchem sich die „besten" Argumente durchsetzen, wird hier die Geltung der Normen und Werte über Erfolge im Sammeln von Unterstützung und Spenden durchgesetzt. Wem es gelingt, die meisten Unterstützer bzw. die meisten Spenden zu sammeln, kann seinen Werten und Normen faktisch Geltung verschaffen, indem entsprechende Projekte und Programme realisiert werden (Fischer 2008). Dies beschreibt Adam (2009a; 2009b) am Beispiel des sozialen Wohnungsbaus, der sich nicht nur am bürgerlichen Weltbild orientierte, sondern auch von der Frage geleitet war, wie kollektive Handlungen der Arbeiter unterbunden bzw. erschwert werden könnten.[140]

Das Problem der Manipulation der Zivilgesellschaft

Die beiden genannten Punkte bedingen auch eine grundsätzliche Manipulierbarkeit der Normen-Diskurse innerhalb der Bürgerschaft. So können sich spezifische Lobbyinteressen hinter der Fassade einer Nonprofit-Organisation verstecken. Durch die Finanzierung der Organisation können mehr oder weniger versteckt bestimmte Normen

140 Diese Überlegungen führten nicht nur zu abgeschlossenen Wohneinheiten pro Familie, sondern auch zu Mietblöcken mit zwei Wohnungen pro Etage. Dadurch sollten Begegnungen zufälliger sein und so Kommunikation erschwert werden (Adam 2009b).

und Werte innerhalb der Gesellschaft vertreten bzw. kann ihnen Gehör verschafft werden, ohne dass diese von einer Mehrheit geteilt werden müssen.

Dieses Problem wird in den USA deutlich, wo die fundamentalistische christliche Rechte seit fast 30 Jahren systematisch versucht, die Normen-Diskurse in der Bürgergesellschaft zu dominieren und andere Meinungen zurückzudrängen. Dass dies durchaus strategisch umgesetzt und finanziert wird, zeigt eine Reihe von Beispielen (Dobkin-Hall 2009; Adloff 2010).

Das Problem der sozialen Ungleichheit innerhalb egalitärer Organisationen

Durch den gemeinsamen Fokus auf die Mission und die geteilte kollektive Identität fördert die Fiktion einer Gleichheit der Mitglieder: Gemeinsam will man ein Ziel erreichen und stellt hierfür die notwendige Ressourcen zur Verfügung.

Die Idee der Gleichheit der Mitglieder einer Organisation kann sich an der unterschiedlichen Verfügungsmacht über Ressourcen und Zugänge zu Ressourcen brechen: In der Regel verfügen einige Mitglieder in einer Organisation über umfangreichere oder wertvollere Ressourcen, die sie einbringen können. Dies kann, zu Machtasymmetrien führen: Diejenigen, die über umfassendere oder wertvollere Ressourcen verfügen, können Machtpositionen innerhalb scheinbar egalitärer Strukturen erringen – auch weil die anderen Mitglieder auf die Ressourcen zur Verfolgung der Zwecke angewiesen sein können.

Diese potenziellen Machtasymmetrien auszugleichen, kann für Organisationen eine große Herausforderung sein. Werden Kontakte zu Unterstützern und Förderern nur über einen Akteur aufgebaut – bspw. weil dieser über entsprechendes Bridging Capital verfügt – ergibt sich aus dieser Position schon eine besondere Stellung, da mit dem Weggang dieses einen Akteurs schon ein Großteil der Einnahmen wegbrechen und damit die Existenz der Organisation gefährdet sein kann.

Lösungen für dieses Problem lassen sich nur schwer finden. Christliche Gemeinschaften haben – wie oben schon beschrieben wurde – das Geben zur Pflicht erklärt und können so auf Ressourcen zugreifen, ohne mit dem Geben einen besonderen Status zu verbinden. Blanke (2007) führt auf diesen Umstand die Schwierigkeit von Christen mit dem Danken zurück: Jeder Dank wäre eine Anerkennung der besonderen Leistung und würde die Pflicht zur Gabe aufheben und könnte zu Machtasymmetrien führen.

4.3 Transformation von Sozialkapital

Oben wurde schon der Zusammenhang von Gabe-Handeln und Sozialkapital beschrieben: Wenn mithilfe von Gaben und Gabe-Handeln soziale Beziehungen und Netzwerke konstituiert werden, in denen Sozialkapital inkorporiert ist, lassen sich Gaben als Ressourcen verstehen, die die Akteure innerhalb des jeweiligen Netzwerkes geben, empfangen und erwidern. Hieraus folgt, dass innerhalb der sozialen Netzwerke Gaben fließen, mit deren Hilfe Akteure Beziehungen aufrechterhalten und die Netzwerke stabilisieren bzw. erweitern. Diese in den sozialen Netzwerken immer schon fließenden Gaben können in Spenden transformiert werden, womit Nonprofit-Organisationen in diesen sozialen Prozess integriert werden.

Insgesamt hat die Transformation von Sozialkapital eine große Bedeutung. In der schon erwähnten Studie „Money for Good" (Hope Consulting 2010) wurde eine Gruppe von Spendern identifiziert, die aufgrund persönlicher Beziehungen geben. Obwohl diese Gruppe die kleinste war (nur 13 % der Befragten konnten ihr zugeordnet werden) stammten von ihr nicht nur 25 % aller Spenden, sondern diese waren auch am umfangreichsten: Bei einem Durchschnitt von 27.000 US$ und einem Median von 3.700 US$ wurden nicht nur alle anderen

Gruppen deutlich übertroffen, die Differenz zwischen Median und Durchschnitt verweist auch auf eine große Streuung: Insbesondere viele Großspenden von mehr als einer Mio. US$ fielen in diese Gruppe (Hope Consulting 2010: 24). Dies zeigt die Bedeutung von persönlichen Beziehungen bei Großspenden, was wiederum auf die Inklusionsprozesse bei der Konstitution von Eliten verweist (s. u.), die eben auch durch persönliche Beziehungen mit vermittelt sind.

Im Folgenden werden Prozesse der Transformation von Gaben in Spenden beschrieben. Zunächst ist zu untersuchen, wie Akteure diese Transformationen vornehmen und welche Auswirkungen diese Transformationen auf die Beziehungen und Netzwerke haben. Dies wiederum hat Auswirkungen auf die Nonprofit-Organisationen, die die Gaben in Form von Spenden entgegennehmen und in ihren Projekten und Programmen einsetzen. Schließlich lassen sich auch die Grenzen dieser Transformation beobachten, woraus sich wiederum Rückschlüsse auf die Konstitution sozialer Beziehungen ziehen lassen.

4.3.1 Anlass-Spenden

Am deutlichsten lässt sich die Transformation von Gaben in Spenden bei sogenannten Anlass-Spenden[141] beobachten: Zu bestimmten Anlässen wie Geburtstagen oder zu Weihnachten, aber auch zu Jubiläen oder zur Verabschiedung in den Ruhestand werden Geschenke gemacht.[142] Mit ihren Gaben ehren und anerkennen die Schenkenden den Jubilar und symbolisieren damit ihre Beziehung (Berking 1996).[143] Jubilare können ihre Geschenke in Spenden zugunsten einer Nonprofit-Organisation transformieren, indem sie bitten, die äquivalenten Geldbeträge der ihnen zugedachten Geschenke an die

141 Zu Anlass-Spenden vgl. Heil 2006; Haibach 2006: 341 f.

142 Analog gilt dies auch für den Todesfall, wo Kränze und Blumen eine Ehrerbietung sind und ebenfalls die zu Ende gegangene Beziehung symbolisieren und öffentlich dokumentieren.

143 Zu den Problemen, die mit der Auswahl eines Geschenkes verbunden sein können, vgl. z. B. Berking 1996.

von ihnen ausgesuchten Organisationen zu spenden. An Stelle eines Geschenks tritt eine Spende, die wie das Geschenk die Beziehung symbolisiert.

Die Transformation erfolgt ausschließlich auf Aufforderung des Jubilars – oder im Todesfall der Hinterbliebenen. Diese entscheiden somit auch über die Organisation, der die Spenden zufließen sollen. Die Schenkenden transformieren ihre Gabe in eine Spende – was sie durchaus entlasten kann, entfällt damit doch das Aussuchen eines dinglichen Geschenks, was immer auch die Gefahr beinhaltet, daneben zu greifen und ein der Beziehung nicht angemessenes Symbol zu wählen. Die durch die Transformation konstruierte Spende kann auf zweifache Weise gegeben werden: Entweder wird sie dem Jubilar wie das Geschenk persönlich übergeben oder auf ein Konto der ausgewählten Organisation überwiesen. Je nachdem, welche Form gewählt wurde, ergeben sich unterschiedliche Anforderungen an die empfangende Nonprofit-Organisation in Bezug auf die Kommunikation mit dem Jubilar. Denn dieser benötigt die Information, wer wie viel gespendet hat, um hieraus Rückschlüsse auf die Beziehung ziehen zu können.

Die Transformation der Gaben in Spenden und deren Übereignung an eine Nonprofit-Organisation hat keinen Einfluss auf die soziale Beziehung zwischen Schenkendem und Beschenktem: Für beide ist das Geschenk das Symbol ihrer sozialen Beziehung, auch wenn es die Form einer Spende annimmt. Insofern muss sich der Jubilar die Spende als Geschenk zurechnen lassen, die von ihm zu einer anderen Gelegenheit zu erwidern ist. Allenfalls entfällt die Auswahl des Geschenks aufseiten des Schenkenden. Aufseiten des Jubilars kann die Transformation mit einem Reputationsgewinn verbunden sein, da die zugedachten Geschenke in einem teilweise öffentlichen Akt weitergegeben werden.[144]

Für die Nonprofit-Organisation als Empfängerin der Spenden entsteht allerdings ein zweistufiges Beziehungssystem: Es kann unterstellt

144 Zur Möglichkeit von Reputationsgewinnen s. u.

werden, dass zumindest die Jubilare eine Beziehung zur jeweiligen Organisation haben – dies muss der Organisation nicht notwendigerweise auch bewusst sein –, da sie die Organisation als Empfänger ausgesucht haben. Zu den Schenkenden besteht hingegen keine Beziehung.[145] Diese ist über die Jubilare vermittelt. Die Schenkenden geben nicht, weil sie das Anliegen bzw. die Mission der Organisation anerkennen, sondern weil der Jubilar sie darum gebeten hat.

Dieses zweistufige Beziehungsmodell kann auch auf moderne Formen der Anlass-Spende übertragen werden, wenn Anlässe kreiert werden, die Akteure nutzen, um in ihrem Netzwerk um Spenden zu bitten. Ein typisches Bespiel sind sportliche Events, wie der Oxfam-Trailwalker, bei dem Teams von vier Personen in 30 Stunden 100 km durch den Harz zurücklegen müssen. Ziel dieses Events ist nicht nur die sportliche Aktivität, sondern die Schaffung eines Anlasses, zu dem die Teilnehmer/-innen Spenden für Oxfam sammeln. Neben der Zahlung der Startgebühr verpflichten sich alle Teams, mindestens 2.000 € an Spenden zu sammeln. Hierfür nutzen sie ihre Netzwerke bzw. die Zugänge, die ihnen über ihre Netzwerke zur Verfügung stehen.[146]

Durch die Integration des Spendenelements wird für die Teilnehmer ihre sportliche Aktivität mit Sinn aufgeladen. Zur sportlichen bzw. körperlichen Herausforderung, die es zu bestehen gilt, tritt das Engagement für eine gute Sache, die die sportliche Aktivität als sinnvoll darstellen lässt. Menschen nehmen eine Herausforderung an, weil sie sich für eine gute Sache einsetzen. Damit existiert nicht nur ein Anlass, sondern auch eine Legitimation, um Spenden zu bitten. Sie leisten einen körperlichen Einsatz für die gute Sache, Akteure aus ihrem Netzwerk erkennen dies mit ihrer Spende an und stärken durch

145 Ob eine entsprechende Beziehung nach der Spende aufgebaut werden kann, hängt vom Einzelfall ab. Manchmal sind die Spender aufgrund sozialer Ähnlichkeit mit dem Jubilar auch für Anliegen der Organisation ansprechbar. Aber in jedem Fall wird hiermit die zugrunde liegende Gebe-Logik des Spendens transformiert.

146 Ausführliche Hinweise zum Trailwalker vgl. Oxfam (2011). Die obigen Informationen stammen aus dieser Quelle.

diese Anerkennung die bestehende soziale Beziehung zum Teilnehmenden (Fischer 2012a).

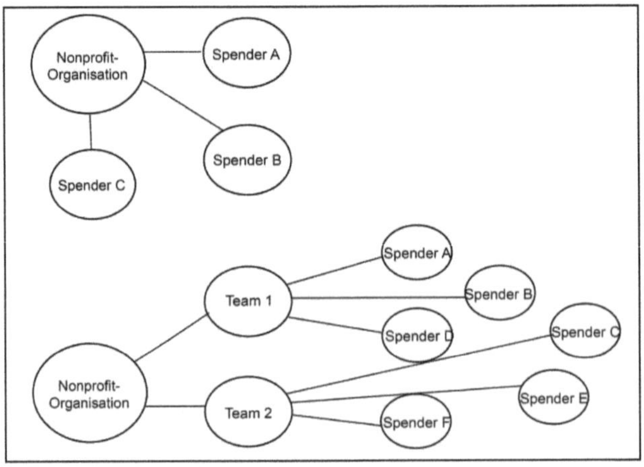

Abb.7: Oben direkte Beziehungen zwischen Spendern und Nonprofit-Organisationen. Unten Beziehungen bei Anlass-Spenden (Fischer 2012a)

Auch in diesem Fall lassen sich die Spenden nur über das Gabe-Handeln im Netzwerk der Teilnehmenden verstehen. Durch die Anerkennung des Einsatzes für einen guten Zweck und des körperlichen Engagements wird die Beziehung verstärkt und Sozialkapital innerhalb dieser Beziehung aufgebaut. Denn der Teilnehmende wird in die moralische Verschuldung gesetzt und muss die Gaben, die in Form von Spenden an die Nonprofit-Organisation geflossen sind, erwidern. Die Organisationen sind nur als Nutznießer dieses Gabe-Handelns in den Prozess involviert. Indikator hierfür ist, dass die Spenden auch dann gegeben werden, wenn sich der Teilnehmende entscheiden sollte, für eine andere Organisation zu starten.

Wie auch bei den traditionellen Anlass-Spenden können hier zusätzliche Einnahmen generiert werden, da über die Netzwerke der Akteure Spender erreicht und Spenden veranlasst werden, die ohne diese Konstruktion nicht fließen würden. Durch die fehlenden Beziehungen zu den eigentlichen Spendern entsteht für die Organisationen aber auch eine Abhängigkeit von den Teilnehmern am Event, da auf das Bitten um Spenden selbst kaum Einfluss ausgeübt werden kann. Daher gehen mit Anlass-Spenden Kontrollverluste einher: Die Organisationen können weder kontrollieren, was die einzelnen Akteure über die Organisation und ihre Projekte erzählen, noch können sie sicher sein, dass in einem notwendigen Umfang auch um Spenden gebeten wird.[147]

In der letzten Konsequenz kann um Spenden aus sozialen Netzwerken auch dann gebeten werden, wenn zuvor keine Anlässe kreiert wurden; es reicht im Grunde aus, wenn ein Akteur in seinem Beziehungsnetzwerk um Spenden für ein von ihm unterstütztes Projekt aufruft. Die Gaben, die hier zu Spenden werden, sind Teile eines wechselseitigen Gabe-Handelns, denn der Bittende steht schon mit der Bitte in der Schuld der Gebenden. Bei einer anderen Gelegenheit ist die Gabe – die hier die Form der Spende annimmt – zu erwidern.

Das zeigt letztendlich sehr deutlich, dass auch Spenden in komplexe Gabe-Handlungen integriert werden können und über Spenden soziale Beziehungen und Netzwerke konstituiert und verstärkt werden können. Bitten um die Spende kann jedoch nur ein Akteur, der Teil des Netzwerks ist, denn dieser tritt in die Verschuldung und wird damit die gegebenen Spenden erwidern. Da Spenden in diesen Fällen Gaben substituieren, sind sie Teile des in den sozialen Strukturen inkorporierten Sozialkapitals, welches auf Veranlassung eines dazu berechtigten Akteurs in Form von Spenden an eine Nonprofit-Organisation gegeben wird. Analog zu Gabe-Handlungen wird auch hiermit neues Sozialkapital geschaffen, da der Bittende in der Schuld der Erwiderung steht.

Anschaulich wird dieser Zusammenhang, wenn man sich Familiensysteme anschaut, in denen Gaben zu Spenden transformiert werden. Entschließen sich junge Familienmitglieder, freiwillig für eine Nonprofit-Organisation im Ausland zu arbeiten, können die Famili-

147 Hinzu kommt, dass für Organisationen derartige Events sehr aufwendig sind. Diese Form wird auch genutzt, wenn andere Akteure sportliche Events organisieren, bspw. bei einem Benefiz-Golfturnier oder bei der Teilnahme an einem Marathon.

en ebenfalls mit der Bitte zum Sammeln von Spenden konfrontiert werden. Auch in diesem Fall wird das Sozialkapital in den sozialen und familiären Netzwerken in Spenden transformiert. Mit anderen Worten: Onkel und Tanten geben, damit Neffen und Nichten ihren freiwilligen Dienst durchführen können oder um deren Projekte mit zu finanzieren.

Allerdings ist die Nutzung des familiären Sozialkapitals durch Kinder und Jugendliche nicht unproblematisch. Ein Beispiel hierfür sind die in vielen Schulen beliebten Sponsorenläufe, auf die Eltern oder andere Verwandte erbost reagieren können:

> An unserer Grundschule gab es im letzten Jahr einmal einen Sponsorenlauf- jedes Kind lief Runden um den Sportplatz. Von dem zusammengerannten Geld sollte ein „Hangelgarten" angeschafft werden. Sponsoren waren, wie so oft, Eltern, Großeltern, etc...
>
> Ich habe den Betrag pro Runde- ich kenne meine Pappenheimer und eine Runde um den Sportplatz ist ca. eine Runde um ein Handballfeld- auf 50 Cent begrenzt...Am Ende durfte ich insgesamt 50 Euro ausgeben, weil die Kids ja von 9 Uhr bis 17 Uhr Zeit hatten, immer wieder Pausen machen durften etc.
>
> Insgesamt kamen über 3000 Euro zusammen, bei einer Grundschule mit 102 Kindern. Dieser Hangelgarten kostete in etwa genauso viel, sieht allerdings nicht so teuer aus. Der Unmut der Sponsoren war derart vernehmlich, daß das Kollegium sich hüten wird, sowas in den nächsten Jahren zu wiederholen.

Abb. 8: Statements zu Sponsorenläufen.[148]

Wie in den Zitaten deutlich wird, können Eltern und andere Verwandte den Einsatz der Kinder als Instrumentalisierung empfinden, um

148 Der Beitrag stammt aus dem Forum des Bäuerinnen-Treffs (http://www.agrar.de/land frauen/forum/index.php?topic=28602.0; Abruf: 6.01.11). Die Auswahl ist zufällig. Im Internet gibt es unzählige Foren, die sich mit dem Thema „Sponsorenlauf" von Schülern beschäftigen. Die Argumentation ist mehrfach anzutreffen.

an ihr Geld zu gelangen.[149] Der implizite Vorwurf: Durch geschickte Inszenierung sowohl der Spendenbitte als auch vor allen Dingen der sportlichen Aktivität wird eine Situation konstruiert, bei der die „Sponsoren“[150] einen höheren Beitrag „zahlen“, als sie beabsichtigen bzw. als sie als angemessen wahrnehmen. Hiermit erreicht zwar die Schule ihr ökonomisches Ziel, gleichzeitig sanktionieren die Eltern die Handlungen der Schule, sodass diese sich in Zukunft überlegen wird, ob sie noch einmal so einen Sponsorenlauf durchführen wird.

Dadurch wird zweierlei deutlich: Zum einen können sich die „Sponsoren“ gegen die Spendenbitte der Kinder nicht zur Wehr setzen, da diese über das familiäre Netzwerk vermittelt wird. Ein Versagen der Unterstützung könnte vom Kind unmittelbar als persönliche Zurückweisung aufgefasst werden. Deshalb werden die Spenden am Ende gegeben – wenn auch unter Protest und verknüpft mit Sanktionen bzw. der Androhung von Sanktionen. Zum anderen ruft die Wahrnehmung einer Instrumentalisierung der Beziehung – die Schule würde die Kinder nutzen, um an das Geld der Eltern und Großeltern zu kommen – Ablehnung und Sanktionen hervor. Die Beziehungen und das Gabe-Handeln sind dann nicht mehr freiwillig, sondern werden als Zwang empfunden, was den Wert der Beziehung erodieren lässt – auch wenn Spenden noch gegeben werden, da sich der Gebende unter Umständen dem wahrgenommenen Zwang nicht entziehen kann.

4.3.2 Alumni

Gabe-Handlungen können auch dann stärker auf Nonprofit-Organisationen bezogen sein, wenn diese selbst integraler Bestandteil der sozialen Netzwerke sind und Beziehungen über sie konstituiert wurden. Beispiele hierfür sind Bildungseinrichtungen (Schulen, Univer-

149 Die zitierte negative Einschätzung ist nicht durchgängig. Es gibt auch Eltern, die betonen, dass sie es gut finden, wenn sich ihre Kinder mit einer körperlichen Leistung für Dritte einsetzen würden. Vgl. dasselbe Forum, aus welchem das Zitat stammt.

150 Rechtlich handelt es sich hierbei um Spender, da keine Gegenleistung vereinbart wurde. Vgl. Oberfinanzdirektion Niedersachsen (2013).

sitäten, aber auch andere): Verbringen Menschen eine längere Zeit ihres Lebens in einer dieser Organisationen, bilden sie zu anderen Teilnehmern Beziehungen aus, die über ihre Rollen als Teilnehmende am Bildungsprozess vermittelt sind. Die Teilnahme ist häufig – da sie mit der Einübung oder gar der Initiation in eine Berufsrolle verbunden ist – Teil der personalen Identität.

Verbunden mit kollektiv geteilten Erfahrungen bildet dies die Basis von sozialen Beziehungen, die auch über die Zeit der eigentlichen Teilnahme an Bildungsmaßnahmen hinausreichen können. Der gemeinsame Bezugspunkt und damit Kern der Beziehung bleibt die Bildungseinrichtung, die für die Beziehung konstitutiv ist bzw. war. Im Laufe der Zeit lösen sich die Beziehungen und Netzwerke von ihr, wenn nicht die Bildungseinrichtung aktiv die Beziehungen weiter pflegt.

Da die Organisation als Kristallisationspunkt der Beziehungen und Netzwerke in diese involviert ist und diese über sie vermittelt sind, kann dies als Ausgangspunkt für Spenden konstruiert werden: Die Bildungseinrichtung ermöglicht die Inkorporation von Sozialkapital in diese Beziehungen, indem sie Netzwerke für Karriere oder zusätzliche Informationen zur Verfügung stellt. Die Nutzung dieses Sozialkapitals verstärkt nicht nur die Beziehungen, sondern impliziert auch die Erwiderung der empfangenen Leistungen – indem die Teilnehmer selbst Informationen und Zugänge zu Karriere-Netzwerken einbringen oder die Bildungseinrichtung unterstützen.

Damit wird die Bildungseinrichtung selbst zum Akteur in einem Beziehungsnetzwerk, in welches sie Sozialkapital einbringt, um sowohl ihren Teilnehmenden als auch ihren Absolventen zusätzlichen Nutzen zu bieten und über das implizite Gabe-Handeln dieses Kapital zu verstärken und wiederum selbst nutzen zu können. Leistungen der Alumni stellen mithin Erwiderungen auf empfangene Leistungen dar, die wiederum als Gaben sowohl das Sozialkapital der Einrichtung stärken als auch über deren Transformation in ökonomisches Kapital die Finanzierung von Projekten bzw. der Einrichtung als Ganzes ermöglicht.

Ausgangspunkt dieses Prozesses ist die Bildungseinrichtung, die über ihre Bildungsprozesse nicht nur kulturelles Kapital vermittelt, sondern in Netzwerken mit Teilnehmenden auch Sozialkapital aufbauen und zur Verfügung stellen muss. Erst dieses bildet die Basis für Gabe-Handlungen, die anschließend in Spenden transformiert werden können. Es stellt eine Investition dar: Zunächst muss die Einrichtung sowohl in Sozialkapital als auch in den organisatorischen Aufbau der Netzwerke investieren. Mit anderen Worten: Die Transformation von ökonomischem Kapital in Sozialkapital ist die Voraussetzung, um hinreichend Sozialkapital vorhalten und um hiermit Netzwerke und Gabe-Handlungen initiieren zu können. Zuerst muss die Bildungseinrichtung geben, um anschließend auch wieder Gaben empfangen zu können.

Wie bei allen Gabe-Handlungen ist die Erwiderung freiwillig, sodass die Bildungseinrichtung den ökonomischen Output aus ihrem Investment nur schwer quantifizieren kann. Dies ist sicherlich ebenso ein Problem beim Aufbau von Alumni-Netzwerken wie ein Verständnis, das Teilnehmer (also Kunden oder Absolventen) als Produkte der Leistung der jeweiligen Organisation betrachtet. In beiden Fällen stehen nicht Beziehungen und Netzwerke im Zentrum der Aktionen, sondern ökonomische Prozesse sind Bezugspunkte des Handelns. Wie aber oben schon ausgeführt, führen Logiken des Markt-Tausches nicht zu langfristigen Beziehungen: Erst wenn über Gaben und Gabe-Handeln Beziehungen konstituiert wurden, lassen diese sich auch langfristig weiterentwickeln, sodass alle Beteiligten am inkorporierten Sozialkapital partizipieren können.

4.3.3 Corporate Volunteering und Payroll-Giving

Die Verknüpfung von Organisationen mit sozialen Netzwerken über Gabe-Handeln können auch Unternehmen nutzen, in der Hoffnung, die Einbindung ihrer Mitarbeiter in das Unternehmen zu verbessern. Hierfür ist es notwendig, dass Unternehmen in die sozialen Beziehungen und Netzwerke ihrer Mitarbeiter investieren. Dies kann auf drei Arten gelingen:

Im Payroll-Giving verabreden Mitarbeiter eines Unternehmens, die Centbeträge ihres Gehalts direkt für ein Projekt oder an eine Nonprofit-Organisation zu spenden. Die Beträge werden vom Unternehmen einbehalten und gesammelt an die ausgesuchte Organisation gegeben (Kröselberg 2006b). Obwohl dies für jeden Einzelnen nur Centbeträge sind, können in einem Jahr – abhängig von der Anzahl der Mitarbeiter, die sich daran beteiligen – durchaus größere Summen zusammenkommen, die den Einsatz auch rechtfertigen.

Entscheidend ist, dass die Mitarbeiter mit dem Payroll-Giving eine über das jeweilige Unternehmen vermittelte zusätzliche Beziehung außerhalb ihrer Arbeitszusammenhänge kreieren: Sie sind gemeinsam als Unterstützer eines Projekts oder einer Organisation aktiv und tragen zu deren Erfolg durch den Verzicht auf einen kleinen Teil ihres Gehalts bei. Hieraus kann eine zusätzliche kollektive Identität kreiert werden, die auch auf das Unternehmen, über welches die Beziehungen vermittelt sind, zurückstrahlt. Werden die Beziehungen dichter, erhöht sich eben auch die Chance zu verstärkter Kommunikation und emotionaler Bindung – wie die oben schon zitierten Forschungsergebnisse von Homans (1950) nahelegen.

Beteiligt sich das Unternehmen seinerseits am Payroll-Giving, indem bspw. der gespendete Beitrag aufgestockt wird, stellt sich das Unternehmen als Akteur mit in das Beziehungsnetzwerk seiner Mitarbeiter. Durch die gemeinsame Aktion besteht die Chance, dass die so verstärkten Beziehungen auch im Arbeitsvollzug rückwirken: Engagierte und loyale Mitarbeiter versprechen nicht nur ein besseres Arbeitsklima, sondern auch einen größeren ökonomischen Erfolg des Unternehmens.[151]

Darüber hinaus kann dieser Effekt auch eintreten, wenn Unternehmen das Engagement ihrer Mitarbeiter unterstützen, indem Spenden der Mitarbeiter verdoppelt oder diese für freiwillige Arbeit außerhalb des Unternehmens freigestellt werden. Diese Unterstützung des En-

151 Zur Bedeutung und zum Stand der Forschung zur Mitarbeiterbindung vgl. Becker (2010).

gagements ist nicht nur eine Anerkennung der Leistungen des jeweiligen Mitarbeiters und seines Engagements für die Gesellschaft; es wird darüber auch die Beziehung zwischen dem Unternehmen und seinen Mitarbeitern verstärkt. Über die Logik des Gabe-Handelns führt dies nicht nur zu Dankbarkeit und Loyalität, sondern auch zu einer besseren Integration ins Unternehmen und damit zu einer besseren Arbeitsleistung.

Schließlich lässt sich diese Logik auch nutzen, wenn im Rahmen einer Teamentwicklung handwerkliche Leistungen für Nonprofit-Organisationen erbracht werden. Geradezu klassisch kann dies bei der Renovierung eines Kindergartens beobachtet werden: Durch gemeinsame Arbeit und Kooperation der Team-Mitglieder außerhalb der üblichen Rollen und Abläufe werden Beziehungen kreiert, die auch in die alltägliche Arbeit hineinreichen: Die Mitarbeiter lernen sich besser kennen und können so weitere Anknüpfungspunkte für Beziehungen finden, die sich aus den Berufsrollen so nicht unbedingt ergeben.

Diese Nutzen für Unternehmen aus kollektiven Gabe-Handlungen bzw. der Unterstützung des Engagements ihrer Mitarbeiter stellen für Nonprofit-Organisationen Möglichkeiten dar, Produkte zu kreieren und zu verkaufen oder auch mit Unternehmen in Gabe-Handlungen einzutreten. Welcher der beiden Handlungsmodi genutzt werden sollte, muss im Einzelfall entschieden werden. Häufig ist es jedoch einfacher – und einträglicher – Leistungen auf einem Markt zu verkaufen und sich gegenüber den Unternehmen strategisch und nutzenoptimierend zu verhalten, die ihrerseits Möglichkeiten zur Integration ihrer Mitarbeiter nachfragen.

4.4 Konstitution sozialer Eliten

Einseitige Gaben konstituieren – darauf wurde schon hingewiesen – Machtasymmetrien und Statusunterschiede, wie sowohl Mauss (1968) am Beispiel des Potlatschs als auch Veyne (1988) am Beispiel des Euergetismus der griechischen und römischen Antike zeigen. Da Spenden als eine spezifische Form von Gaben definiert wurden, können auch Spenden diese Funktion erfüllen.[152] Auch über Spenden-Handlungen können soziale Eliten konstituiert werden, indem vorhandenes ökonomisches Kapital zur Exklusion weniger Vermögender genutzt wird und durch die Inklusion in die Elite der Zugang zu Sozialkapital beschränkt und einer kleinen Gruppe vorbehalten wird, die dieses wiederum nutzen können, um weiteres ökonomisches Kapital zu akkumulieren.

Geradezu paradigmatisch zeigt dies Rautenberg (2003) in seinem Portrait des Hamburger Mäzens Helmut Greve in seiner ganzen Ambivalenz: Auf der einen Seite die Großzügigkeit des Mäzens, sein Bedürfnis nach sozialer Anerkennung seiner Leistungen – die ihm allerdings immer wieder versagt wird. Auf der anderen Seite der ökonomische Nutzen, den dieser aus seinen Gaben ziehen kann. Denn wer möchte es sich schon in Politik und Verwaltung mit einem derart potenten Mäzen verscherzen? Für das aufstrebende Wirtschaftsbürgertum im deutschen Kaiserreich resümiert Frey, dass „versucht werden [musste], der bestehenden Diskrepanz zwischen Wirtschafts- und Bildungsbürgertum entgegenzuwirken, indem man das Streben der neureichen Unternehmer nach Exklusivität in ‚vernünftige' Bahnen lenkte, d. h., Möglichkeiten bot, wie Reichtum demonstriert werden konnte, ohne der öffentlichen Kritik anheimzufallen. Ferner galt es, den gewachsenen Abstand zur übrigen Bevölkerung sichtbar zu machen." (Frey 1999: 76).

152 Zur „Eliten-Philanthropie" vgl. bspw. die Arbeit von Adam (2009a), aber auch Ostrower (1997; 2002; 2009) und unter einem historisch-soziologischen Blickwinkel Adloff (2010).

Zentral sind neben der Frage, wie Reichtum sozial adäquat demonstriert werden kann, Prozesse der In- und Exklsion in die bürgerliche Elite, also der Abgrenzung nach unten sowie der Aufnahme in eine exklusive Gruppe. „Elite“ wird hier im Anschluss an Veblens (1986)[153] Beschreibung der „leisure class“ als soziale Gruppe verstanden, die sich im eigenen Selbstverständnis sozial und ökonomisch von anderen sozialen Gruppen abgrenzt. Die „leisure class“ grenzt sich nach Veblen durch die Demonstration von Geld und freier Zeit von anderen sozialen Gruppen ab.[154] Mitglieder der „leisure class“ dokumentieren sich selbst und anderen, dass sie es nicht nötig haben, gegen Entgelt zu arbeiten und dass sie sich ihre Zeit nach eigenen Interessen einteilen können. Frei verfügbare Zeit und Geld werden damit zu Symbolen für ökonomische Potenz, auf deren Basis Statusunterschiede konstituiert und damit gesellschaftliche Hierarchie konstruiert wird.

Ostrower (1997) beschreibt diesen Prozess für die New Yorker Oberschicht der 1980er-Jahre, in welcher die Inklusion neuer Mitglieder über die Einladung zur Beteiligung an einem renommierten Board[155] einer Kultureinrichtung geschah: Die Aufnahme der Kandidaten wurde mit der Erwartung an eine hohe Spende an die Organisation verknüpft, durch die sie ihr ökonomisches Potenzial deutlich zeigen konnten. Mit der Aufnahme in das Board war gleichzeitig gesellschaftliche Anerkennung inklusive des Zugangs in die sozialen Kreise der bürgerlichen Elite verbunden, die sich auch zu anderen Gelegenheiten traf.

Diese Funktion des Spendens großer Summen als Ausdruck ökonomischer Potenz und als Nachweis der Zugehörigkeit zur bürgerli-

153 Auch Adam (2009a) bezieht sich in seinen Studien auf den Elite-Begriff von Veblen (1986).

154 In der neueren Elitenforschung werden hingegen „Funktionseliten“ betrachtet, indem zwischen den Eliten verschiedener sozialer Funktionsbereiche unterschieden wird, um ihre wechselseitige Konkurrenz und Beeinflussung betrachten zu können (Bohlken 2011: 51).

155 Das Prestige eines Boards hängt wiederum von den anderen Akteuren ab. Je ökonomisch potenter diese sind, desto wichtiger ist das Netzwerk und desto höher ist der soziale Status.

chen Elite wird immer dann sichtbar, wenn neue soziale Gruppen zu Reichtum kommen und Ansprüche erheben, ebenfalls in die Elite aufgenommen zu werden. Solche Phänomene in nordamerikanischen Städten im 19. Jahrhundert hat Adam (2009a) beschrieben. Am Beispiel New Yorks zeigt er, wie sich die bisherige Elite gegen aufstrebende Gruppen abschottete und versuchte, diese durch Exklusion von Sozialkapital auszuschließen. Aufgrund der Größe beider Gruppen stellten die Aufsteiger eine Bedrohung des Status bisheriger Mitglieder der städtischen Elite dar, konnten aber als Reaktion auf Exklusionen mit der Unterstützung eigener Nonprofit-Organisationen reagieren und so zur traditionellen Elite in Konkurrenz treten. Ihnen gelang es, in Opposition zur herrschenden Elite eigene Netzwerke zu schaffen und eigenes Sozialkapital zu akkumulieren. In Bosten und Toronto hingegen wurden Aufsteiger in die bestehenden sozialen Eliten inkludiert. Sie wurden eingeladen, sich an der Finanzierung prestigeträchtiger Kultureinrichtungen zu beteiligen (Adam 2009a).

Zu Spannungen kommt es, wenn das Interesse der Mitglieder des Boards an Exklusivität und Verknappung und das Interesse der Organisation an zusätzlichen Einnahmen aufeinander treffen. Für New York in den 1980er-Jahren konnte Ostrower (1997) zeigen, dass sich letztendlich die Interessen der Kultureinrichtungen durchsetzten und neue Mitglieder aufgenommen wurden, die nicht zur bisherigen Elite gehörten. Dies war möglich, da die bisherigen Mitglieder nicht mehr alleine die Mittel zur Verfügung stellen konnten, die die Organisationen benötigten. Dadurch gelang es „Neureichen", in die New Yorker Elite vorzudringen. Dafür waren sie bereit, auch höhere Summen aufzubringen und zu spenden.

Diese Form der Inklusion in bürgerliche Eliten war auch bei der Integration von Juden im Kaiserreich wirksam. Am Beispiel von Berlin zeigt Adam (2009a), dass überproportional viele Juden, die im Kaiserreich zu Reichtum gekommen waren, in die Gebezirkel des

Bürgertums eingeladen und damit in die Gesellschaft integriert wurden.[156]

Wie Prozesse der In- und Exklusion heute noch genutzt werden, um soziale Eliten zu konstituieren, zeigt Vogt (2009) am Beispiel der Gründung einer Bürgerstiftung in einer westdeutschen Großstadt des Ruhrgebiets. Zunächst wurde ein bestehendes Netzwerk genutzt, um Gründungsstifter für die Bürgerstiftung zu gewinnen und eine positive öffentliche Meinung herzustellen. Über führende örtliche Journalisten (Chefredaktion, Ressortleitung) wurden erste potenzielle Stifter ermittelt. Anschließend wurden deren Netzwerke genutzt, um weitere potenzielle Interessenten anzusprechen und von einer Beteiligung zu überzeugen.

Dieses Schneeballsystem erwies sich als außerordentlich erfolgreich. Die ersten geworbenen Unterstützer wussten aufgrund langjähriger Kontakte, wer über das notwendige Kapital verfügte und für das Thema „Bürgerstiftung" ansprechbar war. Durch Nutzung der Kontakte gab es einen schnellen Zugang zu diesem Personenkreis mit einem entsprechenden Vertrauensvorsprung. Dieser Zugang sowie die schon bestehende Gruppe von Menschen aus einem vergleichbaren sozialen Umfeld waren wichtige Bedingungen, um die Gruppe der Gründungsstifter zusammenzustellen und damit das notwendige Kapital aufzubringen.

Unter den Gründungsstiftern entstand damit ein Netzwerk, das hochgradig selbstselektiv war. Es wurden diejenigen angesprochen, von denen sowohl bekannt war, dass sie sich in der Kommune engagierten und förderten, als auch, dass sie sozialstrukturell zur sich konstituierenden Gruppe „passten". Es wurden diejenigen empfohlen, die ähnliche Merkmale wie die schon geworbenen Gründungsstifter

156 Interessant ist in diesem Zusammenhang, dass es zurzeit in Deutschland so gut wie nicht gelingt, Zuwanderer und Menschen mit erkennbarem Migrationshintergrund als Förderer für deutsche Organisationen zu gewinnen. Dies liegt weder am verfügbaren Einkommen oder Vermögen noch an mangelnder grundsätzlicher Spendenbereitschaft. Vielmehr scheinen hier Versäumnisse und Defizite der Inklusion von Migranten deutlich sichtbar zu werden (vgl. Fischer 2010a).

aufwiesen. Selbst wenn sich einzelne Mitglieder der Gründungsstifter vorher nicht kannten, bestand doch eine hohe Wahrscheinlichkeit, dass sie Ansichten und Einschätzungen teilten und so ebenfalls positive Beziehungen aufbauen konnten.

Dieser Inklusionsprozess hat aber auch exkludierende Wirkungen: Vogt (2009) beschreibt, dass diejenigen, die über Kapital verfügen konnten, aber nicht gefragt wurden, ob sich sie sich als Gründungsstifter/-innen ebenfalls engagieren mochten, auch zu einem späteren Zeitpunkt nicht mehr zu einer Spende oder Zustiftung für die Bürgerstiftung zu bewegen waren. Sie empfanden sich als ausgeschlossen; daran konnte auch eine spätere Beteiligung nichts ändern. Dies führte in dem Beispiel zu der Konsequenz, dass es überaus schwierig war, das Stiftungskapital nach erfolgter Gründung der Stiftung noch signifikant zu erhöhen.

Vogt weist noch auf einen weiteren Aspekt der Exklusion hin: Die sozialstrukturelle Homogenität der Stifter verortete die Stiftung in einem bestimmten sozialen Milieu. Dies erlebten Einwohner der Großstadt, die nicht dieser Gruppe angehörten, ebenfalls als Exklusion: Wer nicht zum Milieu der Stifter gehörte, sah sich ausgeschlossen oder kam nicht auf die Idee, sich ebenfalls in die Stiftung einzubringen – auch wenn hierzu explizit aufgefordert wurde. Dieser Prozess hatte für die Wirkung der Bürgerstiftung in der Kommune fatale Nebenwirkungen: Die Stiftung wurde mit dem sozialen Status der Akteure identifiziert: Kooperationen mit anderen Akteuren wurden schwieriger, wenn diese eine andere soziale Verortung hatten (Vogt 2009).

Damit wird hier noch einmal der oben beschriebene Zusammenhang von Prozessen der In- und Exklusion zur Konstitution sozialer Netzwerke und des in diesen Netzwerken inkorporierten Sozialkapitals deutlich: Auch Eliten lassen sich als soziale Netzwerke verstehen, die nach unten deutlich abgegrenzt sind. Die Beteiligung am philanthropischen Geben kann dann ein Zutrittskriterium sein, mit dessen Hilfe die Teilnehmer an dem Netzwerk nach außen ihre ökonomische Potenz dokumentieren und gleichzeitig über ein Kriterium zur Exklusion verfügen: Wer nicht in entsprechendem Umfang geben kann, kann aus der Elite ausgeschlossen werden, weil er nicht „dazugehört". Mit dem Spenden verbunden ist nicht nur die Anerkennung als legitimes Mitglied der Elite, sondern gleichzeitig entstehen auch persönliche Beziehungen zu der über dieses Prinzip konstituierten Gruppe: Im Board begegnen sich die Akteure persönlich, schaffen persönliche Beziehungen untereinander und können diese auch für Geschäfte oder andere Aktivitäten nutzen, welche wiederum das Netzwerk und das in ihm inkorporierte Sozialkapital stärken.

Das Geben großer Summen hat nicht nur eine sozialstrukturelle Funktion zur Konstitution der Elite; es ist häufig – wie oben schon im Kontext des Almosens erörtert – notwendig und verschafft dem Einzelnen Sinn. Denn mit ihren Gaben übernehmen die Akteure durchaus gesellschaftliche Verantwortung, indem sie Ressourcen bereitstellen, um soziale Probleme zu lösen oder kulturelle Praktiken zu ermöglichen. Auch für die von Eliten unterstützten Nonprofit-Organisationen gelten die Aussagen zu zivilgesellschaftlichen Organisationen, die als normative Akteure soziale und kulturelle Prozesse ermöglichen oder anstoßen.

Auf der subjektiven Ebene der Akteure bilden „Prestigebedürfnis, Stolz auf die Heimatstadt und Verantwortungsbewusstsein [...] die Grundlage der kommunalen Selbstorganisation im Kulturbereich" (Frey 1999, 86). In der Selbstwahrnehmung steht die soziale Differenzierung durch Prozesse der In- und Exklusion nicht im Zentrum. Hier dominieren Aspekte, die sowohl auf subjektive Bedürfnisse (Prestige) als auch auf die Effekte des Spendens für die Gesellschaft verweisen (Verantwortung). Dies wiederum zeigt die Ambivalenz im Akt des Spendens deutlich: Selbstbezogene Nutzen wie Prestige, Reputation und Anerkennung sowie die Demonstration des eigenen Reichtums treten gemeinsam mit Verantwortung für Dritte bzw. für das soziale Zusammenleben auf.

Durch den US-amerikanischen Philanthropen Carnegie wurde ein weiteres Argument für philanthropisches Handeln von Angehörigen der Elite eingeführt: Sein Spenden verstand er als Erwiderung an die Gesellschaft, die ihm die Chance gegeben hatte, ein glückliches Leben zu führen und Reichtum zu erwerben (Adloff 2010, 213 f.). Glück und die Möglichkeit, Reichtum zu erwerben, werden hier als Gabe verstanden, die Menschen empfangen und für die sie dankbar sind. Menschen, die diese Motivation äußern, sind sich durchaus bewusst, dass ihre Karriere und Lebenssituation nicht nur auf eigenes Können oder besondere Leistung, sondern eben auch auf die Umstände und die sie begünstigenden Strukturen zurückzuführen sind.[157]

Der Zyklus des Gabe-Handelns schließt sich, wenn die empfangenen Gaben erwidert werden und über Spenden der Gesellschaft ein Teil zurückgegeben wird – auch, damit andere wiederum Chancen bekommen und von den Strukturen der Gesellschaft, die mit den Spenden aufgebaut bzw. unterhalten wurden, profitieren können. Die Chancen werden somit weitergegeben und eine empfundene Verschuldung ausgeglichen.

Damit wird die Spende in den Zyklus des Gabe-Handelns gestellt und erhält hierin ihren Sinn. Mit der Erwiderung wird der Zyklus abgeschlossen: Die sich aus dem empfangenen Glück und Reichtum ergebende Schuld wird abgetragen und so die Symmetrie zwischen Geben und Nehmen wieder hergestellt. Die Logik dieser Spende lässt sich mithin nur aus dem Gabe-Handeln und dem Ausgleich der mit einseitigen Gaben verbundenen Verschuldungen verstehen. Die Rückbindung an das Gabe-Handeln verleiht der Spende einen Sinn und mit ihr kann die Spende narrativ begründet werden.

Deutlich sichtbar wird an dieser Stelle die bei der Erörterung der Gabe-Theorie getroffene Unterscheidung zwischen der subjektiven Bedeutung der Gabe und ihrer sozialen Funktion: Während diese Spender ihre Spende als Erwiderung verstehen, vollziehen sie mit

157 Den Einfluss von sozioökonomischen und historischen Bedingungen sowie Zufällen auf Karrieren beschreibt an verschiedenen Beispielen Gladwell (2009).

der Demonstration der eigenen ökonomischen Potenz gleichzeitig die Konstitution einer sozialen Elite sowie die soziale Abgrenzung nach unten.

4.5 Erwiderungen

Das Motiv der Erwiderung für empfangene Gaben tritt nicht nur bei der Begründung von Großspenden auf, sondern spielt auch für die Unterstützung von Nonprofit-Organisationen eine Rolle, die für das Leben der Spender wichtig waren oder es entscheidend mit geprägt haben. Hierzu gehören beispielsweise in den USA Universitäten, die für den Einstieg in eine Karriere eine wichtige Basis geschaffen haben. Auch in diesem Fall dominiert Dankbarkeit für die besonderen Chancen, die sich aus dem Besuch gerade dieser Universität ergeben haben.[158]

Dieses Motiv tritt auch dann auf, wenn Menschen in einer existenziellen Situation Unterstützung erfahren haben. So basiert das Fundraising von Krankenhäusern bei ehemaligen Patienten zu einem großen Teil auf Dankbarkeit dafür, dass ihnen medizinisch geholfen wurde und sie die Krankheit überwinden konnten. Die Leistungen der Mitarbeiter/-innen sowie der Einrichtung werden als Gaben empfunden, die sie empfangen haben, und deren Erwiderung als obligatorisch empfunden wird. Auch Angehörige können entsprechend dankbar sein. Spenden Angehörige für ein Hospiz, kann Dankbarkeit für die Unterstützung – der eigenen sowie der des gestorbenen Angehörigen – die Grundlage für die Entscheidung zur Spende bilden (Fischer 2012b).

Ein interessantes Phänomen kann bei ehemals Obdachlosen auftreten, deren Situation stabilisiert werden konnte und die auf dem

158 Haibach (2008: 157 f.) nennt als Motive für Spenden im Hochschulbereich „Verantwortungsgefühl", „Zugehörigkeit", „Dankbarkeit", „Etwas bewegen wollen", „Inhaltliches Interesse" und „Anerkennung". Vgl. auch Fischer/Neumann (2003: 90 ff.).

Weg zurück in die Gesellschaft sind. Die von ihnen empfangene Hilfe – bspw. in Form von Almosen – kann Dankbarkeit und den Wunsch zur Zurück- bzw. Weitergabe auslösen. Dies kann sich in dem Wunsch ausdrücken, an die Organisation zu spenden, die ihnen geholfen hat, um so ihre „Schuld" abzutragen und sich auch damit in die Gesellschaft zu reintegrieren.

In der schon zitierten Studie von Hope Consulting (2010: 24 ff.), wird diese Gruppe als „Repayer" bezeichnet, der 23 % der Befragten zugerechnet werden. Während dies die größte Gruppe ist – immerhin gibt fast jeder Vierte als Erwiderung auf empfangene Gaben –, zeichnet sie sich durch eher kleinere Spenden aus. Der Median ist von allen sechs identifizierten Gruppen der kleinste – obwohl der Durchschnitt der Spender dieser Gruppe sich kaum von dem anderer Gruppen mit eher geringen Spendenbeträgen unterscheidet.

„Erwiderung" kann auch als Entgeltung für eine genutzte, aber nicht bezahlte Leistung verstanden werden. Wikipedia ist hierfür ein gutes Beispiel, wie die Kommentare zu den Spenden zeigen:

- am 03.07.2011: Robert Benz aus Iserlohn 15.00 € „Ich finde Wikipedia praktisch und sehr hilfreich. Hier finde ich Antworten für die Fragen meiner Kinder, Fachwissen für meinen Beruf und Lösungshilfen für die alltäglichen Problemstellungen im Leben. Ganz große Klasse! MfG Familie Benz aus Iserlohn"
- am 03.07.2011: Wolfgang Reeb 25.00 € „Das Wissen von Wikipedia ist umwerfend. Über alle Fragen die ich hatte bekam ich eine umfassende Auskunft. Ein herzliches Dankeschön an die „Macher"."

Abb. 9: Auszug aus den Spenden-Kommentaren auf Wikimedia (2011)[159]

Die Nutzung von Wikipedia ist kostenlos und die Nutzer nehmen eine Leistung in Anspruch, die für sie einen Gebrauchswert hat. Entsprechend dieses Werts sind sie, wie die beiden Zitate zeigen, auch bereit zurückzugeben. Damit verändert die Spende ihre Bedeutung:

159 Der gemeinnützige Wikimedia e. V. ist der rechtliche Träger der Plattform „Wikipedia". Spenden werden vom Wikimedia e. V. vereinnahmt.

Sie ist nicht länger ein symbolischer Ausdruck für die Beziehung und auch nicht mehr mit dem in den Beziehungen und Netzwerken inkorporiertem Sozialkapital verbunden. Vielmehr findet hier eine Transformation von Gabe-Handeln zu Markt-Tausch statt: Die Spender „bezahlen“ die von ihnen in Anspruch genommene Leistung – den Betrag, den sie der Organisation für die Inanspruchnahme „schulden“ und der es ihnen auch in Zukunft ermöglicht, die Leistung kostenlos zu nutzen. Nur mit ihrer Spende können schließlich die Kosten, die mit dem Betrieb von Wikipedia verbunden sind, gedeckt werden.

Schließlich wird in den Aussagen auch deutlich, dass mit der Spende eine ausdrückliche Anerkennung der Leistung der „Macher“ von Wikipedia verbunden ist. Mit ihrer Spende erkennen die Nutzer an, dass die Enzyklopädie nur existieren kann, weil eben viele Menschen ihre Freizeit ohne Entgelt mit dem Schreiben der Beiträge sowie mit der Administration und Verwaltung verbringen.

Vergleichbare Phänomene lassen sich auch bei anderen kostenlosen Angeboten im Internet zeigen, die nur aufgrund der Spenden ihrer Nutzer zur Verfügung gestellt werden können. Ein Beispiel aus den USA ist das kostenlose Programm von „FolkAlley“, einem Internet-Radio, das ausschließlich amerikanische Folk-Musik spielt, die aus dem Mainstream-Radio verschwunden ist.[160] Liebhaber dieser Musik nutzen als kostengünstige Alternative für ihre musikalische Nische das Internet, um diese Musik konsumieren zu können. FolkAlley ist ein gemeinnütziges Angebot, welches von einer US-Universität zu Ausbildungszwecken betrieben und über das Internet verbreitet wird und sich auch ausschließlich aus Spenden finanziert.

Auch in diesem Fall geben die Hörer, weil sie eine Leistung in Anspruch nehmen, die kostenlos ist, und um den Sender weiter zu finanzieren. Sie wissen, dass sie nur dann weiterhin Folk-Musik auf einem hohen Niveau hören können, wenn sie für die genutzten Leis-

160 Das Beispiel „FolkAlley“ ist dokumentiert von Conta Gromberg (2008a; 2008b). Alle Ausführungen beziehen sich auf diese Quelle.

tungen spenden und somit die Leistung für sich und andere sichern. Hinzu kommt auch in diesem Fall sicherlich das Interesse, Folk-Musik weiterzuverbreiten, sodass sich hier ebenfalls eher subjektive mit „politischen“ Motiven mischen.

Spenden für kostenlos in Anspruch genommene Leistungen können durchaus eine Alternative für Eintrittspreise oder andere Formen von Entgelten sein. Ein entsprechendes Experiment wurde von den Bücherpiraten in Lübeck durchgeführt (Gries 2005). Diese finanzierten ihre Arbeit mit Kindern traditionell mit zwei Benefizveranstaltungen für Erwachsene. Während üblicherweise für Benefizveranstaltungen Eintrittsgelder genommen werden, verzichteten die Bücherpiraten hierauf und baten um Spenden.

Das Ergebnis dieses Experiments war beeindruckend: Da der Eintritt kostenlos war, konsumierten die Besucher zunächst mehr. Während der Veranstaltung wurde mehrfach auf die Projekte und Leistungen der Bücherpiraten hingewiesen. Die Besucher nahmen die Veranstalter nicht mehr als Kultur-Dienstleister, sondern als Nonprofit-Organisation mit einer spezifischen Mission wahr. Die Möglichkeit, langfristige Beziehungen anzubahnen, war hierdurch einfacher und schneller gegeben. Und am Ende wurden Spenden in etwa derselben Höhe gegeben, wie die Besucher für Eintritte gezahlt hätten: Die Besucher hatten also nicht nur verstanden, dass sie bei einer Nonprofit-Organisation mit einem spezifischen Anliegen zu Gast waren. Sie waren auch bereit, die empfangene Leistung zu erwidern und eine dem Eintritt entsprechende Spende zu geben (Gries 2005).

Auf diesen Zusammenhang wies auch der hessische Rechnungshof anlässlich einer Sonderprüfung der kommunalen hessischen Museen hin. In seinem Bericht wurde den Kommunen empfohlen zu prüfen, ob auf eine Kasse verzichtet werden kann, da in einigen Museen die Kassen nicht betriebswirtschaftlich sinnvoll zu betreiben waren. In diesen Fällen lagen die Personalkosten für den Betrieb der Kassen über den Erlösen durch Eintritte. Schließlich wiesen die Prüfer vom hessischen Rechnungshof auch darauf hin, dass durch freiwillige

Leistungen der Besucher deren Zahlungsbereitschaft optimaler ausgenutzt werden könne als durch Eintritte. Hierzu verwiesen sie auf Erfahrungen von Museen der Städte Kiel und New York (Hessischer Rechnungshof 2003).

Mitgliedsbeiträge für Sportvereine oder Selbsthilfegruppen sind ebenso Gaben, die unmittelbar mit den erbrachten Leistungen in Zusammenhang stehen. In Sportvereinen werden Sportangebote von den Mitgliedern genutzt. Sie zahlen einen Beitrag, damit der Sportverein das Angebot machen und vorhalten kann. Nutzen Mitglieder die Angebote nicht mehr, treten sie aus dem Verein aus. Damit markieren Mitgliedsbeiträge in Sportvereinen vielfach die Grenze zwischen Gabe-Handeln und Markt-Tausch, bei dem sich Anbieter und Käufer mit je eigenen Interessen gegenüberstehen. Entsprechend ist es auch nur ein kleiner Schritt hin zu kommerziellen Angeboten, wie Fitness-Clubs und andere kommerzielle Anbieter von Leistungen rund um Sport zeigen. Auch Sportvereine machen zum Teil kommerzielle Angebote.

Ähnlich verhält es sich bei Selbsthilfegruppen. Hier werden Leistungen erbracht, die per definitionem ausschließlich den Betroffenen zugutekommen. Damit die Gruppen die Kosten, die mit der Erbringung der Leistung verbunden sind, tragen können, geben die Teilnehmer ihren Beitrag. Nehmen sie nicht länger an den Veranstaltungen oder Sitzungen teil, gibt es für sie auch keinen weiteren Sinn, sich finanziell zu engagieren. Um ein weiteres Engagement sichern zu können, müssen von den Anbietern andere Gebe-Logiken herangezogen werden.[161]

„Erwiderung" wird damit in ihrer ganzen Ambivalenz deutlich: Als freiwillige Leistung ist sie eine Anerkennung sowie die Aufhebung der Asymmetrie zwischen Geben und Nehmen und damit das Ausgleichen von „Verschuldung". Als obligatorische Norm kann sie auch

161 Im Gesundheitsbereich engagieren sich hier gerne Pharma-Firmen, die damit eine wichtige Zielgruppe erreichen und das bestehende Werbeverbot tendenziell umgehen können (vgl. Fischer 2012b).

als Äquivalent von Tausch-Transkationen auf Märkten fungieren: Akteure geben den Tauschwert der empfangenen Leistung – auch um die Leistung in Zukunft weiter in Anspruch nehmen zu können. Und damit ergibt sich auch der Übergang in die Bezahlung: Gaben in Form von Erwiderungen können auch eingesetzt werden, um eine in Anspruch genommene Leistung zu entgelten. Damit wäre dann Gabe-Handeln in Markt-Tausch transformiert worden.

4.6 Spenden zur Optimierung eigener Interessen

In der theoretischen Erörterung zur Gabe-Theorie wurde auf die Feld-Theorie von Caillé hingewiesen und gezeigt, dass alle Gabe-Handlungen zwischen Eigeninteresse und Fremdinteresse angesiedelt sind. Das impliziert, dass Spenden-Handlungen auch initiiert werden können, um ausschließlich eigene Interessen zu verfolgen und durchzusetzen.[162] Diese einseitigen, ausschließlich auf das eigene Interesse bezogenen Spenden-Handlungen sollen als dunkle Seite des Spendens bezeichnet werden: Hier werden Spenden gegeben, deren primärer Zweck im eigenen Vorteil liegt.[163]

An zwei verschiedenen Aspekten soll diese dunkle Seite des Spendens verdeutlicht werden: Zum einen werden Spenden eingesetzt, um Reputationsgewinne zu erzielen. Diese werden wiederum genutzt, um höhere Umsätze zu erreichen. Darüber hinaus existieren Spenden-Handlungen auch im Grenzbereich bzw. jenseits der Legalität, wenn

162 Die Betonung liegt hier auf dem „ausschließlich" oder „primär". Dass mit jeder Gabe immer auch eigene Interessen verfolgt werden (können), haben die vielen Beispiele und Erörterungen schon gezeigt. Im Unterschied dazu sollen im Folgenden die Gabe-Handlungen auch jenseits der Legalität betrachtet werden. Im Einzelfall ist eine Abgrenzung aufgrund der hohen Ambiguität von Gabe-Handlungen schwierig.

163 Die heute übliche Metaphorik von „sozialen Netzwerken" als gleichmäßig verteilten Knoten hat sich erst in den 70er-Jahren durchgesetzt und ist nicht die einzige Lesart dieser Metapher. Zur Metaphorik gehören auch „Seilschaften" und das „Vitamin B" (Schüttpelz 2010), also die Schattenseiten, die mit sozialen Beziehungen verbunden sind.

über Gaben Beziehungsnetzwerke konstituiert werden, die auch zu Korruption und Vorteilsnahme führen können. Dieser Bereich ist von besonderer Bedeutung im Verhältnis von Unternehmen untereinander bzw. zwischen Unternehmern und Mitarbeitern der öffentlichen Verwaltung oder Parlamentariern, aber auch im Verhältnis von Mitarbeitern von Unternehmen untereinander.

4.6.1 Gewinnung von Reputation und Ansehen

Öffentliche Gabe-Handlungen, die immer mit einem eigenen Verzicht zugunsten eines Dritten verbunden sind, generieren nicht nur soziale Netzwerke, sondern auch Reputation und Ansehen, die mit dem Verzicht und der Uneigennützigkeit verbunden sind. Unter „Reputation“ soll dabei im Anschluss an Schwalbach (2004) das wahrgenommene Ansehen einer Person oder einer Organisation bzw. eines Unternehmens verstanden werden. Im Gegensatz hierzu verweist „Image“ auf das Selbstverständnis, also darauf, wie eine Person oder Organisation wahrgenommen werden möchte. Nach Schwalbach ist die beobachtete Reputation mithin „ein Feedback auf das erwünschte bzw. angestrebte Image“ (Schwalbach 2004: 2).

Reputation entsteht über einen längeren Zeitraum, wenn die Akteure – Unternehmen und Organisationen genauso wie einzelne Individuen – konsistente Handlungen zeigen, die bei den Betrachtern zu der Erwartung führen, dass sie sich auch in Zukunft entsprechend konsistent verhalten werden. (Schwalbach 2004; Kubawara 2009). Im Rahmen eines Markt-Tausches mit den hiermit verbundenen Unsicherheiten und asymmetrisch verteilten Informationen reduziert Reputation die Komplexität und wirkt vertrauensbildend: Akteure verlassen sich darauf, dass andere Akteure sich entsprechend ihrer Reputation verhalten werden. Mit zunehmend positiverer Reputation können folglich ökonomische Gewinne verbunden sein: Es ist weniger riskant, mit einem Unternehmen oder einer Organisation bzw. einer einzelnen Person Tausch-Handlungen auf Märkten vorzunehmen, wenn diese eine positive Reputation aufweisen (Schwalbach 2004).

Der mögliche Verlust von Reputation und damit verbundene ökonomische Nachteile wirkt gleichzeitig als potenzielle Sanktion, um Handlungen im Sinne der aufgebauten Reputation zu erzwingen: Nur solange Unternehmen sich entsprechend ihrer aufgebauten Reputation verhalten, können Sie entsprechende ökonomische Vorteile realisieren. Sobald sie Handlungen zeigen, die nicht mehr ihrer Reputation entsprechen, verfällt diese mit der Folge, dass Kunden sich abwenden und bei anderen Anbietern kaufen (vgl. Kuwabara 2009).

Es existiert eine Reihe von Beispielen, an denen dieser Zusammenhang deutlich gemacht werden kann: Zu den bekanntesten gehören Reputationsverluste der Deutschen Shell AG im Zusammenhang mit der Brent-Spar-Diskussion und die Verwicklung der Deutschen Bank AG in den Zusammenbruch des Baukonzerns Schneider (vgl. Schwalbach 2004). Reputationsverluste einer Nonprofit-Organisation waren bei UNICEF Deutschland im Zusammenhang mit der Diskussion um die Verwendung von Spendengeldern 2008 zu beobachten. Im Zuge der öffentlichen Diskussion, die mit dem Entzug des Spendensiegels durch das Deutsche Zentralinstitut für soziale Fragen (DZI) und den Rücktritt der Vorsitzenden und des Geschäftsführers endete, verlor UNICEF Deutschland bis zu 38.000 Fördermitglieder (o. V. 2008).

Im Kontext von Fundraising und Spenden ist von Interesse, wie insbesondere Unternehmen, aber auch andere Akteure, Reputation über Gabe-Handlungen aufbauen und somit sowohl Reputations- als auch ökonomische Gewinne zu realisieren versuchen. Eines der bekanntesten Beispiele in die Regenwald-Initiative von der Brauerei Krombacher in Zusammenarbeit mit dem WWF. In mehreren Runden in den vergangenen zehn Jahren stellte Krombacher dem WWF sechs- und siebenstellige Beträge zur Verfügung, um damit den Regenwald im Kongo langfristig zu schützen. Die Aktion wurde breit im TV beworben. Im Rahmen der Aktion konnte Krombacher den Absatz seines

Bieres – auch gegen den Trend des gesamten Bierabsatzes – steigern und zum Marktführer aufsteigen. Am ökologischen Wert der Kampagne gibt es hingegen massive Zweifel.[164]

Das Beispiel der Regenwald-Kampagne von Krombacher zeigt auf der einen Seite die Wirksamkeit des Cause-related Marketing:[165] Unternehmen, denen es gelingt, sich oder ihr Produkt mit einem sozialen Anliegen öffentlichkeitswirksam zu verknüpfen, können an Reputation gewinnen und ihren Absatz und damit auch ihren Gewinn steigern. Dies bedarf jedoch der systematischen öffentlichen Inszenierung: Ohne die breite Werbekampagne, zu welcher auch Günter Jauch als bekannter Testimonial-Geber mit hoher Reputation gehörte, mit der die Kooperation zwischen Unternehmen und Umweltschutzorganisation kommuniziert wurde, hätten die Ziele nicht erreicht werden können.

Zwei weitere Aspekte spielen beim Aufbau von Reputation durch Spenden eine Rolle: So werden zum einen Projekte bzw. Nonprofit-Organisationen integriert, die auf Basis ihrer Mission keine Widerstände provozieren: Es gibt keinen sinnvollen Grund, warum irgendjemand gegen den Schutz des Regenwalds sein könnte; schließlich ist er für das Überleben der Menschheit und den Schutz des Klimas wichtig. Aus diesem Grund werden auch Projekte zugunsten von Kindern häufig gewählt: Kinder als Opfer oder Bedürftige rufen Schutzreflexe hervor, gegen die ebenfalls kaum Gründe angeführt werden können: Wer möchte schon Kindern Schutz oder Unterstützung versagen?

Darüber hinaus spielen das Ansehen und die Reputation der Nonprofit-Organisation eine wichtige Rolle. Durch die Verbindung von zwei Marken mit entsprechendem Vertrauen und entsprechender Reputation sollen diese sich gegenseitig stärken und so zum gegenseitigen Markenaufbau beitragen.[166]

---

164 Zur Zusammenfassung und Kritik an den Regenwald-Kampagnen von Krombacher vgl. Trebing 2007.

165 Zu Bedeutung und Möglichkeiten von Cause-related Marketing vgl. Kienzle/Renhack 2009.

166 Zur Wirkung von Co-Branding vgl. Huber et al. (2009).

Aufbau von Reputation durch öffentliche Gaben ist dabei nicht unproblematisch. Zum einen reagieren Journalisten immer seltener auf die Zumutung, im redaktionellen Teil des Mediums durch ihre Berichterstattung die Reputation von Unternehmen aufzubauen. Die Unternehmen müssen deshalb immer häufiger andere Formen von Werbung einsetzen, um öffentliche Aufmerksamkeit für ihre „guten Taten“ zu wecken.[167]

Obwohl Unternehmen durch Cause-related Marketing Reputation aufbauen und Gewinne realisieren können, ist diese Form des Marketing nicht unproblematisch. Wie das oben beschriebene das Beispiel der Regenwald-Kampagne von Krombacher gezeigt hat, kann es – zumindest bei einigen Zielgruppen – zu Reputationsverlusten kommen bzw. kann die Reputation der Organisation unter Druck geraten. Unter dem Vorwurf des „Greenwashings“ wird kritisch hinterfragt, ob Unternehmen versuchen, über Cause-related Marketing Reputation aufzubauen, ohne grundlegend ihre Produkte oder Prozesse zu modifizieren (vgl. Klawitter 2006; 2010). Cause-related Marketing kann so zu einem symbolischen Akt werden, mit dem tatsächlich kaum Einfluss auf Umwelt oder Gesellschaft verbunden ist: Hinter der aufgebauten Reputation stehen keine konsistenten Handlungen, die dem aufzubauenden Image des Unternehmens entsprechen.

Für die beteiligten Nonprofit-Organisationen ist die Beteiligung an den Werbekampagnen ebenfalls nicht ohne Risiko: Der Vorwurf des Greenwashings und der Beteiligung am ungerechtfertigten Aufbau von Reputation von Unternehmen kann für sie zu Reputationsverlusten führen. Trebing (2007) zieht aus seiner Analyse den Schluss, dass er den WWF nicht weiter unterstützen wird. Auch Journalisten setzen sich kritisch mit der Beteiligung des WWF an Kampagnen des Cause-related Marketing auseinander (Huismann 2011; 2012).[168]

---

167 Der überdimensionale Scheck zur ostentativen Übergabe der Spende an eine Nonprofit-Organisation spielt heute kaum noch eine Rolle, da Medien immer weniger bereit sind, das entsprechende Bild zu drucken. Ein Blick in die Ausgaben überregionaler Zeitungen zeigt dies deutlich.

168 Inwieweit sich diese Kritik und befürchtete Reputationsverluste beim WWF auch in geringeren Spendeneinnahmen niederschlagen, ist zurzeit nicht bekannt.

Spenden und Gaben im Kontext eines Cause-related Marketing weisen damit eine große Ambiguität auf: Auf der einen Seite können sie helfen, Reputation zu generieren und damit auch zu ökonomischen Gewinnen bei den beteiligten Akteuren führen. Gewinne treten dabei nicht nur bei den Unternehmen, sondern auch bei den Nonprofit-Organisationen in Form der eingehenden Spenden auf. Folglich kann für beide diese Form der öffentlichen Kooperation ein „gutes Geschäft" sein.

Gleichzeitig ist Reputationsaufbau im Cause-related Marketing auch hochgradig riskant: Der Eindruck, hierbei ginge es primär oder ausschließlich um symbolische Handlungen zur Generierung von Reputation und ökonomischen Vorteilen, führt unmittelbar zum Verlust der Reputation beider Akteure. Unter dem Stichwort des „Greenwashings" wird dieser Sachverhalt problematisiert und sowohl den Unternehmen als auch den Organisationen zum Vorwurf gemacht.

Dieser zweischneidige Zusammenhang zwischen der öffentlichen Gabe von Spenden und Reputation betrifft auch Individuen, insbesondere bei Großspenden. Auch ihnen kann unterstellt werden, dass sie nur deshalb spenden, um Reputation aufzubauen bzw. Anerkennung zu erhalten. Da diese Unterstellung kaum zu widerlegen ist, ist der Verzicht auf Öffentlichkeit beim Spenden eine gute Möglichkeit, sich diesen Unterstellungen nicht auszusetzen: Wer unter Ausschluss der Öffentlichkeit spendet, zeigt hiermit deutlich, dass es ihm nicht auf Reputationsgewinne ankommt.[169]

4.6.2 Vorteilsnahme und Korruption

Schattenseiten sozialer Netzwerke zeigen auch dann, wenn sie genutzt werden, um für Gaben Erwiderungen zu erhalten, die sonst nicht gegeben würden oder die jenseits der Legalität liegen. Durch den Aspekt der Verschuldung können Situationen bzw. Dynamiken

169 Da mit Spenden weiterhin, wie oben beschrieben, Inklusionsprozesse verbunden sein können, ist es ausreichend, wenn von der Spendentätigkeit ausschließlich die Peers erfahren.

geschaffen werden, die genutzt werden können, um einseitige Vorteile zu generieren. Cialdini (2007: 62 f.) hat diesen Prozess anhand experimenteller sozialpsychologischer Studien untersucht: Wird ein Vorteil gewährt oder eine Gabe gegeben und anschließend eine Bitte ausgesprochen, fällt es dem Gebetenen ausgesprochen schwer, diese Bitte abzuschlagen, auch wenn sie in keinem quantitativen Verhältnis zur ursprünglichen Gabe steht: Das Empfinden der Verschuldung sowie die Wirksamkeit der sozialen Normen sind hierfür verantwortlich. Zusätzlich wirken die emotionalen Faktoren der Dankbarkeit und Verbundenheit. Die Empfänger sehen sich in einem Zugzwang, der zu einem Handeln auch gegen ihre eigenen Interessen führen kann.

Problematisch wird dies, wenn in diese Netzwerke politische Entscheidungsträger, Parlamentarier oder Beamte involviert werden. Wie Skandale der Parteienfinanzierung – angefangen bei der Flick-Affäre[170] – oder der Rücktritt von Christian Wulff als Bundespräsident zeigen, kann hierbei der Verdacht, Gaben würden eingesetzt, um außerhalb der gesetzlich definierten Verfahren auf politische Entscheidungen Einfluss zu nehmen, kaum ausgeräumt werden.

Die Ambivalenz solcher Situationen lässt sich am Beispiel Christian Wulffs deutlich zeigen: Unbestritten ist, dass Christian Wulff als niedersächsischer Ministerpräsident Einladungen ökonomisch potenter Freunde angenommen hat. In seiner Lesart war dies unproblematisch: Gaben zur Konstitution von Freundschaften sind üblich und notwendig. Ohne Gabe-Handlungen – in diesem Fall das Geben von Einladungen – und deren Annahme gibt es keine Beziehungen und keine freundschaftlichen Netzwerke. Und unter Freunden wird für die Einladung zur Übernachtung oder zum Urlaub nicht bezahlt, sondern man revanchiert sich durch Erwiderungen und eigene Gaben. An dieser Erwiderung entzündet sich der ethische Konflikt, wie die beiden Anschlussfragen zeigen:

170 Zusammenfassend zur Flick-Affäre vgl. Kilz/Preuss 1987.

- In welcher Form wurden die Gaben erwidert? Diese Frage ermöglicht die Unterstellung, dass die Erwiderung der Gaben aus ökonomischen Vorteilen für die Gebenden bestand oder bestehen könnte.

- Haben Freunde die Freundschaft nur deshalb aufgebaut und gegeben, um einen Zugang zum Ministerpräsidenten zu haben und seine politische Entscheidungsfindung zu beeinflussen? Diese Frage ermöglicht die Unterstellung, Freundschaften könnten instrumentalisiert werden, um sich – in diesem Fall politische bzw. ökonomische – Vorteile zu verschaffen.

Zum Eklat kam es letztlich, als Journalisten Anhaltspunkte für Vorteile der Freunde fanden bzw. konstruieren konnten, die für sie Hinweise auf Korruption bzw. Vorteilsnahme waren. Die Möglichkeit dieser Interpretation stand für Christian Wulff jenseits seiner Konstruktion seiner selbst und der sozialen Situation bzw. seiner Freundschaften. In dieser Ambivalenz der Interpretation der Situation und der Handlungen gefangen, wurde er schließlich zur tragischen Figur – nachdem die Staatsanwaltschaft in Hannover ein Ermittlungsverfahren gegen ihn eröffnen wollte und beim Deutschen Bundestag die Aufhebung seiner Immunität beantragte, musste er zurücktreten.[171]

Das Beispiel Christian Wulffs zeigt exemplarisch nicht nur die Ambiguität, sondern auch die Interpretierbarkeit der sozialen Situation und ihre Uneindeutigkeit. Mit Handlungen, die auf der einen Seite als Gaben im Rahmen freundschaftlicher „strong ties" interpretiert werden, kann aus einem anderen Blickwinkel schon die Grenze zur Strafbarkeit überschritten werden, bzw. kann durch sie Reputation und Ansehen der Person so stark beschädigt werden, dass ein Verbleib im Amt kaum vorstellbar erscheint.

171 Zur Chronologie der Ereignisse und der Vorwürfe vgl. bspw. o. V. (2012). Zur eigenen Sichtweise von Wulff vgl. dessen Interview mit Bettina Schausten und Ulrich Deppendorf am 04.01.2012. Insbesondere findet sich darin der Verweis auf Freundschaft und die rhetorische Frage an Bettina Schausten, ob diese für Übernachtungen bei Freunden bezahle, was diese bejahte (Wulff 2012).

Diese Ambiguität besteht auch in anderen Zusammenhängen. So geraten nicht nur die Spender für politische Parteien schnell in den Verdacht, sie würden nur spenden, um einen exklusiven Zugang zu Entscheidungsträgern zu erhalten.[172] Auch Zugang zur Spitze der Verwaltung und auch zu anderen Entscheidungsträgern spielt in diesem Zusammenhang eine Rolle. Denn zunehmend treten auch Verwaltungen – vor allen Dingen in den Bereichen Kultur und Umwelt – im Fundraising bzw. Sponsoring auf und bitten um finanzielle Unterstützung. Auch in diesen Fällen kann häufig nicht ausgeschlossen werden, dass über Gaben Beziehungen konstituiert und verstärkt werden, die Situationen entstehen lassen, die subtile Einflussnahme ermöglichen, bzw. dass Spenden gegeben werden, um über die Beziehungen gezielt Einfluss ausüben zu können.[173]

Gerade Verwaltungen stehen dabei vor einer kaum lösbaren konfliktären Situation: Auf der einen Seite sind sie scheinbar zunehmend auf private Gelder zur Bewältigung ihrer vielfältigen Aufgaben angewiesen. Auf der anderen Seite besteht immer die Gefahr, dass Beziehungen konstituiert werden, um über die Norm der Reziprozität Zugänge zu finden und Einflussnahme zu ermöglichen, die politisch nicht gewollt sein können. Da subtile Formen der Einflussnahme nie ausgeschlossen werden können, sind Begrenzungen der Gabepraxis notwendig (Schröder 2004). Neben rechtlichen Regelungen – wie bspw. der Pflicht zur Veröffentlichung von Parteispenden – werden ethische Standards formuliert und darin Regelungen zur Bekämpfung von Korruption und Vorteilsnahme eingeführt.

Dies betrifft aber nicht nur das Verhältnis zwischen Unternehmen und vermögenden Personen auf der einen und dem Staat auf der an-

172 Vgl. hierzu die Vorwürfe gegen die CDU in NRW im Winter 2010, gegen Spenden Zugang zum damaligen Ministerpräsidenten Rüttgers angeboten zu haben (o. V. 2010).

173 Spenden sind nicht die einzige Möglichkeit, mit deren Hilfe Unternehmen subtilen Einfluss zu erlangen suchen. Eine weitere Möglichkeit ist bspw. das oben schon beschriebene Greenwashing: Oftmals irrelevantes ökologisches Engagement wird in der Öffentlichkeit überbetont, um gleichzeitig von ökologisch bedenklichem Verhalten abzulenken und sich in der Öffentlichkeit in ein positives Licht zu rücken (Jackisch 2009).

deren Seite, sondern auch das Verhältnis von Unternehmen untereinander. Auch hier werden mit Gaben – häufig in Form von Geschenken und Einladungen – Beziehungen konstituiert. Diese haben auf der einen Seite die Funktion, Vertrauen aufzubauen, um so die Basis für Markt-Transaktionen zu schaffen.[174] Auf der anderen Seite können diese Beziehungen auch instrumentell angelegt werden, um sich als Geber Vorteile zu verschaffen und den anderen zu verpflichten, um bspw. höhere Preise oder andere Vorteile durchsetzen zu können (Verhezen 2009: 191 ff.).

Unternehmen reagieren auf diese ambivalente Situation im Rahmen ihrer Compliance-Projekte, indem Mitarbeitern die Annahme von Gaben untersagt wird. Ebenso wird es zunehmend untersagt, Geschäftspartner einzuladen oder ihnen andere Vergünstigungen zugänglich zu machen. Dies wiederum stellt bspw. das Geschäftsmodell von Fußballvereinen der Profi-Ligen infrage. Diese machen einen großen Teil ihres Umsatzes mit Logen, die Unternehmen mieten, um nicht nur den jeweiligen Fußballverein zu unterstützen, sondern auch, um Mitarbeiter oder Kunden bzw. Lieferanten einzuladen (Meyer-Odewald 2012). Diese Einladungen lassen sich als Gabe-Handlungen verstehen, die die Beziehungen zwischen den Unternehmen stärken und können damit – wie oben beschrieben – auch zu unerwünschten bzw. als problematisch eingestuften Handlungen führen.

Vergleichbare Phänomene lassen sich auch dann beobachten, wenn statt Gabe-Handlungen zwischen den Unternehmen eines das andere auffordert, gemeinsam zu spenden bzw. sich an einem gemeinsamen Spendenprojekt zu beteiligen. Denn wie will sich ein Lieferant gegen die Aufforderung zur Wehr setzen, sich an einem gemeinsamen Spenden-Projekt zu beteiligen, wenn sie von einem Kunden

174 Es sei an dieser Stelle noch einmal daran erinnert, dass Markt-Transaktionen Vertrauen in vielfacher Form voraussetzen, dieses Vertrauen jedoch selbst nicht generieren können. Märkte bleiben somit darauf angewiesen, dass außerhalb der Märkte Vertrauen aufgebaut wird, welches dann auch bei Transaktion auf dem Markt zur Verfügung steht und genutzt werden kann.

kommt, welchem im großen Umfang Produkte oder Leistungen geliefert werden?

Wie Verhezen (2009: 207 ff.) jedoch aufzeigt, ist die Interpretation einer Gabe-Handlung stark von der jeweiligen Kultur abhängig: Was in einer Kultur als unerwünschte Einflussnahme gilt und deshalb zurückgewiesen bzw. sanktioniert wird, wird in anderen Kulturen als notwendige Voraussetzung zum Aufbau von Beziehungen und Vertrauen betrachtet, um auf dieser Basis Markt-Transaktionen durchführen zu können. Die Frage, was als Vorteilsnahme und -gewährung gilt, ist also stark abhängig von Standards der jeweiligen Kulturen – und kann deshalb auch immer wieder zu Missverständnissen zwischen Akteuren mit unterschiedlichem kulturellen Hintergrund führen.

4.7 Investment

In den letzten Jahren wurde unter dem Schlagwort „Investment" eine weitere Form der Beziehung zwischen Förderern und Nonprofit-Organisationen etabliert. Investoren geben Kapital, um hiermit Strukturen zu schaffen, die durch die Verzinsung des Einsatzes langfristig Rendite erbringen. Investment kann im Kontext der Zivilgesellschaft in zweierlei Weise erfolgen:

1. Als Mehrwert für die Gesellschaft oder einzelne Mitglieder durch die Leistungen der jeweiligen Nonprofit-Organisationen

2. Als tatsächlicher monetärer Rückfluss an die Investoren zur Verzinsung des von ihnen zur Verfügung gestellten Kapitals, wobei die Verzinsung auch deutlich unterhalb des marktüblichen Zinssatzes liegen kann

Im ersten Fall handelt es sich nicht um Investments im klassischen Sinn. Vielmehr werden hier Logiken des Investments genutzt, um

Ressourcen für Projekte und Programme bzw. den Aufbau struktureller Kapazitäten der Organisationen einwerben zu können. Im zweiten Fall besteht die Logik tatsächlich im Erzielen eines finanziellen Rückflusses, der auch ausgeschüttet wird. Unterschiede zum Investment in Unternehmen sind dann nur noch graduell.[175]

Sprinkle Grace (2005) schlägt vor, das auf Solidaritätsappellen basierende Fundraising durch Einladungen zu Investments in Projekte und Programme von Nonprofit-Organisationen zu überwinden. Sie versteht die Bitte um Unterstützung als Einladung zum Investment (Sprinkle Grace 2005: 77 ff.) – zu einem Investment, welches auf gemeinsamen Werten basiert.

Aus der Logik des Investments ergibt sich eine neue Qualität der Beziehung: Für Sprinkle Grace (2005: 77) ist sie gekennzeichnet durch die erhöhte Intensität der Beziehung zwischen Investoren und Nonprofit-Organisationen. Sie sei stärker und dynamischer als die Beziehung zu Spendern im klassischen Fundraising, die sie als passiv charakterisiert.

Im Kern fokussiert die Beziehung zu Investoren auf das zu erreichende Ziel. Investoren geben Kapital und andere Ressourcen, damit Organisationen ein definiertes Ziel erreichen können. Damit sind beide durch die gemeinsame Zielsetzung verbunden und haben dadurch zumindest in diesem Punkt identische Interessen. Da in Nonprofit-Organisationen die Ziele immer an die Mission und damit auch an Werte gekoppelt sind, ist es nur konsequent, wenn Sprinkel Grace die Bedeutung beider für diese Logik des Fundraisings besonders hervorhebt und ihre Arbeit mit einem Werte-Konzept beginnt (Sprinkle Grace 2005: 2 ff.).

Während ihr Ansatz somit direkt an die Ausführungen zur Mission als Logik im Fundraising anschlussfähig ist, ergibt sich aus dem Fo-

175 Da Ausschüttungen der Verzinsung von Eigenkapital definitorisch und bei Gemeinnützigkeit auch rechtlich ausgeschlossen sind, werden die Investments als Kredite gegeben, für die diese Beschränkungen nicht gelten.

kus auf die Zielerreichung eine zusätzliche Besonderheit, die diese Form des Fundraisings auszeichnet: Die gemeinsame Zielsetzung muss definiert werden, um sich sowohl über die Ziele als auch über deren Erreichung einigen zu können. Denn erst wenn diese erreicht wurden, ergeben sich die in Aussicht gestellten Renditen und das Investment hat sein Ziel erreicht.[176]

Bronfman und Solomon (2010) führen die Ideen von Sprinle Grace einen Schritt weiter. Sie setzen nicht bei der Nonprofit-Organisation, sondern beim Investor an und fordern diesen auf, seine Mission zu klären, um hierauf aufbauend Investitionsentscheidungen treffen zu können. Der Förderer wird damit von einem Spender, der aufgrund seiner Gebe-Logik Spenden gibt, zu jemandem, der nach eigenen Werten und Normen Investitionsentscheidungen trifft und damit seine Vorstellungen in die Welt setzt bzw. von Nonprofit-Organisationen, in die investiert wurde, umsetzen lässt.[177]

Im Kontext von „Impact" bzw. „Social Investment" werden nicht nur Spenden als Investitionen betrachtet, sondern tatsächlich Investitionen getätigt. Nach Hope Consulting (2010: 61) zeichnen folgende Merkmale das „Impact Investment" aus:

- Es wird ein sozialer oder ökologischer Nutzen geschaffen, der der Gesellschaft insgesamt zugutekommt
- Ein Rückfluss des Kapitals an den Investor ist beabsichtigt
- Eine Verzinsung des Kapitals wird in unterschiedlicher Höhe erwirtschaftet

176 Hierfür wurde in den letzten Jahren in den USA das Konzept des „social return on investment" (SROI) entwickelt (Emerson 2000). Je nach Projekt bzw. Programm werden drei verschiedene Werte durch die Investitionen erzeugt: soziale, ökonomische und sozio-ökomische Werte (Emerson, 2000, 10 f.). Vgl. auch das Handbuch für SROI (o. V. u. J.; (c)).

177 Die sich hieraus ergebene Legitimationsproblematik kann an dieser Stelle nicht weiter vertieft werden. Siehe hierzu bspw. Jacobi (2009).

- Es wird ein Prozess jenseits der Gemeinnützigkeit initiiert und umgesetzt

Auf Basis dieser Definition lassen sich vier unterschiedliche Konzepte des Impact Investment – bedingt durch unterschiedliche Einstellungen des Investors – unterscheiden (Hope Consulting 2010: 62 f.):

- „Investment with a social bonus"
  Hier stehen die ökonomischen Aspekte der Investitionsentscheidung im Vordergrund. Die Kapitalanlage soll in erster Linie eine Rendite erbringen. Die sozialen oder ökologischen Effekte sind ein Zusatznutzen. Insofern wird auf sichere und hohe Renditen Wert gelegt.

- „Helping people to help themselves"
  Unter dieses Grundkonzept fallen alle Formen von Mikrokrediten[178], die auch von und an Privatpersonen gegeben werden. Durch die Mikrokredite werden Menschen in die Lage versetzt, ein eigenes Geschäft aufzubauen und eigenständig an einem Markt Einkommen zu erzielen. Dies bildet die Grundlage der Verzinsung und der Rückzahlung. Bei Investitionen in Mikrokredite spielen die Renditen nicht unbedingt eine große Rolle, sondern es geht um die Möglichkeit, dass Menschen eigene Einkommen generieren können.

- „Business-solution to a social problem"
  Diese Konzepte werden heute häufig unter dem Schlagwort des "Social Entrepreneurship" diskutiert.[179] Dabei sollen soziale und ökologische Probleme durch wirtschaftliche Aktivitäten gelöst werden.[180] Auch in diesem Fall steht die Lösung der Probleme im Vordergrund, nicht unbedingt die Höhe der Verzinsung.

178 Yunus, der mit der Grameen-Bank als Erfinder der Mikrokredite gilt, beschreibt deren Funktionsweise ausführlich in Yunus (2010). Zum Modell des „Crowdfunding", bei welchem sich mehrere Menschen zusammenschließen, um das notwendige Kapital aufzubringen vgl. Kreßner (2010).

179 Vgl. hierzu bspw. Bishop/Green (2010); kritisch dazu Edwards (2010).

180 Beispiele finden sich bei Bornstein (2004)

- „Sustainable charity“
  Hierbei wird in eine Nonprofit-Organisation investiert, um sie in die Lage zu versetzen, die notwendigen Strukturen aufzubauen, um langfristig stabil und nachhaltig wirken zu können.[181]

In dieser Zusammenstellung wird nicht nur deutlich, dass der Begriff des Impact Investment nicht eindeutig definiert ist und somit verschiedene Deutungen und Verwendungsweisen zulässt, sondern auch, dass die hierunter gefassten Praktiken mehr oder weniger als Gabe-Handlungen rekonstruiert werden können. Während Sprinkle Grace Gabe-Handlungen als Investitionen in die Gesellschaft verstanden wissen will, werden unter dem Begriff des Impact Investment unternehmerische Prozesse verstanden, die in unterschiedlicher Form Renditen erzielen sollen, die wiederum unterschiedlichen Akteuren zugutekommen. Gemeinsam ist allen diesen Prozessen, dass die Steuerung über den Output bzw. den Impact erfolgt.[182]

Ein Bezug zu den sozialen Prozessen, die als Gebe-Logiken Spenden-Handlungen zugrunde liegen, wird aufgelöst: Wenn Impact im Zentrum der Entscheidungsfindung steht, erscheint eine Gabe mit dem Ziel der Inklusion in soziale Netzwerke schnell als ineffektiv. Damit vollzieht sich ein erster Wandel von Gabe-Handlungen zu Markt-Transaktionen. Nicht mehr die Konstitution sozialer Beziehungen ist der Bezugspunkt des Spenden-Handelns, sondern der zu erreichende Impact, der in der Gesellschaft durch die Spende ausgelöst werden soll. Beziehungen zu Nonprofit-Organisationen existieren nur so lange, wie sie die versprochene Rendite „liefern“.

181 Hudson (2005) hat in seiner Untersuchung festgestellt, dass fehlende Ressourcen zum Aufbau organisatorischer Kapazitäten zu den größten Herausforderungen der Manager von Nonprofit-Organisationen in den USA gehörten.

182 Auf die verschiedenen Formen und Möglichkeiten, die Ergebnisse des Handelns von Nonprofit-Organisationen zu bestimmen – sowie sie inhaltlich zu legitimieren –, wird noch zurückgekommen.

4.8 Gebe-Logiken als soziale Basis des Spendens

Die Logiken, auf deren Basis die Akteure ihre Spenden geben, können – wie gezeigt wurde – in der Praxis sehr unterschiedlich sein. Und es werden damit auch unterschiedliche Aspekte des Gebens betont: Während sich solidarisches Handeln auf religiöse Traditionen und prosoziale Hilfe für Dritte bezieht, verweisen andere Logiken stärker auf die Konstitution von sozialen Netzwerken und stellen damit auf Formen von Sozialkapital ab: Ob Nonprofit-Organisationen bzw. soziale Bewegungen konstituiert werden, bestehende soziale Netzwerke durch Spenden verstärkt oder soziale Differenzierungen betont werden – Bezugspunkte sind immer Netzwerke der Akteure sowie Prozesse der In- und Exklusion.

Spenden eigenen sich auch, um mittels Erwiderungen Beziehungen zu beenden bzw. über Reputationsgewinne Ansehen zu erwerben – auch wenn dies im Einzelfall durchaus schwierig sein kann, da Reputationsgewinne im Grunde nur erzielt werden können, wenn diese nicht offensichtliches Ziel des Handelns sind. Schließlich führen Transformationen in Form von Investments zur Logik marktlicher Aktivitäten und markieren damit den Übergang von Gabe-Handeln zu Markt-Transaktionen.

Damit ist Spenden als Form des Gabe-Handelns selbst eine komplexe soziale Handlung, durch die verschiedene soziale Funktionen erfüllt werden können und die für verschiedene Zwecke eingesetzt und genutzt werden kann. Dies hat für die Praxis eine doppelte Auswirkung:

- Spenden muss als komplexe Form des Gabe-Handelns verstanden und entsprechend im Fundraising konzipiert werden. Eine Logik des „one-fits-all", mit deren Hilfe undifferenziert um Spenden geworben wird, wird folglich nur eine begrenzte Wirkung zeigen.

- Die verschiedenen Gebe-Logiken ermöglichen aber auch ein differenzierteres Fundraising, da dieses strategisch an spezifische Logiken angepasst werden kann. Fundraising-Strategien verweisen somit weniger auf Zielgruppen, als in erster Linie auf die Gebe-Logiken, die als soziale Basis den Handlungen zugrunde liegen.

Dabei lässt sich in der Praxis feststellen – und hierauf geben die Ausführungen zur Eliten-Philanthropie durchaus erste Hinweise – dass die Gebe-Logiken sich nicht gegenseitig ausschließen. Vielmehr scheint es so zu sein, dass sie sich gegenseitig ergänzen und verstärken können: Solidarisches Handeln kann auch der Wert sein, welcher als Mission der Gründung einer Nonprofit-Organisation zugrunde liegt und von Eliten genutzt werden kann, um sich zu konstituieren und abzugrenzen.

Die oben schon beschriebene Bürgerstiftung interpretiert Vogt (2009) hinsichtlich ihrer in- und exkludierenden Wirkung. Aber sie konstituiert sich auch um solidarisches Handeln, aus welchem sie ihre Legitimation bezieht. Ohne den Bezug auf Solidarität und damit den Fokus auf „Benachteiligte" – wie immer diese auch konstruiert werden – ist es für die Akteure schwer, Sinn zu generieren. Die in- und exkludierenden Wirkungen ergeben sich hingegen durch die Form des Gründungsprozesses selbst – auch hierauf weist Vogt hin, indem sie die Gründung der Bürgerstiftung mit einer Gründung in einem kirchlichen Umfeld vergleicht.

Damit ergeben sich für Nonprofit-Organisationen hinreichend komplexe strategische Optionen: Nicht nur, dass zwischen einzelnen Gebe-Logiken und ihren inhärenten Möglichkeiten und Grenzen zu unterscheiden ist; es besteht darüber hinaus die Möglichkeit, diese miteinander zu kombinieren. Erst damit ergibt sich ein spezifisches Muster, welches für einzelne Nonprofit-Organisationen konstitutiv sein kann und mit welchem sie sich ausdifferenzieren.[183]

Aussagen über den ökonomischen Erfolg einzelner Strategien sind zum derzeitigen Zeitpunkt allerdings nicht möglich. Es gibt zwar Hinweise darauf, dass die meisten Spenden in Deutschland aus So-

183 Hinzu kommt die Erwartung, in welchem Umfang die grundlegenden Werte und Normen auch von Unterstützern mitgetragen werden müssen (vgl. Saunders 2008).

lidarität gegeben werden: Spenden nach Katastrophen sind immer wieder eindeutig in entsprechenden Statistiken zu identifizieren. Hieraus lässt sich aber nicht der Schluss ziehen, dass nur solidarische Handlungen zu hohen Spendenflüssen führen. Denn wenn Nonprofit-Organisationen in ihrem Fundraising vor allen Dingen diese Gebe-Logik zugrunde legen und andere Gebe-Logiken nur eine untergeordnete Rolle spielen, können die entsprechenden Statistiken Mess-Artefakte darstellen: Es würde nicht das Potenzial aufgezeigt, sondern es würden die Reaktionen auf spezifisches Handeln von Nonprofit-Organisationen im Fundraising abgebildet.

Die Erhebungen von Hope-Consulting (2010), die im Zusammenhang mit unterschiedlichen Möglichkeiten der Bildung von Spender-Typologien erörtert wurden, können hier erste Hinweise liefern. Besonders groß ist die Bedeutung von Spenden aufgrund von Bitten aus dem persönlichen Netzwerk. In dieser Spendergruppe wurden die größten Spenden gegeben. Dies kann auf die Bedeutung persönlicher Beziehungen im Zusammenhang mit der Eliten-Philanthropie gesehen werden: Die Spender reagieren mit ihrer Spende auf soziale Anforderungen – die der Bittenden, denen gegenüber sie sich großzügig und damit ökonomisch potent zeigen, und die der sozialen Gruppe, in welcher die Gabe großer Summen aufgrund der In- und Exklusionsprozesse notwendig sein kann.

Aufgrund unterschiedlicher sozialer Praktiken bei der Konstitution sozialer Netzwerke in Deutschland und den USA können diese Erkenntnisse jedoch nicht unbeschränkt übertragen werden. Obwohl auch in Deutschland Eliten-Philanthropie mit entsprechenden in- und exkludierenden Prozessen beobachtbar ist, muss dies nicht notwendigerweise auch mit einer direkten Bitte an Freunde oder Bekannte verbunden sein. Hier fehlen noch differenziertere empirische Studien, die aufzeigen, wie bei großen Summen Bitten um Unterstützung ausgesprochen werden und in welcher Form hierfür soziale Netzwerke genutzt werden.

Dies erfordert eine differenziertere Betrachtung bei der empirischen Erforschung von Spenden-Handlungen. Es ist nicht ausreichend, Zwecke zu erfassen und diese in Bezug zu Spendensummen zu setzen. Vielmehr sollten die Gebe-Logiken die Kategorien sein, mit denen Spendensummen und -häufigkeiten in Bezug gesetzt werden. Dies würde die Möglichkeit schaffen abzuschätzen, unter welchen Bedingungen Menschen bereit sind, sich finanziell mit welchen Summen zu engagieren. Erst hieraus ließen sich dann generelle Aussagen über mögliche Strategien machen und Erfolgswahrscheinlichkeiten abschätzen.

Gebe-Logiken in ihren Variationen erweisen sich somit nicht nur als funktionale Basis des Fundraisings. Sie stellen auch ein Potenzial unterschiedlicher Strategien dar, die in unterschiedlicher Weise von den Organisationen genutzt werden können. Damit bieten sie die Möglichkeit der strategischen Ausdifferenzierung und ermöglichen so eine differenziertere Ansprache möglicher Unterstützer, die gezielter – d. h. bei geringeren Streuverlusten und damit geringeren Kosten – angesprochen werden können. Da Gebe-Logiken wiederum mit spezifischen Formen von Beziehungen verbunden sind[184], ergeben sich auch unterschiedliche Anforderungen an deren Konstitution und Aufrechterhaltung sowie an die Inszenierungen der Nonprofit-Organisation in ihrem Fundraising.

Damit konnte, wie in der Einleitung angekündigt, gezeigt werden, dass Spenden nicht nur als Gabe-Handlungen zu verstehen sind, sondern dass über das Geben auch soziale Netzwerke konstituiert und genutzt werden. Erst auf dieser Basis ist die strukturelle und funktionale Aufgabe von Spenden zugänglich: Durch die Gaben werden jenseits der dem Handeln zugeschriebenen Bedeutung Netzwerke geschaffen, wird Sozialkapital generiert und – über Prozesse der In- und Exklusion – wird soziale Differenzierung ermöglicht und Reputation aufgebaut.

184 Hierauf wird im folgenden Abschnitt (Kap 5.5) noch dezidiert eingegangen.

5. Fundraising als Handlungsfeld von Nonprofit-Organisationen

Bisher wurden Spenden als Gabe-Handlungen rekonstruiert und in ihren gesellschaftlichen Kontext gestellt, wobei unterschiedliche Gebe-Logiken herausgearbeitet werden konnten. Diese verweisen auf die sozialen Prozesse der In- und Exklusion sowie auf die Generierung von Sozialkapital durch die Konstitution sozialer Netzwerke.

Will man verstehen, warum Menschen spenden, ist dies zwar ein wesentlicher Ansatzpunkt, kann aber die Handlung selbst nicht vollständig erklären: Damit es zu einer konkreten Spenden-Handlung kommt, bedarf es in der Regel der Aufforderung zur Spende bzw. der Spendenbitte (Adloff 2010: 106 ff.). Mit anderen Worten: Trotz der funktionalen und strukturellen Basis setzt die Handlung – das Geben der Spende – eine Bitte und damit eine Handlung der Nonprofit-Organisation voraus: Wer nicht um eine Spende bittet, wird auch keine erhalten.[185] Für Greenpeace nennt Watenphul (2006: 9) folgende Zahlen: Von etwa 30.000 jährlich neu gewonnenen Spendern kann 27.000 ein Werbe-Code zugewiesen werden. Im Umkehrschluss bedeutet dies, dass nur etwa 10 % aller Neuspender Greenpeace ohne eine entsprechende Spendenbitte gespendet haben.

Damit stehen jetzt Nonprofit-Organisationen als Akteure im Zentrum der Betrachtung. Es ist zu fragen, welche Handlungen sie unternehmen, um Spenden zu erhalten. Untersucht man diese Frage, wird deutlich werden, dass sie einerseits auf den im vorigen Kapitel beschriebenen Gebe-Logiken aufsetzen, diese jedoch in spezifischer Weise inszenieren und um Verstärker ergänzen. Durch die Inszenierung und die damit einhergehende Kommunikation unterbreiten sie Förderern jeweils spezifische Beziehungsangebote.

185 Die Bedeutung der Bitte („power of asking") zeigen Andreoni und Rao (2011: 516 f.) in einem Experiment. Sie zeigen, dass Menschen eher bereit sind zu teilen, wenn sie konkret darum gebeten werden.

Zentral ist jedoch – und darauf ist im ersten Schritt explizit hinzuweisen –, dass Nonprofit-Organisationen Fundraising praktizieren, um Spenden zu erhalten. Sie haben an Fundraising ein primär organisationales Interesse: Sie sichern mittels Fundraising die notwendigen Ressourcen, die sie in ihren Projekten und Programmen eingesetzt werden, um damit ihre Mission zu erfüllen.

„Fundraising" lässt sich somit als Komplementärbegriff zu „Philanthropie" verstehen: Verweist „Philanthropie" auf die Gebe-Logiken und die dem Spenden-Handeln zugrunde liegenden sozialen Prozesse, umfasst „Fundraising" aufseiten der Nonprofit-Organisationen alle Prozesse, die darauf zielen, Spenden und Gaben zu erhalten. Um in der Begrifflichkeit der Gabe-Theorie zu bleiben: Unter „Fundraising" werden mithin Strategien und Operationen zusammengefasst, die darauf zielen, „Nehmender" zu werden.[186] Erfolge im Fundraising stellen sich dann ein, wenn es gelingt, Strategien und Maßnahmen so auszuwählen und umzusetzen, dass sie mit den philanthropischen Mustern der Gebenden und deren Logiken korrespondieren.

5.1 Fundraising als organisationale Funktion

Als Missions-angetriebe Organisationen verfügen fast alle Nonprofit-Organisationen über Projekte und Programme, über welche sie in die Gesellschaft hinein wirken und Leistungen erstellen. Wie schon ausgeführt wurde, müssen dafür eigens Ressourcen beschafft werden. Häufig geschieht dies außerhalb von Märkten, da Nutzer der Leistungen diese nicht bezahlen können oder diese der Allgemeinheit zugutekommen, also öffentliche Güter sind. Zur Beschaffung von Ressourcen können Nonprofit-Organisationen Fundraising einsetzen. Aus Sicht des Managements ist Fundraising somit rein funktional.

186 Dies steht im Gegensatz bspw. zu Andrews (2011), die in ihrer Dissertation Fundraising als Praxis des Gebens und damit aufseiten der Spendenden verortet.

Damit unterliegt Fundraising den üblichen betriebswirtschaftlichen Kalkülen: Investitionen in Fundraising sind aus Sicht des Management nur sinnvoll, wenn Fundraising einen hinreichend hohen Return on Investment (ROI) verspricht. Sollen die Fundraising-Kosten 20–25 % der Einnahmen nicht übersteigen,[187] entspricht dies schon einem ROI von 5 bzw. 4: Die Erlöse müssen vier- bzw. fünfmal so hoch sein wie die eingesetzten Kosten. Lassen sich Erlöse in dieser Höhe nicht realisieren, steht die Frage im Raum, ob „Fundraising“ die richtige Form der Gewinnung der notwendigen Ressourcen ist. Alternativ bieten sich die oben beschriebenen anderen Formen von Einnahmen von Nonprofit-Organisationen an. Die unterschiedliche Verteilung von Einnahmen durch Fundraising zeigt somit die unterschiedliche Wichtigkeit von Fundraising für verschiedene „Branchen“ von Nonprofit-Organisationen: Nicht immer weisen Vorstände und Geschäftsführungen Fundraising die zentrale Rolle bei der Gewinnung der notwendigen Erlöse zu. Entsprechend unterschiedlich fallen die Ressourcenzuweisung und die Einnahmen aus.

Interessanterweise werden von Vorständen und Führungskräften die verschiedenen Formen der Erlöse nicht unabhängig voneinander gesehen. Empirisch lässt sich zeigen, dass die Erlöse aus den entsprechenden Finanzquellen in gegenseitiger Abhängigkeit stehen: Empirische Studien (Andreoni/Payne 2003; Andreoni/Payne 2011; Breman 2008) zeigen einen engen negativen Zusammenhang zwischen staatlichen Zuwendungen und Spendeneinnahmen: Andreoni und Payne (2011) stellen pro 10.000 US$ öffentlicher Zuwendung einen Rückgang der Spendeneinnahmen von 7.570 US$ fest. Dies ist ein Crowding-out von mehr als 75 %. Andreoni und Payne (2011) können zeigen, dass der Rückgang der Spenden einer Verminderung der Investitionen ins Fundraising geschuldet ist: Sie weisen nach, dass

187 Das Deutsche Zentralinstitut für soziale Fragen (DZI), welches das Spendensiegel vergibt, setzt eine Grenze von 35 % für den Fundraising- und Verwaltungsaufwand an den Gesamtkosten. Bis 10 % gelten die Kosten als niedrig, 10–20 % gelten als „angemessen“, 20–35 % als „vertretbar“ (DZI 2006: 3). Hinzuweisen ist darauf, dass die Fundraising- und Verwaltungskosten in Bezug zu den Gesamtkosten gesetzt werden, nicht zu den Einnahmen bzw. Erlösen.

pro 10.000 US$ öffentlicher Zuwendung die Fundraising-Ausgaben um durchschnittlich 1.410 US$ vermindert werden.[188]

Rechnet man den Effekt der zurückgehenden Fundraising-Ausgaben heraus, beweisen Andreoni und Payne (2011) sogar, dass öffentliche Zuwendungen mit einem leichten Plus an privaten Spenden verbunden sind. Dies deckt sich mit empirischen Ergebnissen von Heutel (2010), der ebenfalls ein Crowding-in von privaten Spenden im Zusammenhang mit öffentlichen Zuwendungen feststellt. Allerdings tritt dieser Effekt nur bei jungen Nonprofit-Organisationen auf. Mit zunehmendem Alter geht der positive Effekt immer stärker zurück, was Heutel (2010) mit der Signal-Theorie begründet, nach welcher die öffentliche Zuwendung von privaten Förderern als Signal für die Qualität der jeweiligen Nonprofit-Organisation interpretiert wird.

Allerdings reagieren Nonprofit-Organisationen in verschiedenen Feldern durchaus differenziert auf öffentliche Zuwendungen. Während Organisationen aus dem Bereich „Kunst und Kultur“ stärker auf öffentliche Zuwendungen reagieren und ihre Fundraisingausgaben stärker einschränken, ist Crowding-out bei Organisationen, die soziale Leistungen anbieten, in deutlich geringerem Umfang zu beobachten (Andreoni/Payne 2003).

Zu vergleichbaren Ergebnissen kommt Breman (2008), die für ihre Studie schwedische Nonprofit-Organisationen untersucht hat. Nach ihren Erkenntnissen ist das Crowding-out bei Organisationen der internationalen Hilfe mit 92,5 % am umfangreichsten, gefolgt vom Crowding-out in Organisationen aus dem Gesundheitswesen mit 22,3 %. Deutlich geringere Crowding-out-Effekte findet sie bei Organisationen, die soziale Leistungen erbringen (5,7 %) und bei Organisationen aus den Bereichen Umwelt und Menschenrechte (9,6 %). Bisher gibt es keine Erklärung für diese Unterschiede. Unterschiedliche Gebe-Logiken, wie sie in dieser Arbeit vorgestellt wurden, könn-

188 Der beobachtete Effekt entspricht zwar den Erwartungen der ökonomischen Theorie des Spendens, in welcher prognostiziert wird, dass Spender ihre Spenden durch Steuerzahlungen substituieren (s. Kap. 2.2). Dies entspricht jedoch nicht den hier zitierten empirischen Befunden.

ten eine Ursache sein, wenn man unterstellt, dass Organisationen in unterschiedlichen Feldern auch unterschiedliche Gebe-Logiken präferieren.

Nicht nur Förderer und Nonprofit-Organisationen reagieren auf öffentliche Zuwendungen, auch öffentliche Verwaltungen reagieren bei der Vergabe von Zuwendungen auf Erfolge im Fundraising. Heutel (2010) untersuchte auch diesen Effekt und weist auf eine negative Korrelation beider Einnahmearten hin (Heutel 2010: 15). Dies bedeutet, dass bei steigenden selbst erwirtschafteten Einnahmen öffentliche Zuwendungen zurückgehen. Gründe für diesen Befund sind in der Literatur bisher noch nicht bekannt.

Folgt man der oben vorgestellten Argumentation zum Gabe-Handeln, dann ist auch ein Zusammenhang zwischen selbst erwirtschafteten Einnahmen und Spenden zu erwarten: Nonprofit-Organisationen, die auf Märkten agieren und hier ihre Einnahmen erzielen, erscheinen in der Wahrnehmung wie Unternehmen, die Gewinne privatisieren. Hier gäbe es dann keinen Anlass für Spender, Ressourcen des Sozialkapitals zur Verfügung zu stellen. Diese These kann zwar plausibel begründet werden[189], eine empirische Überprüfung steht jedoch aus.

Diese Interdependenzen zeigen nicht nur ein hochgradig komplexes System der Finanzierung von Nonprofit-Organisationen, sie verweisen auch – worauf Andreoni und Payne (2011) hinweisen – auf strategische Entscheidungen in Nonprofit-Organisationen. Denn Vorstände und Führungskräfte entscheiden, Fundraising zurückzufahren, wenn sie öffentliche Zuwendungen erhalten. Dies wiederum macht auf zwei weitere Punkte aufmerksam (Andreoni/Payne 2011):

189 Eigene empirische Erfahrungen zeigen, dass Menschen, die für eine Leistung bezahlt haben, nicht bereit sind zu spenden, damit diese Leistung Dritten kostengünstiger angeboten werden kann. Für ein kostenloses Angebot wiederum können Förderer gefunden werden. Im Bereich „Gesundheit“ wiederum können nur solche Anschaffungen und Leistungen beworben werden, die als notwendig betrachtet werden, aber außerhalb der Krankenkassen-Finanzierung liegen.

- Der Stellenwert des Fundraisings ist augenscheinlich in vielen Nonprofit-Organisationen nicht sehr hoch. Es ließe sich der Schluss ziehen, dass Fundraising als „notwendiges Übel" betrachtet wird, dem Nonprofit-Organisationen entgehen können, wenn sie öffentlichen Zuwendungen erhalten.

- Nonprofit-Organisationen verstehen sich nicht als „Einnahmen-Maximierer". Es geht ihnen augenscheinlich nicht um möglichst hohe Einnahmen, sondern um die Finanzierung ihrer Projekte und Programme. Wurden entsprechende Ressourcen eingeworben, werden Bemühungen um weitere Mittel zurückgefahren bzw. eingestellt.

Dies wiederum korrespondiert mit der Erfahrung, dass in Nonprofit-Organisationen zwischen „eigentlichen" Aufgaben – rund um die Mission – und „uneigentlichen" Aufgaben – wozu auch das Fundraising gerechnet wird – unterschieden wird (Fischer/Conta Gromberg 2010: 46). Es besteht dann die Tendenz, Fundraising als eine als „uneigentlich" definierte Aufgabe zu delegieren und auf Dritte zu verlagern.[190] Die Hoffnung auf Erfolge erweist sich häufiger als trügerisch (Fischer/Conta Gromberg 2010: 46 ff.), da Erfolge im Fundraising – wie die folgenden Ausführungen noch zeigen werden – auf vielfache Weise mit der jeweiligen Organisation verbunden sind.

Aus Sicht der organisationalen Funktion von Fundraising ist es deshalb konsequent, es dem Beschaffungsmarketing zuzuordnen (Uselmann, 1997: 18 ff.; Gahrmann 2011: 18). Fundraising erscheint damit als Beschaffungsaufgabe, die Nonprofit-Organisationen unternehmen (müssen), um die Ressourcen einzuwerben, die sie für ihren Leistungsprozess benötigen.

---

190 In Verbindung hiermit stehen auch die immer wieder anzutreffenden Hoffnungen auf einen „weißen Ritter", der als reiche Privatperson oder als Unternehmen alle Ressourcen zur Verfügung stellt oder die eigene Stiftung als „immerwährender Quell" unterstützt, aus dem die Ressourcen erwachsen, ohne dass man sich um diese weiter kümmern muss. Hierzu gehört auch die Hoffnung, man könne das Fundraising auf einen Dritten auslagern und damit abgeben (Fischer/ Conta Gromberg 2010).

Wie Hohn (2001: 42 ff.) schon kritisch angemerkt hat, greift dieses Verständnis von Fundraising zu kurz: Es negiert die Verbindung von Fundraising mit den Projekten und Programmen auf der einen und mit den funktionalen und strukturellen Zusammenhängen auf der anderen Seite. Denn ohne einen Bezug zu den Projekten und Programmen gibt es keinen Anlass, um Spenden zu bitten, und mithin auch keine Beschaffung von Spenden. Und im Prozess des Fundraisings werden eigene Leistungen erzeugt, über die insbesondere Beziehungen geschaffen und Sozialkapital generiert werden und die damit über die reine Beschaffung von Ressourcen hinausgehen. Schließlich können über die Mission – wie gezeigt wurde – sowohl Projekte und Programme auf der einen und Fundraising auf der anderen Seite vermittelt werden; sie ergänzen sich gegenseitig, da Förderer die Ressourcen zur Verfügung stellen, um die Mission zu erfüllen. Damit wird Fundraising – und hierauf weist Andrews (2011) hin – zu einem zentralen Prozess für die Konstruktion von Zivilgesellschaft: Über Fundraising und die damit ausgelösten Gabe-Handlungen werden die gesellschaftlichen Netzwerke mit geschaffen, in welchen Sozialkapital im Sinne Putnams (2000) generiert wird.

Damit erscheint Fundraising in einer Doppel-Funktion und Ambivalenz: Auf der einen Seite ist es immer eine organisationale Funktion zur Beschaffung von Ressourcen in Form von Gaben, womit auf der anderen Seite gleichzeitig Zivilgesellschaft konstruiert wird. Aus diesem Grund spielen Beziehungen im Fundraising eine zentrale Rolle. Hierin unterscheiden sich – worauf Burnett (1982) schon vor langer Zeit hingewiesen hat – Profit- von Nonprofit-Organisationen.

Die inhärente Konstruktion von Zivilgesellschaft schließt nicht aus, dass Nonprofit-Organisationen Beziehungen instrumentell konstituieren und sie Marketingprinzipien unterwerfen. Denn wie Kotler und Zaltman (1972) in ihrem klassischen Aufsatz zeigen konnten, lassen sich Prinzipien des Marketing auch auf soziale Beziehungen anwenden und lassen sich diese in Analogie zu Marktprozessen instrumentell steuern und konstituieren.[191]

Welche Möglichkeiten Nonprofit-Organisationen hierfür zur Verfügung stehen, behandeln die folgenden Kapitel. Dabei werden zunächst Inszenierungen im Fundraising betrachtet. Später wird analysiert, wie Botschaften konstruiert werden, um Spenden zu erhalten und jeweils spezifische Beziehungen zu konstituieren.

5.2 Fundraising als Inszenierung

Voraussetzungen erfolgreichen Fundraisings sind die Kommunikation mit Interessenten, Förderern und Unterstützern sowie die Bitte um Spenden bzw. Gaben. Erfolgreiche Bitten wiederum setzen eine Kommunikation mit den Menschen voraus, die gebeten werden (sollen). Damit ist Fundraising immer auch strategische und intentionale Inszenierung von Botschaften, um Ziele zu erreichen.

Es sei an dieser Stelle vorausgeschickt, dass jede Kommunikation inszeniert ist, damit Botschaften Empfänger erreichen und es zu entsprechenden Handlungen kommt. Dafür werden in jeder Interaktion zwischen zwei Akteuren kulturelle Muster genutzt und aktualisiert, wodurch sichergestellt wird, dass Zeichen und Sprechakte vom jeweils anderen verstanden werden und eine gemeinsame Bedeutung sowie eine geteilte Intersubjektivität konstruiert werden kann. In diesem Sinne ist dann auch ein Versuch, auf eine Inszenierung zu verzichten, selbst wiederum eine Inszenierung, ist sie doch als Negation ebenfalls auf kulturelle Muster bezogen, mit denen der Handlung erst Sinn und Verständlichkeit zugeschrieben werden können.

191 Infolgedessen wird Fundraising in der wissenschaftlichen Literatur häufig dem Sozialmarketing zugeschlagen (vgl. Sargeant 2009: 253 ff.; Gahrmann 2011; Kotler/Andreasen 1996: 239 ff.; Bruce 1998: 188 ff.). Haibach (2006: 19 f.) verweist auf das Marketingprinzip als Grundlage des Fundraisings.

Im Rahmen der Inszenierung wird im Fundraising auf die oben geschilderten Logiken des Gebens zurückgegriffen. Dadurch wird die Anschlussfähigkeit an das im Spenden aufzeigbare Gabe-Handeln hergestellt: Durch die Inszenierung wird an die kulturellen Muster des Gebens angeknüpft und werden diese mit der Bitte um Ressourcen verbunden.

Damit die Angesprochenen am Ende auch handeln – d. h. eine Spende tätigen – müssen Botschaften so inszeniert werden, dass sie wahrgenommen werden und zu einer Handlungsentscheidung führen. Die hierfür genutzten Techniken lassen sich kognitionspsychologisch beschreiben: Experimente – sowohl im Feld als auch unter Laborbedingungen – haben gezeigt, nach welchen Mustern Menschen wahrnehmen, entscheiden und handeln.

Wie Inszenierungen im Einzelfall erfolgen, soll im Folgenden an einigen Beispielen gezeigt werden.

5.2.1 Solidaritätsappelle und Mitleid

Das folgende Beispiel wurde ausgewählt, weil es ein eher extremes Beispiel ist. An ihm lassen sich die Komponenten des Solidaritätsappells besonders gut deutlich machen – sowohl anhand dessen, was kommuniziert wird, als auch in den Aspekten, die ausgelassen werden. Das hier als Beispiel angeführte Bildmotiv wurde Ende 2009 in Deutschland u. a. als 18/1-Plakate gehängt.

Abb. 10: Fundraisingplakat der Hilfsorganisation cbm (2009)

Dieses Plakat ist zunächst ein Appell an die Solidarität des Betrachters. Das Kind, an Grauem Star erkrankt, droht zu erblinden. Der Betrachter wird aufgefordert, Augenlicht zu schenken. Die Solidarität kann in diesem Fall einfach ausgedrückt werden: Mit der Überweisung eines Beitrags ab 30 Euro ist Heilung möglich. Die Komposition der Anzeige mit dem Kind als Blickfang im Zentrum impliziert, dass die Solidarität diesem Kind gilt, d. h., dieses Kind ist der Empfänger des Augenlichts.

Die Krankheit wird individualisiert – es wird *ein* Kind gezeigt, nicht die vielen, die an Grauem Star erkrankt sind. Es wird also nicht zur Solidarität mit allen Betroffenen, sondern zu einem einzelnen, individualisierten Kind aufgerugen. Da das Kind namenslos bleibt, kann es stellvertretend für alle anderen betroffenen Kinder stehen.[192]

Die Nutzung des Fotos mit dem Kind – obwohl deutlich mehr Erwachsene als Kinder an Grauem Star erkranken[193] – ist instrumentell und durchaus funktional. Affektive Reaktionen aufgrund des Kindchenschemas sind neurobiologisch gesteuert. Sie entziehen sich der bewussten Reaktion der Betrachter (Glocker et al. 2009) und stellen sicher, dass Erwachsene sich um ihren Nachwuchs kümmern. Diese Funktion ist universell und auch im Tierreich anzutreffen.

In diesem Beispiel wird Mitleid als emotionaler Anker eingesetzt. Durch die Verfremdung von Überschrift und Augen wird nicht nur die Aufmerksamkeit auf das Motiv gezogen. Gleichzeitig zeigen Bild und Text die Dramatik der Situation: Das Kind droht zu erblinden; es verabschiedet sich von seiner Mutter.

Der Einsatz von Mitleid ist im Fundraising wirksam und durchaus üblich. Wie Keller (2008: 148) in ihrer Studie zeigen konnte, reagieren Menschen auf entsprechende Darstellungen emotional und leiden mit. Dies deckt sich auch mit den Ergebnissen weiterer empirischer Forschungen, die zeigen, dass viele Förderer vorrangig Menschen in einer Notlage helfen wollen (PricewaterhouseCoopers 2008). Andere Spendenanlässe treten dahinter zurück. So zeigt der Spendenmonitor (tns infratest 2009), dass die meisten Spenden fließen, um direkt

192 Damit wird auf die weitergehende Individualisierung des solidarischen Appells verzichtet. Experimente haben gezeigt, dass neben dem Bild auch Namen einen positiven Effekt auf Spendenentscheidungen haben (Slovic 2007).

193 Zu Ursachen und Behandlungsformen vgl. cbm (o. J.).

Menschen zu helfen. Abstraktere Themen wie Kultur, Bildung, Umweltschutz und Politik fallen dagegen weit zurück.[194]

Obwohl an Grauem Star vor allen Dingen ältere Menschen in den Entwicklungsländern erkranken, wird das Bild eines Kindes auf dem Arm der Mutter eingesetzt. Zugleich werden komplexere Hintergründe ausgeblendet. So erscheint Grauer Star als individueller Schicksalsschlag, der häufiger auftritt. Auf die Hintergründe wie Alter und Stoffwechselerkrankungen, die Grauen Star mit verursachen, wird zumindest in der Spendenwerbung nicht hingewiesen.[195] Komplexere Darstellungen könnten dazu führen, dass potenzielle Förderer sich als eher ohnmächtig und überfordert erleben und sich deshalb entscheiden, nicht zu spenden.

Der Fokussierung auf ein Kind liegt die Erkenntnis zugrunde, dass Menschen eher bereit sind, sich zu engagieren und zu helfen, wenn die Hilfe einer identifizierbaren Person zugutekommen soll. Wie Small und Loewenstein (2004) zeigen konnten, reicht die Darstellung als Opfer – ohne weitere personalisierende Informationen – schon aus, um den „identifiable victim effect" hervorzurufen.

Slovic (2007) berichtet darüber hinaus von Experimenten, die zeigen, dass Menschen eher bereit sind, identifizierbaren Individuen zu helfen als einer Anzahl nicht identifizierbarer statistischer Opfer. Deshalb ist die Wirkung der Darstellung einzelner Opfer, die mit Bild und Namen bekannt sind, im Fundraising kaum zu schlagen. Dies gilt auch für identifizierbare Tiere, die quasi individualisiert werden und deshalb ebenfalls entsprechende Reaktionen hervorrufen. Empi-

194 Der Spendenmonitor weist für 2009 folgende Prozentwerte für die erhobenen Spendenzwecke aus: Sofort- und Nothilfe: 22 %; Behindertenhilfe: 29 %; Kinder- und Jugendhilfe: 26 %; Kirche: 24 %; Wohlfahrt/Soziales: 19 %; Entwicklungshilfe 22 %; Tierschutz 14 %; Umweltschutz: 11 %; Bildung: 4 %; Kunst: 1 %; Politik: 2 % (tns infratest 2009: 8).

195 Auf der Website www.cbm.de werden diese Hintergründe erläutert, vgl. cbm (o. J.). Ein Zusammenhang mit Unterentwicklung kann nicht ausgeschlossen werden, da Grauer Star in Entwicklungsländern deutlich häufiger auftritt (Felix o. J.)

risch lässt sich dabei eine starke Korrelation von Gefühlen (wie Sympathie) mit der Reaktion – der Spende – feststellen (Small et al. 2007).

Werden identifizierbare Betroffene mit Namen und Bild in einer Gruppe vorgestellt, reagieren Menschen stärker auf die einzelnen als auf die Gruppe insgesamt (vgl. Kogut/Ritov 2005). Dies gilt auch, wenn zwei Personen vorgestellt werden: Die Reaktionen sind schwächer als bei der Darstellung jeder Person für sich allein (Slovic 2007). Darüber hinaus wurde festgestellt, dass die Bereitschaft zur Spende sinkt, wenn die persönliche Geschichte des Opfers mit statistischen Angaben verknüpft wird (Small et al. 2007).

Diese Erkenntnisse führte Slovic (2007, s. auch Small et al. 2007) auf die „dual process theory" zurück. Hiernach werden Entscheidungen in zwei psychischen Systemen getroffen. Das System 1 ist demnach erfahrungsgesteuert und stark affektiv. Das System 2 ist analytisch und hat die Aufgabe, die Entscheidungsqualität von System 1 zu überprüfen. Im Alltag entscheiden wir in der Regel mit dem System 1 und nutzen System 2 zur Bearbeitung abstrakter oder kalkulatorischer Aufgaben oder um unsere Entscheidungen und Handlungen bewusst zu überprüfen (Kahnemann 2012).

Wird solidarisches Handeln über System 1 gesteuert, ist es stark mit Empathie und Gefühlen verbunden. Sympathie und andere Gefühle unterstützen den Prozess. Zahlen und abstrakte Größen helfen dann nicht weiter, da diese im System 2 verarbeitet werden. Anscheinend ist es für Menschen aufwendiger, Entscheidungen im System 2 zu fällen, sodass hiermit erklärt werden kann, warum die reine Größe der Opferzahl nur geringe Reaktionen hervorruft und selbst unsere ethischen und moralischen Standards kaum zu einer Reaktion führen.

Deshalb spielen in der vorgestellten Inszenierung das einzelne Kind als zu beschützendes, identifizierbares Opfer sowie Emotionen – Mitleid wegend des Verlusts des Augenlichts – zentrale Rollen. Hierdurch werden Signale gesetzt, die zu einer positiven Entscheidung führen sollen. Diese wird mit dem Betrag verbunden: Für „nur" 30 Euro (ob „ab" wahrgenommen wird, kann bezweifelt werden), kann einem einzelnen Kind das Augenlicht geschenkt werden. Ein im Grunde geringer Betrag für den zu erwartenden Nutzen für das betroffene Kind. Damit ergibt sich für den Spender ein implizites Nutzenkalkül: Der Nutzen für das Kind kann gegen die Höhe der Spende abgewogen werden.

Über Mitleid hinaus arbeitet das oben dargestellte Beispiel mit einer impliziten Schuldzuweisung. Wenn der Spender sich nicht solidarisch verhält und spendet, wird das Kind sein Augenlicht verlieren. Konkret bedeutet dies in der Anzeige: Es wird seine Mutter nie wiedersehen, der Abschied ist für immer. Die implizite Schuldzuschreibung fungiert als Verstärker: Über die Schuldzuweisung wird ein emotionaler Druck aufgebaut, sich solidarisch zu verhalten und zu spenden.

Implizite Schuldzuschreibungen sind im Fundraising, nicht nur in Deutschland, als Verstärker lange bekannt und hinsichtlich ihrer Wirkung auch schon mehrfach untersucht worden. Dabei wurde festgestellt, dass Reaktionen auf Schuldzuschreibungen einer umgekehrten U-Kurve folgen (Hibbert et al. 2007; Heidbüchel 2000).[196] Bei zunehmender Valenz und emotionalem Druck wächst zunächst die Reaktionsbereitschaft. Es werden vermehrt Spenden gegeben, wie Heidbüchel (2000) in einem Split-Test unter realen Bedingungen zeigen konnte.[197]

Der emotionale Druck durch Schuldzuschreibungen lässt sich allerdings nicht beliebig erhöhen. Übersteigt die Valenz eine gewisse Schwelle, reagieren die Förderer mit Abwehr und Reaktanz (Hibbert et al. 2007; Keller 2008). Die Spenden gehen in diesem Fall signifi-

196 Dieses Phänomen wurde in der kommerziellen Werbung auch bei Angstappellen beobachtet (Bennett 1996).

197 Im Rahmen seiner Dissertation testete Heidbüchel veränderte Mailings gegen den Standard unter realen Bedingungen, d. h., die Mailings wurden tatsächlich verschickt und der finanzielle Response konnte erhoben und gemessen werden (Heidbüchel 2000).

kant zurück (Heidbüchel 2000). Solidaritätsappelle mit impliziten Schuldzuschreibungen sind somit im Fundraising ein zweischneidiges Schwert: Auf der einen Seite lassen sich durchaus gewünschte Reaktionen (eingehende Spenden) erzielen. Auf der anderen Seite reagieren Menschen bei zunehmendem Druck mit Reaktanz, sodass das Ziel der Inszenierung infrage gestellt sein kann. Unterstellt man bei Menschen unterschiedliche Levels, auf denen sie mit Reaktanz reagieren, verwundert es nicht, dass einzelne auch schon beim Anschein einer Schuldzuschreibung mit Reaktanz reagieren, während andere eine höhere Toleranzschwelle haben.[198]

198 An dieser Stelle fehlen Forschungen, die zeigen, wie einzelne Gruppen oder Personen reagieren. Interessant wäre zu untersuchen, ob sich Reaktionen nach Kategorien wie „Geschlecht“ oder „Alter“ unterscheiden.

5.2.2 Positive Darstellung individuell Betroffener

Die Logik des „identifiable victim effect“ machen sich auch Nonprofit-Organisationen zunutze, die Patenschaften für Kinder in südlichen Ländern anbieten. Hier haben Menschen aus Europa bzw. Nordamerika die Möglichkeit, einen Jungen oder ein Mädchen als „Patenkind“ zu wählen und mit einem monatlichen Betrag – so zumindest die inszenierte Botschaft – zu unterstützen.[199] Dabei werden ausschließlich positive Bilder eingesetzt, die zeigen, welche positiven Effekte durch solche Hilfe erzielt worden sind.

Abb.11: Homepage World Vision (o. J.; (b))

In ihrer Untersuchung kann Keller (2008: 184) zeigen, dass positiv dargestellte Lösungen tatsächlich motivierend sind. Sie führen sogar zu einer höheren Zustimmung als Appelle mit Leidensdruck. Keller führt hierzu aus, dass neben dem Mit-Leiden auch Mit-Freuen als emotionales Motiv wirksam ist, wodurch positive Gefühle beim Gebenden ausgelöst werden, die zum Geben stimulieren (vgl. Keller 2008: 185). Dies entspricht dem schon skizzierten Zusammenhang von Geben, positiven Gefühlen und neurophysiologischen Reaktio-

199 Die Patenschaftsorganisationen weisen darauf hin, dass mit den Beiträgen der Paten Projekte finanziert werden, die auch den Patenkindern zugutekommen (bspw. World Vision o. J.). Zur Kritik dieser Praxis s. u.

nen beim Geben: Geben ist mit positiven Gefühlen verbunden, sodass Lösungen mit positiven Effekten zu positiven Emotionen führen, die wiederum zu höheren Spenden führen.

In ihrer Untersuchung konnte Keller zeigen, dass alle von ihr untersuchten Probanden auf emotionale Appelle zum solidarischen Handeln reagierten, unabhängig davon, ob sie spendeten oder nicht. (Keller 2008: 163 f.). Auf positive Beispiele reagierten jedoch folgende Gruppen signifikant stärker:

- Menschen jenseits ihres 50. Geburtstags
- Spenderinnen und Spender (im Gegendatz zu Nicht-Spendern)
- Menschen mit einer hohen Empathiebereitschaft

Abgesehen von Schuldzuweisungen werden vergleichbare Mittel der Inszenierung eingesetzt: Es werden in der Ansprache der Förderer ausschließlich einzelne, individualisierte Kinder gezeigt, deren tatsächliche Existenz durch die Spende gesichert werde und mit denen brieflicher Kontakt hergestellt werden kann und die auch besucht werden können. Durch beides soll eine enge emotionale Bindung zum Kind als Empfänger der Patenschaft aufgebaut werden.

Mit dem Begriff „Patenschaft“ wird an ein kognitives Skript angeknüpft, welches wirkmächtig ist. Begriff und Praxis sind aus dem christlichen Alltag bekannt: Paten übernehmen eine Fürsorgepflicht für ihre Patenkinder. In diesem Bild ist nicht nur Verantwortung für einen anderen, sondern auch eine Asymmetrie der Beziehung enthalten, was den durch Gabe-Handlungen ohne Erwiderung konstruierten asymmetrischen Beziehungen entspricht. Beides wird durch Fundraising auf solidarisches Handeln übertragen und in einen normativen Kontext eingebunden. Dadurch erfolgt ein Rollenangebot, das, wird es übernommen, dem Geben Sinn verleiht.

Kritisiert wird an Kinder-Patenschaften nicht nur das individualisierte Verhältnis zwischen Paten und Patenkindern, sondern auch, dass die Spenden für Entwicklungsprojekte eingesetzt werden und eben nicht dem einzelnen Kind in voller Höhe zufließen. Zum einen wäre es für den sozialen Zusammenhalt innerhalb der Kommunen schwierig, wenn einzelne Kinder über Einnahmen verfügen könnten, die deutlich über die Einnahmen anderer Kinder und eventuell auch die der Eltern hinausgehen. Darüber hinaus erfordert Entwicklung deutlich komplexere Maßnahmen als einen reinen Geldtransfer. Nonprofit-Organisationen, die mit Patenschaften arbeiten, unterscheiden sich darin, wie deutlich dieser Zusammenhang gegenüber den Spendern kommuniziert wird (Scheinpflug 2005).

5.2.3 Inszenierung sozialer Auseinandersetzungen

Bei der Generierung politischer Unterstützung wird häufig eine andere Form der Inszenierung gewählt. Geradezu idealtypisch ist das folgende Motiv von Greenpeace:

Abb. 12: Greenpeace; Buchcover Weyler (2004)

In diesem Bild ist die Frontstellung paradigmatisch: Im Vordergrund zwei Menschen in einem kleinen Schlauchboot vor drei Walfängern von hinten. Diese erscheinen anonym, es sind keine Menschen zu sehen, sondern nur technische Artefakte.

Mit diesem Bild wird an das kognitive Skript „David gegen Goliath" angeknüpft: Die beiden Menschen in dem Schlauboot als „Davids", die gegen die anonymen technischen Artefakte – den übermächtig erscheinenden „Goliath" – einen aussichtslos erscheinenen Kampf aufnehmen. Da aber David gegen Goliath gewinnt, wird – das ist die implizite Folgerung – auch dieser Kampf am Ende gewonnen werden. Damit setzt sich das Menschliche gegen das Nicht-Menschliche durch: gegen die Technik bzw. gegen das System, in dem die natürlichen Grundlagen des Planeten geplündert werden.

In dieser Inszenierung sind „gut'" und „böse" eindeutig zugeordnet. Die beiden Aktivisten im Vordergrund stehen für das Gute, die im Vergleich zu ihnen großen und unpersönlichen Schiffe lassen sich mit dem Bösen assoziieren. Das „Böse" hat hier kein Gesicht; auf den Schiffen sind keine Menschen zu sehen. Die einzigen menschlichen Akteure sind die Aktivisten im Schlauchboot. Dadurch wird eine Solidarisierung mit den Aktivisten erzeugt: Sie stehen für die gute Sache und stellen sich der Auseinandersetzung.

Die Solidarisierung schafft die Voraussetzung für das Fundraising: Während die „Rainbow Warriors" die Auseinandersetzung aufnehmen, wird ihre Mission durch die Förderer und Unterstützer über Spenden finanziert. Sie unterstützen die Mission, teilen die Werte und bilden eine Gemeinschaft mit unterschiedlichen Rollen: Auf der einen Seite die Aktivisten in der unmittelbaren Auseinandersetzung und auf der anderen die Förderer, die diese mit ihren Spenden ermöglichen.

Diese Inszenierung bildet zwar das Selbstverständnis, aber nicht unbedingt vollständig die Arbeit von Greenpeace ab. Auch bei einer Umweltschutzorganisation wie Greenpeace spielen Lobbyarbeit und Verbraucheraufklärung eine große Rolle. Allerdings lassen sich diese Aufgaben nicht so ohne Weiteres mit einem vergleichbaren Bild inszenieren.

5.2.4 Inszenierung von Unterstützern

Inszenierungen beziehen sich nicht nur auf die Projekte und Programme der jeweiligen Nonprofit-Organisationen, sondern auch auf deren Förderer und Unterstützer. Eine geradezu klassische Form der Inszenierung ist die Scheckübergabe an eine Nonprofit-Organisation:

Sparda-Bank setzt Zeichen: 5.000 Euro für DRF Luftrettung in Rendsburg

Seit 37 Jahren ist der Rendsburger Rettungshubschrauber der DRF Luftrettung eine feste Größe in der Notfallversorgung Schleswig-Holsteins. Am 7. März wurde diese oft lebensrettende Arbeit von „Christoph 42" gewürdigt und unterstützt. Die Sparda-Bank Hamburg spendete dem einzigen 24-Stunden-Rettungshubschrauber in Schleswig-Holstein 5.000 Euro.

Dieter Miloschik, Pressesprecher der Sparda-Bank Hamburg, übergab den symbolischen Scheck vor Ort an der Rendsburger Rettungsstation: „Im dünn besiedelten Flächenland Schleswig-Holstein ist die Rettung aus der Luft oft alternativlos", so Miloschik. „Wir alle profitieren von der schnellen Hilfe der DRF Luftrettung. Die Sparda-Bank unterstützt traditionell regionale Engagements in ihrem Geschäftsgebiet. Wir freuen uns, jetzt einen so lebensrettenden Einsatz fördern zu können." Verwendet wird die Summe für die Anschaffung neuer medizintechnischer Geräte.

Martin Dlugosch, Pilot an Bord von „Christoph 42", freute sich über die großzügige Spende: „Wir sind sehr dankbar für die Zuwendung. Als gemeinnützig tätige Organisation sind wir auf die finanzielle Unterstützung von Förderern und Spendern angewiesen. Um unseren Patienten Tag und Nacht eine bestmögliche medizinische Versorgung zu bieten, muss die DRF Luftrettung fortlaufend in ihre medizinische Ausstattung investieren. Nur so können wir auch weiterhin Luftrettung auf höchstem Niveau leisten."

Abb. 13: Scheckübergabe der Sparda-Bank an die Deutsche Luftrettung (o.V. 2012).

Zur Wirksamkeit dieser Inszenierung bedarf es eines Zeitungsartikels, der neben der Überschrift in Text und Bild über das großzügige Engagement der jeweils spendenden Firma berichtet. Die eingesetzten Bilder folgen einer inhärenten Inszenierung: Im Mittelpunkt steht ein überdimensionierter Scheck, auf welchem der gespendete Betrag gut lesbar ist. Abgebildet wird die Situation der Transaktion: Der auf dem Scheck ausgewiesene Geldbetrag geht vom Unternehmen – in der Regel dargestellt vom Geschäftsführer oder einer anderen Führungskraft – an die Organisation über. Diese wird in diesem Fall von der Hubschrauberbesatzung dargestellt, die durch ihre Uniformen symbolisiert, dass sie tatsächlich die Rettung kranker und verunglückter Menschen vornimmt. Durch den im Hintergrund sichtbaren Hubschrauber wird zusätzlich betont, dass quasi direkt zur Rettung von Menschen gegeben wird – damit in der Notsituation der Hubschrauber fliegen kann.

Im beigefügten Artikel begründet das Unternehmen seine Spende, indem auf die besondere Bedeutung der Luftrettung in Schleswig-

Holstein verwiesen wird. Durch die Spende erfolge eine ausdrückliche Anerkennung der Leistung.

Allerdings richtet sich der Artikel nicht an die Mitarbeiter der Luftrettung, sondern an die Leser der Zeitung. Gegenüber dem Leser erscheint das Unternehmen als großzügig und kann hierdurch – wie oben schon beschrieben – Prestige aufbauen und unter Umständen Reputationsgewinne verbuchen. Gleichzeitig wird durch die Auswahl des Empfängers und die Begründung der Spende im Artikel eine Verbindung zur Bevölkerung und damit zu potenziellen Kunden geschaffen: Das Unternehmen unterstützt eine Infrastruktur, die allen Menschen in einer Notsituation unmittelbar zugute kommen könnte.

Mit inszenierten Scheckübergaben setzen sich folglich die Gebenden in Szene. Sie dokumentieren ihre Großzügigkeit und versuchen entsprechende Reputationsgewinne zu realisieren. Dies ist allerdings einfach zu durchschauen und verliert damit seine Wirksamkeit. Wie ebenfalls oben schon ausgeführt, führen Gaben, die erkennbar in erster Linie einen Eigennutz realisieren sollen, schnell zu Reputationsverlusten, da unterstellt werden kann, dass mithilfe von Großzügigkeit nur das eigene Geschäft befördert werden soll, auch wenn dies aus der subjektiven Sicht der Gebenden nicht zwingend beabsichtigt ist.

Inszeniert wird im Fundraising jedoch nicht nur die Großzügigkeit von Unternehmen, sondern auch die Unterstützung von Privatpersonen:

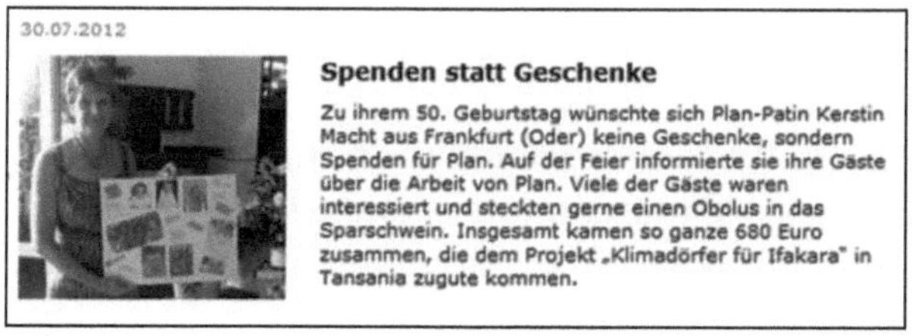

30.07.2012

Spenden statt Geschenke

Zu ihrem 50. Geburtstag wünschte sich Plan-Patin Kerstin Macht aus Frankfurt (Oder) keine Geschenke, sondern Spenden für Plan. Auf der Feier informierte sie ihre Gäste über die Arbeit von Plan. Viele der Gäste waren interessiert und steckten gerne einen Obolus in das Sparschwein. Insgesamt kamen so ganze 680 Euro zusammen, die dem Projekt „Klimadörfer für Ifakara" in Tansania zugute kommen.

Abb. 14: Anlass-Spende zum Geburtstag (plan international 2012)

In diesem Beispiel wird eine Spenderin vorgestellt, die anlässlich ihres Geburtstags um Spenden für die Hilfsorganisation Plan international gebeten und ihre Geburtstagsgäste über die Arbeit von Plan informiert hat.

In dem Bild-Text-Element werden drei Aspekte betont: Erstens können sich viele Förderer – insbesondere Frauen – mit der Spenderin identifizieren und sich in sie hineinversetzen. Dadurch entsteht, was der Sozialpsychologe Robert Cialdini (2007: 151 ff.) „social proof" genannt hat: Menschen orientieren sich in Entscheidungssituationen an Menschen, die ihnen ähnlich sind. Sie können hierdurch Unsicherheit und Komplexität reduzieren: Wenn andere dies so gemacht haben, dann kann man sich selbst auch so entscheiden. Damit wird die Spenderin zu einem impliziten Vorbild. Sie hilft durch ihr Beispiel – ohne dass dies weiter ausgeführt werden müsste – anderen Unterstützern, sich dafür zu entscheiden, auf ihren Geburtstagen ebenfalls zugunsten von Spenden auf Geschenke zu verzichten.

Zweitens wird ausgeführt, dass sich viele der Gäste an der Arbeit von Plan International interessiert gezeigt hätten. Diese Aussage kann sowohl die Angst der potenziellen Gastgeberin vermindern, ihre Gäste mit ihrem Engagement zu belästigen, als auch auf den Prestigegewinn der Gastgeberin hinweisen: Sie steht nicht nur aufgrund des Ereignisses, sondern auch aufgrund ihres Engagements für die Hilfsorganisation im Zentrum der Aufmerksamkeit, woraus sich wiederum Anerkennung und Prestige gewinnen lassen.

Drittens schließlich wird darauf hingewiesen, dass 680 € gespendet wurden. Da Vergleichszahlen fehlen, lässt sich nicht einschätzen, ob es sich hierbei um ein besonders hohes Ergebnis handelt. Aber der Betrag übersteigt für viele Menschen ihr eigenes finanzielles Engagement für Nonprofit-Organsiationen[200] und erscheint deshalb als eher hoch. Auch hiermit wird ein Prestigegewinn für die Gastgeberin und

200 2012 haben Deutsche bei durchschnittlich 6,5 Spendenakten im Durchschnitt 29 € gespendet. Durchschnittlich wurden damit 188,50 € pro Person gespendet (Spendenrat/GFK 2012: 11).

ihre Gäste erzielt: Sie liefern gemeinsam einen nennenswerten Betrag für das benannte Projekt.

Durch die Inszenierung wird damit zweierlei erzeugt: Zum einen ist der Betrag eine Anerkennung sowohl der Organisation als auch der Anlass-Geberin und zeigt zum anderen auf, in welcher Weise durch Anlass-Spenden Prestigegewinne erzielt werden können. Und damit wird die Handlung zur Vorlage und Entscheidungshilfe für andere, auf dem nächsten eigenen Geburtstag Geschenke in Spenden zu transformieren, um so ebenfalls soziale Gewinne zu erzielen.

Schließlich wird auch das Engagement Prominenter für die gute Sache inszeniert, wie das folgende Beispiel der Welthungerhilfe zeigt:

Abb. 15: Inszenierung von Prominenten im Fundraising (Welthungerhilfe o. J.)

Dieses Bild zeigt Jörg Pilawa auf Haiti zusammen mit einer Teilfamilie (vermutlich eine Mutter mit vier jüngeren Kindern) vor dem Holzrahmen eines Hauses. Durch den Hinweis auf Haiti und durch die Anordnung der Elemente kann geschlossen werden, dass hier die Hilfsorganisation eine Unterkunft für die Familie baut, die diese benötigt, weil ihre frühere durch das Erdbeben von 2011 zerstört wurde.

Damit wird ein Zusammenhang zwischen dem Prominenten und einem aufmerksamkeitsstarken Hilfsprojekt hergestellt. Auf der einen Seite scheint sich der Prominente für die tatsächliche Hilfe vor Ort, die den Armen zugutekommt (Mutter mit kleineren Kindern ohne Vater) zu verbürgen. Das Holzskelett symbolisiert, dass etwas für die Familie getan wird. Für die Förderer, die für das Projekt gespendet haben, wird der Prominente zum Garanten der Hilfe, für die gegeben wurde. Damit kann Vertrauen in die Organisation aufgebaut werden, welches wiederum Voraussetzung und Grundlage für weitere Spenden ist. Durch die Verbindung mit Autoritäten können nicht nur Unsicherheit und Komplexität der Entscheidungen reduziert werden, sondern sie erleichtert auch die Entscheidungsfindung (Cialdini 2007: 268 f.).

Gleichzeitig gewinnt auch der Prominente durch die Verbindung mit dem Hilfsprojekt, scheint er sich doch persönlich vor Ort für die Familie einzusetzen und sich für ihr Schicksal zu interessieren. Damit gewinnt die öffentliche Figur des Prominenten – das Bild, das sich das Publikum macht – an Tiefe: Neben den Aktivitäten in der Öffentlichkeit kommt als weitere Facette das soziale Engagement zum Image des Prominenten hinzu und kann zu Reputationsgewinnen führen.

Zusammenfassend lässt sich zeigen, dass durch die verschiedenen Formen der Inszenierung Botschaften kreiert werden, die sich einerseits an die oben beschriebenen Logiken des Gebens anlehnen und die diese andererseits kommunizierbar machen. Ziel aller Inszenierungen ist dabei, Handlungsimpulse auszulösen bzw. Unsicherheit und Komplexität zu reduzieren, um so eine Entscheidung für eine Spenden-Handlung wahrscheinlicher zu machen. Dafür werden Erkenntnisse der Sozial- und Kognitionspsychologie über Wahrnehmung und Entscheidung eingesetzt. Dies verweist auf die betriebliche Funktionalität des Fundraisings: Erfolgreiche Inszenierungen führen zu höheren Spendeneinnahmen und sichern so die Reproduktion von Organisationen sowie von Projekten und Programmen.

5.3 Verstärker

Ergänzend zu Inszenierungen der Gebe-Logiken werden Verstärker in der Kommunikation eingesetzt, die sich ebenfalls auf das Spendenverhalten auswirken. „Verstärker" beziehen sich ihrerseits auch direkt auf Wahrnehmungs- und Entscheidungsprozesse. Im Folgenden werden häufig eingesetzte Verstärker beschrieben.

5.3.1 Incentives

Unter „Incentives" werden Anreize oder Impulse verstanden, die Spenden auslösen sollen. In der Literatur sind drei Formen von Incentives bekannt, die im Fundraising genutzt werden:

- Vorgelagerte Incentives, die vor der Spende gegeben werden, wie Geschenke und Give-aways
- Gleichzeitige oder unmittelbar auf die Spende folgende Incentives, wie Matching Funds
- Nachgelagerte Incentives, wie Steuerersparnisse

Vorgelagerte Incentives

Bei vorgelagerten Incentives wird potenziellen Spendern ein Geschenk gemacht. Aufgrund der Norm der Reziprozität kann davon ausgegangen werden, dass die Annahme des Geschenks zur Erwiderung in Form einer Spende führt, um die die Nehmenden gebeten werden. Wie Cialdini (2007: 62 f.) beschreibt, ist diese Kombination von Geben und anschließender Bitte ausgesprochen mächtig. Viele Nehmende können sich der Bitte nicht entziehen und erfüllen diese als Erwiderung auf die genommene Gabe.

Häufig – wenn auch nicht ausschließlich – werden Incentives in Mailings verschickt, die hier mit dem Zweck eingesetzt werden, den Rücklauf an Spenden zu erhöhen.[201] Die dabei eingesetzten Incentives können sehr unterschiedlich sein: Neben Aufklebern und Postkarten werden auch Informationsbroschüren, Kugelschreiber, Blöcke, T-Shirts, Regenschirme und selbst Geldstücke verschickt (Warwick 2008: 178). Unterscheiden lassen sich die verschickten Incentives danach, inwieweit sie mit dem Zweck der jeweiligen Organisation in Verbindung stehen. Während Informationsbroschüren zu bestimmten Themen noch nah am Zweck der Organisation sein können, ist dies bei Regenschirmen und T-Shirts schon seltener der Fall.

Beispiele für die Wirksamkeit der Norm der Reziprozität bei vorgelagerten Incentives gibt Cialdini (2007: 49 ff.): Er beschreibt, wie Jünger der Hare-Krishna-Sekte an US-Flughäfen standen und singend Fluggäste begrüßten. Am Kopf der Gruppe standen Mitglieder, die den ankommenden Fluggästen eine Blume in die Hand drückten. Am Ende der Gruppe stand ein Mitglied, das um Spenden bat. Cialdini beobachtete, dass viele der Ankommenden, die eine Blume genommen hatten, am Ende auch spendeten. Selbst dann, wenn anschließend die Blume in einen Mülleimer geworfen wurde – sie also erkennbar keinen Wert für den Nehmenden hatte.

Die Wirksamkeit von Incentives in Spenden-Mailings wurde mehrfach experimentell bestätigt. In seiner Dissertation konnte Heidbüchel (2000) experimentell nachweisen, dass Beilagen den Rückfluss der Spenden signifikant erhöhten.[202] In allen Fällen überstiegen die Einnahmen nach Mailings mit Incentive die aus der Vergleichsgruppe, die kein Incentive zugesandt bekam. Die Zusatzkosten, die durch Produktion und Versand des Mailings mit Incentive verursacht wurden, waren in der Regel niedriger als die zusätzlichen Spendeneinnahmen, die durch Incentives erzielt wurden. Dabei ließ sich in

201 Vgl. zum Einsatz von Incentives bei Mailings Warwick (2008: 178 f.).

202 Cialdini verweist auf ein Mailing amerikanischer Kriegsversehrter, die ihre Responsequote durch die Zugabe eines Incentives (gummierte individuelle Adressaufkleber) von 18 % auf 35 % steigern konnten (Cialdini 2007: 58).

einem Experiment unter realen Bedingungen empirisch feststellen, dass ein höherer Wert des Incentives auch mit einem höheren Rücklauf an Spenden verbunden war (Falk 2007).

Landry et al. (2008) konnten außerdem zeigen, dass der Erfolg von Incentives bei Spendern, die bisher noch nicht für die jeweilige Organisation gespendet hatten (kalte Kontakte), größer war als bei Unterstützern, die vor der Ansprache schon einmal für die Organisation gespendet hatten (warme Kontakte). Allerdings waren in ihrer Studie die Spenden ohne Incentive bei warmen Kontakten höher. Sie folgern hieraus, dass Incentives durchaus erfolgreich zur Neuspender-Gewinnung eingesetzt werden können, dass aber Spender, die mithilfe von Incentives gewonnen werden, weniger loyal sind (Landry et al. 2008: 22 f.).

Während die vorgelagerten Incentives ökonomisch positive Effekte erzeugen, d. h. zu einem erhöhten Spendenaufkommen führen können, sind sie unter ethischen Gesichtspunkten eher problematisch: Cialdini (2007: 85 f.) kritisiert, dass mit dem Einsatz von Incentives – gerade auch im Fundraising – eine der wirksamsten, für den Zusammenhalt der Gesellschaft notwendigen Normen ausgebeutet wird. Reziprokes Verhalten sowie die obligatorische Verpflichtung zur Erwiderung einer Gabe sind grundlegende Prozesse der Bildung von Beziehungen und damit auch von gegenseitiger Solidarität.

Cialdini verweist darauf, dass mit zunehmender Lernerfahrung Förderer erkennen, dass mithilfe von Incentives ein Verhalten instrumentell ausgelöst werden soll. Damit besteht jedoch die Gefahr, dass diese Methode im Fundraising immer weniger greift. Folgten die Empfänger der Incentives dem Rat von Cialdini (2007: 80 ff.), würden sie immer weniger spenden, da sie das Gefühl hätten, instrumentell ausgebeutet zu werden. Damit werden dann die eigentlich durch Gabe-Handeln zu konstituierenden Beziehungen unterlaufen und zerstört.

Matching Funds

Ebenso erfolgreich wie Beigaben in Mailings sind quasi gleichzeitige Incentives wie Matching Funds.[203] Bei einem Matching Fund verspricht ein Dritter, die jeweilige Spende um einen definierten Beitrag zu erhöhen.

Eine Reihe von Studien zeigen, dass Matching Funds sowohl unter Labor- als auch unter realen Bedingen im Feld ökonomisch erfolgreich sind: Der Ertrag der Spenden konnte durch sie signifikant erhöht werden (Meier 2007; Karlan et al. 2010; Eckel/Grossman 2003; Eckel/Grossman 2008; Eckel et al. 2005; Karlan/List 2007). Schon die Ankündigung eines Matching Fund führte zu 19 % höheren Spenden pro Bitte (List 2011); die Spendenwahrscheinlichkeit stieg um 22 % (Karlan/List 2007; List 2011). Ein Einfluss der Höhe des Matches konnte hingegen nicht festgestellt werden. Matches, bei denen die gegebene Spende vervielfacht wurde (für einen gespendeten Dollar wurden bis zu drei hinzugegeben), führten nicht zu signifikant höherem Wachstum der Anzahl der Spender und Höhe der Spenden als Matches mit anteiligen Vervielfältigungen (für einen gespendeten Dollar wurden ein halber Dollar oder weniger hinzugegeben) (List 2011; Karlan et al. 2010). Hingegen ließen sich Hinweise darauf finden, dass warme Kontakte eher auf einen Matching Fund reagieren als kalte Kontakte (Karlan et al. 2010: 3).

Während der kurzfristige Effekt von Matching Funds sowohl in Laborexperimenten als auch unter Feldbedingungen vielfach gezeigt werden konnte, sind die langfristigen Effekte von Matching Funds umstritten. In seiner langfristig angelegten Untersuchung konnte Meier (2007) zeigen, dass durch Einsatz des Matching Fund zwar zunächst sowohl die Anzahl der Spender gesteigert als auch die Summe der Spenden erhöht werden konnte. Allerdings stellte er auch fest, dass bei weiteren Spendenaufrufen nach Abschluss des Matching Fund (ohne weitere Incentives) beide Größen signifikant zurückgingen und auch in den Folgeperioden das ursprüngliche Ausgangsni-

203 Zu Matching Funds im Fundraising vgl. Kröselberg (2006a).

veau nicht wieder erreichten. Diesen Befund konnten Karlan et al. (2010: 9) nicht bestätigen. In ihrer Untersuchung war auch der langfristige Effekt nach dem Abschluss des Matching Fund positiv.

Die Untersuchung von Meier (2007) verweist auf die Umstellung von einer intrinsischen auf eine extrinsische Motivation, die auch nach Wegfall des Incentives noch anhält. Hier sind aber noch weitere Untersuchungen notwendig, beispielswiese zu Reaktionen von warmen oder kalten Kontakten: Es ist durchaus denkbar, dass warme Kontakte zu einem größeren Teil zu einer intrinsischen Motivation zurückkehren, während ursprünglich kalte Kontakte durch Incentives zwar gewonnen, ohne weitere Incentive jedoch nur sehr viel schwieriger gehalten werden können. Nicht ausgeschlossen ist darüber hinaus, dass das Alter der Spender einen Einfluss haben könnte: Spender in der Studie von Meier waren Studenten der Universität Zürich.

Steuerersparnisse

Nachgelagerte Incentives sind vor allen Dingen als Steuerersparnisse bekannt: So können Spender in Deutschland ihre Spenden im Rahmen ihrer Steuererklärung als Sonderausgaben bis zu einer bestimmten Höhe geltend machen[204] und so ihre Steuerlast reduzieren.

Während die ökonometrischen Studien einen Zusammenhang zwischen Höhe der Steuererleichterungen und Spendenhöhe zeigen[205], ist dieser Zusammenhang in experimentellen Laborstudien weniger eindeutig: In verschiedenen Studien konnten Eckel und Grossman

204 Die Höhe des Spendenabzugs von der Steuer ist abhängig von politischen Entscheidungen. 2012 lag sie bei 20 % vom Gesamtbetrag der Einkünfte oder vier Promille vom Umsatz und den gezahlten Löhnen und Gehältern. Für Spenden in den Kapitalstock einer Stiftung kann über einen Zeitraum von 10 Jahren darüber hinaus bis zu einer Mio. € steuerlich geltend gemacht werden (vgl. § 10b Einkommensteuergesetz (EStG)).

205 Auf die entsprechenden ökonometrischen Studien und den Zusammenhang zwischen Steuern und Spendenhöhe wurde unter dem Gesichtspunkt der Preiselastizität von Spenden eingegangen. Siehe auch die Ausführungen zur ökonomischen Theorie des Spendens (Kap. 2.2).

(Eckel/Grossman 2003; Eckel et al. 2005; Eckel/Grossman 2008) zeigen, dass Rabatte zwar ebenfalls als Incentive wirken, diese Wirkung jedoch nur halb so stark ist wie die eines Matching Fund: Wurde eine Spende durch einen Matching Fund erhöht, gaben die Probanden bis zu doppelt so viel, als wenn ihnen in gleichem Umfang ihre Spende rabattiert wurde. Auch die Wahrscheinlichkeit einer Reaktion auf das Angebot des Incentives lag beim Matching Fund fast doppelt so hoch: 79 % ihrer Probanden reagierten auf das Angebot eines Matching Fund, während nur 39 % auf den Rabatt reagierten (Eckel/Grossman 2008). Eckel und Grossman erklären ihre Befunde mit den unterschiedlichen Gefühlen, die mit den jeweiligen Incentives einhergehen: Matching Funds seien mit positiven Gefühlen verbunden, da die Nonprofit-Organisation zusätzlich gestärkt werde und sich die Spender in positiver Kooperation mit anderen Akteuren sähen. Allerdings führte weder das Angebot eines Rabatts noch das Angebot eines Matching Fund zum Crowding-out: Spender, die das Angebot nicht annahmen, reagierten ähnlich wie die Kontrollgruppe, denen kein Angebot unterbreitet worden war (Eckel/Grossman 2008).

Eckel und Grossman (2008) folgern aus ihren Studien, dass Steuererleichterungen zwar wirksam sind, der Staat bei der Förderung von Nonprofit-Organisationen jedoch stärker auf Instrumente wie Matching Funds setzen sollte. Bei gleichbleibender einzusetzender Summe könnten so effektivere Anreize gesetzt und höhere Spenden eingeworben werden.[206] Nicht berücksichtigt haben Eckel und Grossman bei ihren Empfehlungen jedoch die mit Matching Funds verbundene Umstellung von intrinsischen Motiven auf extrinsische und damit einhergehend ein Übergang zu andere Formen der Bindung der Förderer.

206 Gleichzeitig könnte hierdurch der von Andreoni und Payne (2003; 2011) beobachtete Rückgang von Fundraising-Ausgaben aufgrund öffentlicher Zuwendungen vermindert werden: Belohnt würden Anstrengungen von Nonprofit-Organisationen im Fundraising. Öffentliche Zuwendungen würde Fundraising nicht länger substituieren.

Zusammenfassend konnte gezeigt werden, dass sich mithilfe von Incentives extrinsische Anreize setzen lassen, die ursächlich für die Entscheidung zur Spende sind und mit deren Hilfe sich Spenden-Handlungen auslösen lassen. Dabei bestehen deutliche Unterschiede in der Wirksamkeit: Während vorgelagerte und gleichzeitige Incentives verstärkende Wirkung auf die Spendenentscheidung haben, sind nachgelagerte Incentives, wie Rabatte, deutlich weniger wirksam. Da mit dem Einsatz von Incentives ein äußerer Anreiz gesetzt wird, wird die Spenden-Motivation umgestellt: Extrinsische Motive sind stärker an den Anreiz gebunden und bewirken daher nur eine schwache Bindung an die Organisation. Und wenn durch den Einsatz von Incentives die Motivation bisher intrinsisch motivierter Spender umgestellt wird, kann sogar eine bestehende starke Bindung geschwächt werden

5.3.2 Transformation von Gabe-Handeln in Markt-Tausch

Neben dem Einsatz von Incentives kann im Fundraising auch dadurch Gabe-Handeln in Markt-Tausch transformiert werden, dass statt Spenden reale Produkte und Leistungen verkauft werden bzw. ein entsprechender Kauf simuliert wird. Während es sich im ersten Fall auch rechtlich um eine Markt-Transaktion handelt, besteht im zweiten Fall die Spendenbeziehung fort; allenfalls in der Wahrnehmung der Akteure findet ein Kauf statt.

Die 2003 verfilmten Kalender-Girls sind eines der bekanntesten Fundraising-Projekte, das auf Markt-Tausch basiert. Ausgangspunkt der Geschichte ist die regionale Gruppe des Women‘s Institute in Rylstone, North Yorkshire, UK, in welcher sich die Frauen des Orts wöchentlich trafen. Nachdem der Ehemann einer der Teilnehmerinnen an Leukämie erkrankt und gestorben war, beschlossenen die Frauen, die Einnahmen ihres jährlichen Kalenders dem Hospital zu spenden. Sie entschieden sich, in diesem Jahr (1999) sich selbst unbekleidet bei alltäglichen Verrichtungen ablichten zu lassen.[207] Der so entstandene Kalender wurde dank des gewaltigen Medienechos zu einem großen kommerziellen Erfolg. Bislang wurden mehr als 1,5 Mio. £ durch den Verkauf der Kalender eingenommen.

Die erzielten Einnahmen sind weder Spenden noch Gaben. Der Kalender stellt einen Gegenwert an sich dar, der erworben wird. Dem gegebenen Geldbetrag steht somit ein realer Gegenwert gegenüber. Der Kauf des Kalenders unterscheidet sich in keiner Weise vom Kauf irgendeines anderen Kalenders; allerdings ist der Kalender mit einem Zusatznutzen aufgeladen. Die kreative Idee, Frauen bei alltäglichen Verrichtungen unbekleidet zu zeigen, generiert den notwendigen Neuigkeitswert, der ursächlich sowohl für das mediale Interesse als auch für den anschließenden Verkauf des Kalenders ist. Die Ankündigung, den Gewinn aus den Verkäufen zu spenden, lädt das Produkt darüber hinaus mit einem sozialen Zusatznutzen auf.

Denjenigen, die den Kalender herstellen und vertreiben, ist es unbenommen, die erzielten Einnahmen in ihrem Interesse zu verwenden. In diesem Fall spenden sie die Einnahmen dem Krankenhaus, dem sie damit Forschungen über Leukämie ermöglichen. Für die Käufer des Kalenders ist die Verwendung der Einnahmen sekundär. Sie beteiligen sich mit dem Kauf an einer Bewegung, gehen aber keine Beziehung zum Krankenhaus oder gar zur Leukämie-Forschung ein. Die Beziehung beschränkt sich auf den Kalender und die Medien-Aufmerksamkeit, allenfalls noch auf die Frauen, die sich abbilden lassen haben.

Hierdurch entsteht ein relativ komplexes Transaktionsverhältnis, welches für viele Fundraising-Projekte, die Einnahmen über einen Markt-Tausch erzielen, typisch ist: Die Frauen stellen sich für das Projekt kostenlos zur Verfügung und lassen sich von einem Fotogra-

207 Zur Geschichte und zum Inhalt des Films „Calendar Girls“, in welchem die Geschichte nacherzählt wird, vgl. die offizielle Website zum Film (Calender Girls o. J.). Zu den Hintergründen zum Film und zu den Unterschieden zum realen Projekt vgl. o. V. (o. J.; a). 2010 erfolgte eine Neuauflage des Projekts wiederum mit Nacktfotos der Initiatorinnen (o. V. 2009).

fen für den Kalender ablichten. Aus den Bildern wird ein professioneller Kalender hergestellt und vertrieben. Einnahmen werden über den Verkauf erzielt, Gewinne anschließend gespendet und für den beabsichtigten Zweck eingesetzt. Die beteiligten Frauen engagieren sich unentgeltlich und sie spenden den Profit ihres Projekts – beides sind Gaben – die Käufer erwerben den hergestellten Kalender und ermöglichen so, dass der Betrag gespendet werden kann.

Diese Kombinationen von Gaben-Handlungen und Markt-Tausch ist charakteristisch für viele Transformationen von Gaben in Produkte. Zu den bekanntesten Ausprägungen gehören u. a.:

- Kunst-Versteigerungen
  Künstler spenden Werke, die auf einer Auktion für einen wohltätigen Zweck versteigert werden.

- Benefizveranstaltungen
  Künstler spielen ohne Gage. Die gezahlten Eintritte sind einem Zweck gewidmet.
- Tombolas
  Sachspenden werden gesammelt und anschließend verlost, d. h., Interessenten kaufen Lose und sorgen so für Einnahmen.

- Altkleidersammlungen
  Menschen geben Kleidung, die sie nicht mehr benötigen. Diese wird gesammelt und sortiert und anschließend gegen Entgelt der kommerziellen Verwertung zugeführt.

- Flohmärkte und Basare
  Menschen verkaufen nicht mehr benötigte Dinge und spenden den Erlös einem zuvor definierten Zweck.

- Catering
  Gespendeter Kaffee und Kuchen werden auf einer Veranstaltung verkauft. Der Erlös fließt einem Zweck zu.

- Fundraising-Dinner
  Menschen kaufen Eintrittskarten zu einem professionell hergestelltem, mehrgängigem Dinner. Der Erlös geht ebenfalls an einen Zweck.[208]

- Traumfänger-Auktionen der unbezahlbaren Gelegenheiten[209]
  Menschen ersteigern eine Leistung oder eine Möglichkeit, die auf einem Markt nicht angeboten wird und deshalb auch nicht gekauft werden kann.

Der Einsatz von Markt-Transaktionen ist alles andere als einfach. Um die eigentliche Markt-Transaktion herum werden Gabe-Prozesse aufgebaut, die notwendig sind, um die Produkte und Leistungen zu akquirieren, die verkauft werden sollen. Die Markt-Transaktion schließlich ist nur dann erfolgreich, wenn Käufer erreicht werden, für die die angebotenen Produkte und Leistungen tatsächlich einen Wert darstellen, der sie zu einem Kauf veranlasst. Erst dann lassen sich Einnahmen in einem größeren Umfang realisieren.

Es ist auch nicht sichergestellt, dass die beschriebenen Aktivitäten überhaupt Gewinne abwerfen, die in die zu finanzierenden Projekte gegeben werden können. Auch wenn einzelne Akteure freiwillig arbeiten, bedeutet dies noch lange nicht, dass alle Akteure auf Einnahmen verzichten: Der Fotograf im Beispiel der Calendar Girls könnte noch auf sein Honorar verzichten. Die Drucker, der Papierhersteller und alle anderen am Herstellungs- und Vertriebsprozess Beteiligten werden in der Regel auf Vergütung ihrer Leistungen bestehen. Benefiz bedeutet also keinesfalls, dass mit der Aktion keine Kosten verbunden sind. Im Gegenteil: Die Kosten können eine solche Höhe erreichen, dass eine Finanzierung der Projekte über Markt-Tausch schlicht nicht lohnend ist oder sogar Verluste realisiert werden.[210]

---

208 Beim Fundraising-Dinner werden in der Regel mit der Teilnahme ein Reputationsgewinn ud Zugang zu exklusiven Netzwerken verknüpft.

209 Zu Traumfänger-Auktionen vgl. Budde (2005).

210 Eine Standardempfehlung im Fundraising lautet: Wer Geld einnehmen möchte, sollte auf Events verzichten und andere Formen wählen (vgl. bspw. Steele/Elder 2000: 95). Zu Problemen und Herausforderungen vgl. Flanagan (2002: 68).

Statt mit realen Produkten können diese Transformationen auch mit virtuellen Produkten – wie Leistungen und Rechten – durchgeführt werden. Den Vorteil in diesen „neuen" Sachspenden sieht Conta Gromberg in den geringeren Kosten, die hiermit verbunden sind: Logistik-Kosten entfallen und häufig besteht die Möglichkeit, kostengünstig über das Internet mit der jeweiligen Zielgruppe zu kommunizieren (Conta Gromberg 2007: 70 ff.).

Ein Beispiel für virtuelle Projekte ist für Conta Gromberg die Versteigerung von Grundstücken im Miniatur-Wunderland: Während der Gestaltung und des Aufbaus der Themenlandschaft „Schweiz" dachten sich die Betreiber der Anlage ein Charity-Projekt aus. Sie boten Hobby-Bastlern fünf Grundstücke im „Tessin" zur Ersteigerung an. Wer jeweils bereit war, den höchsten Preis für sein „Grundstück" zu bezahlen, erhielt das Recht, dieses auf der Modelleisenbahn-Anlage selbst zu gestalten. Die Aktion war ein voller Erfolg. Insgesamt wurden mehr als 30.000 € für fünf Organisationen eingenommen (Conta Gromberg 2007: 50).

Auch in diesem Fall war die Kopplung von Gabe-Handeln und Markt-Transaktion deutlich: Während das Gabe-Handeln der Inhaber in der Zurverfügungstellung der „Grundstücke" und der Vermarktung der Aktion bestand – was ihnen sowohl Reputationsgewinne als auch mediale Aufmerksamkeit einbrachte – folgte der Erwerb der Grundstücke der Logik einer Markt-Transaktion, durch welche Rechte erworben wurden – auch wenn die Transaktion selbst als Spende beschrieben wurde.[211]

Schließlich können im Fundraising auch Käufe simuliert werden. Eines der erfolgreichsten Beispiele stammt von der US-Organisation „Heifer international", über deren Website Tiere „gekauft" werden können, die zur Sicherung der Nahrungsversorgung von Menschen dienen sollen, die von Hunger betroffen sind.

211 Aufgrund unterschiedlicher rechtlicher Einordnungen von „Kauf" und „Spende" ergeben sich unterschiedliche Rechtsfolgen, sowohl aufseiten der Käufer bzw. Spender als auch der der Nonprofit-Organisationen. Diese vorab zu klären, ist zwingend notwendig.

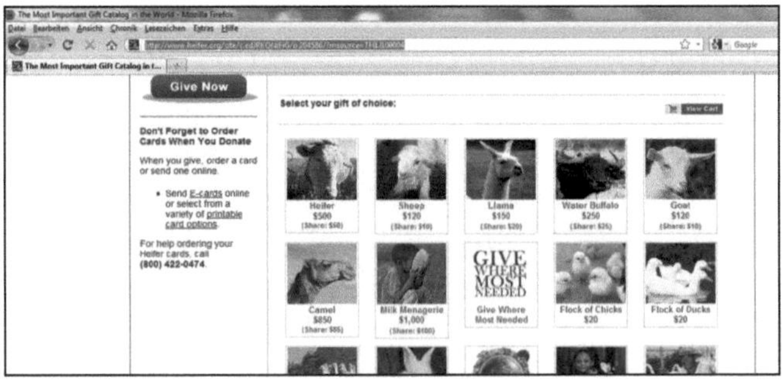

Abb. 16: „Gift Catalog" von Heifer international (o. J.)

Der „Gift Catalog" folgt der Logik von Shopping-Websites wie Amazon: Klickt man auf eines der Tiere bzw. Angebote, wird eine Seite geöffnet, auf welcher der Nutzen der Tiere für von Hunger bedrohte Menschen beschrieben wird. Es wird suggeriert, dass mit dem „Kauf" dieses Tieres oder Angebots der entsprechende Nutzen auch realisiert wird. Allerdings verweist das „Kleingedruckte" im Fuß der Seite auf eine getätigte Spende: Der Betrag wird von Heifer international dort eingesetzt, wo er am nötigsten gebraucht wird. Damit erweist sich der „Kauf" wiederum als spezifische Form der Inszenierung.

In der Wahrnehmung des Spenders erscheint jedoch die Spende als Kaufakt: Er sieht unmittelbar den ökonomischen und sozialen Gegenwert seiner Spende. In seiner subjektiven Wahrnehmung „kauft" er das Tier oder investiert in das Angebot und realisiert damit den Nutzen für Betroffene. Damit wird die eigentliche Spende sowohl mit einem Gebrauchswert als auch auch mit einem Tauschwert versehen. Dieser orientiert sich an den „marktüblichen" Preisen. Dadurch besteht die Chance, dass der Spender einen höheren Betrag gibt, als er dies ohne die Simulierung über den Kauf getan hätte.[212]

Umstritten ist, inwieweit es sich bei dieser Form des Fundraisings um eine zweckgebundene Spende handelt. Es ist unproblematisch,

212 Hierzu fehlen allerdings einschlägige Studien. Die Aussage muss als Hypothese gelten.

wenn der Förderer das Geld gibt, um ein Produkt für einen Dritten zu kaufen. Hierbei handelt es sich um eine indirekte Sachspende, die in der Regel eine stärkere Identifikation des Gebenden ermöglicht, da das gegebene Produkt immer auch an den Gebenden zurückgebunden ist. Beim angeführten Beispiel von Heifer international fließt die Spende jedoch nicht in den Kauf eines Tieres, sondern wird von der Organisation nach eigener Entscheidung eingesetzt. Dies ist dann ethisch problematisch, wenn dabei ein anderer Eindruck erzeugt wird, als der, der auch der Entscheidung zum Spendenden zugrunde liegt – wenn z. B. Spender bei ihrer Entscheidung eine andere Situation unterstellen, als tatsächlich gegeben ist.[213]

Simulierte Kaufakte müssen nicht zwangsläufig mit realen Produkten und Leistungen verbunden werden. Es gibt im Fundraising Möglichkeiten, diese auch mit virtuellen Produkten zu verbinden. Ein erfolgreiches Beispiel einer regionalen Organisation sind die Kranich-Schutz-Aktien vom Schaalsee (vgl. Schriefer/Hermann 2005): Hierbei können Förderer Schmuck-Aktien zeichnen, die mit keinen Gegenleistungen verbunden sind. In der Wahrnehmung der Spender werden sie durch diesen Akt zu Aktionären und damit zu Teilhabern an den Schutzprojekten für Kraniche. Sie machen sich somit das Projekt zu eigen. Unterstützt wird diese Wahrnehmung durch jährlich stattfindende „Aktionärsversammlungen", Treffen von Spendern, die eine Kranich-Schutz-Aktie gezeichnet haben. Nicht nur, dass sich hier Gleichgesinnte treffen, die darüber eine kollektive Identität und Gemeinschaft ausbilden können, es wird ihnen auch vermittelt, wo und in welcher Form ihre Spenden eingesetzt wurden. Darüber hinaus erhalten die Aktionäre eine grafisch aufwendig gestaltete Aktie, deren Aufmachung sich an den traditionellen Schmuck-Aktien anlehnt. Diese eignet sich auch als Geschenk, sodass Spende und Gabe in den Nahbeziehungen verbunden werden können.

213 Dies kann z. B. gegen die 19 Grundregeln für eine gute, ethische Fundraising-Praxis des Deutschen Fundraising Verbands verstoßen. In Punkt 5 wird festgelegt, dass die Tätigkeit wahrhaftig und ehrlich ausgeübt wird (vgl. Deutscher Fundraising Verband 2008).

Dieses Beispiel zeigt deutlich, wie unterschiedliche Logiken verbunden werden können: Während das Zeichnen der Aktie einen Markt-Tausch darstellt, werden durch das Symbol der Aktie die Spender zu Teilhabern am Projekt. Über die Events und begleitende Informationen wird hierauf aufbauend eine kollektive Identität gestiftet und gleichzeitig für die notwendige Transparenz bezüglich der Spendenverwendung gesorgt. Damit entsteht über den Tausch-Akt hinaus, der nach der Zeichnung der Aktie eigentlich beendet sein müsste, eine lang anhaltende Beziehung zu Förderern. Diese sind dann in der Folge auch wieder für Spenden – auch in Form des Zeichnens weiterer Aktien – ansprechbar.[214]

Symbolische Gegenleistungen im Zusammenhang mit „Verkäufen" treten auch in anderen Formen auf. Bekannt sind u. a.:

- Bausteine bei Bauprojekten
- Quadratmeter eines Raumes oder einer Wand
- Gepflanzte Bäume
- Symbolische Flächen beim Grundstückserwerb

Zusammenfassend kann festgestellt werden, dass sich durch Transformationen von Spenden in Markt-Transaktionen eine Reihe von Möglichkeiten ergeben, die Nonprofit-Organisationen im Rahmen ihres Fundraisings nutzen können. Interessanterweise bestehen kaum Rückbindungen an die Gebe-Logiken, sodass sich hier Chancen eröffnen, auch jenseits der Gebe-Logiken Einnahmen zu erzielen.

214 Vgl. hierzu auch die Ausführungen in Schriefer/Hermann (2005).

5.3.3 Branding

Durch den Aufbau von sozialen Marken versuchen Nonprofit-Organisationen, vergleichbare Effekte wie Unternehmen zu erzielen: Ausdifferenzierung zwischen Organisationen mit ähnlichen Zwecken bzw. Projekten sowie Aufbau von Vertrauen nach außen und Generierung einer Identität nach innen.[215] Während zu diesem Zweck Produkte bzw. Unternehmen – je nachdem, ob es sich um eine Produkt- oder Dachmarken-Strategie handelt – mit Werten aufgeladen werden, sind diese in den jeweiligen Nonprofit-Organisationen über die Mission schon inkorporiert: Mit der jeweiligen Mission verfügen Nonprofit-Organisationen über einen normativen Kern, der auch als Markenkern fungieren kann (Saxton 2002).

Der Aufbau einer sozialen Marke hat positive Rückwirkungen auf die Wahrnehmung der jeweiligen Nonprofit-Organisation in der Öffentlichkeit und kann zu einer außerordentlichen Performance im Fundraising führen (Sargeant/Woodliffe 2007: 277). Entscheidend ist dabei die Reputation und der damit verbundene Aufbau von Vertrauen. Beide sind eng mit Erfolgen im Fundraising verbunden. Aufseiten der Förderer ist feststellbar, dass der Differenzierungsgrad zwischen Nonprofit-Organisationen aufgrund des Brandings mit darüber entscheidet, welcher Anteil des Spenden-Budgets eines Förderers an die jeweilige Organisation gegeben wird: Je eindeutiger das Bild der Förderer von der Organisation ist, desto leichter fällt nicht nur die Unterscheidung von konkurrierenden Organisationen, sondern desto höher ist auch die Bereitschaft, dieser Organisation zu geben (Sargeant/Woodliffe 2007: 277 f.).

Der Markenaufbau wirkt dabei nicht nur nach außen, sondern auch nach innen – zur Organisation hin. Mit der Marke verbunden sind nicht nur Logos, Signets, Slogans und Tag-Lines (Conta-Gromberg

215 Zum Branding bei Unternehmen vgl. Meffert et al. (2005).

2006: 188 ff.), sondern außerdem sowohl die Identität der Organisation als auch die Gestaltung der organisatorischen Prozesse. Ergebnisse sind schließlich konsistente Erfahrungen, die die Förderer, Interessenten und andere Stakeholder mit der Organisation auf Basis ihrer Werte machen, die sich zu einem einheitlichen Bild der Organisation verdichten (Durham 2010: 31 ff.).[216]

5.3.4 Weitere Verstärker

Neben dem Einsatz von Incentives, der Transformation von Gaben in Markt-Tausch sowie dem Aufbau von Marken werden in der Fundraising-Praxis weitere Verstärker eingesetzt, um in Entscheidungssituationen auf Förderer Einfluss nehmen zu können. Im Folgenden sollen wesentliche Verstärker kursorisch vorgestellt werden (Fischer 2006):

- Finalität von Fundraising-Kampagnen
  Versehen mit einem zeitlichen Ende erzeugen Spendenbitten einen Entscheidungsdruck. Nur wer sich bis zu diesem Zeitpunkt entscheidet, kann sich in die Gruppe der Förderer inkludieren. Wenn sich nicht entscheidet, wird wie diejenigen Akteure behandelt, die sich gegen eine Förderung entschieden haben.

- Wiederholungen
  Wiederholungen ermöglichen die Ritualisierung von Handlungen und vermindern damit nicht nur Komplexität, sondern schaffen auch Orientierung. Insbesondere im Kontext von Events wirken Wiederholungen als Verstärker: Wer jedes Jahr am Benefizball teilnimmt, weiß nicht nur, was ihn oder sie erwartet, sondern vermindert den Entscheidungsaufwand. Wiederholt stattfindende Events wirken hinsichtlich des Aufbaus sozialer Beziehungen stabilisierend, da man diejenigen trifft, die ebenfalls regelmäßig teil-

216 Durham (2010: 41 ff.) zeigt auf, welche unterschiedlichen Aspekte bei einer sozialen Marke berücksichtigt und im Sinne einer konsistenten Erfahrung konstruiert werden müssen.

nehmen. Die Wirksamkeit von Wiederholungen kann man auch zu Weihnachten beobachten, wenn ein Großteil der Spenden gegeben wird.

- Verknappung und Exklusivität
  Die Wirksamkeit von Verknappung und Exklusivität ist aus dem Verkauf von Waren bekannt und entfaltet sich auch im Fundraising. Sind für den Ball nur wenige Karten erhältlich, dann sind sie schnell vergriffen, da man ansonsten leer ausginge (Cialdini 2007: 293 ff.). Diese Verstärker wirken über die Exklusion aus sozialen Gruppen: Wird der Zugang zu einer Veranstaltung oder einer Leistung begrenzt, besteht für einzelne Akteure die Gefahr, nicht teilnehmen zu dürfen und somit exkludiert zu werden. Dies zu vermeiden, ist eine starke Motivation.

- Siegel und Auszeichnungen
  Spenden-Siegel – wie vom DZI (Deutsches Zentralinstitut für soziale Fragen) verliehen – oder Auszeichnungen wie der Transparenzpreis von PricewaterhouseCoopers werden in der Kommunikation von Nonprofit-Organisationen als Nachweis von Seriosität eingesetzt, um Vertrauen aufzubauen. Sie signalisieren, dass die jeweils ausgezeichnete Nonprofit-Organisation geprüft wurde und besondere Leistungsmerkmale aufweist, die sie von anderen abhebt. Durch die Verwendung der Siegel und Auszeichnungen soll Orientierung für Förderer geschaffen und die Komplexität der Entscheidungsfindung reduziert werden.

5.4. Die Person des Bittenden

Wenn – wie oben ausgeführt – Sozialkapital in soziale Beziehungen und Netzwerke eingebettet ist und durch Gabe-Handlungen konstituiert wird, dann ist diese Form des Kapitals an individuell handelnde Akteure gebunden: Diese tauschen Gaben aus, geben, nehmen und erwidern, und konstituieren so die Beziehungen, in die sie das Sozialkapital einbetten. Wenn weiterhin Spenden eine spezifische Form des Sozialkapitals darstellen, die ebenfalls durch Gabe-Handeln konstituiert wird, dann folgt hieraus, dass auch im Fundraising persönliche Beziehungen zwischen Akteuren konstituiert werden, die die Basis für alle Spenden-Handlungen darstellen. Mithin kommt der Person des Fundraisers eine besondere Bedeutung zu, da die Beziehungen über Akteure und nicht über Organisationen konstituiert werden. Hinter Organisationen stehen Akteure, die Beziehungen und Netzwerke konstituieren und Sozialkapital schaffen, welches sie auch einsetzen, um Nonprofit-Organisationen zu konstituieren. Organisationen sind zumindest teilweise durch Netzwerke und Sozialkapital konstituiert, sind jedoch selbst keine Akteure, die aus sich heraus Sozialkapital schaffen können.

Werden folglich Netzwerke und Beziehungen ausschließlich über Individuen gebildet, dann haben diese im Fundraising eine zentrale Bedeutung: Die Organisationen müssen in der Kommunikation als Personen konstruiert werden, um Anschlussstellen für den Aufbau von Beziehungen und damit auch für die Bitte um Ressourcen schaffen zu können. Hierin findet der im Fundraising gern zitierte Satz „People give to people." seine Berechtigung: Nur über die Vermittlung durch Personen können die notwendigen Beziehungen konstituiert und somit die Ressourcen eingeworben werden.

Dies hat nun seinerseits eine Reihe von Folgen – sowohl für die Nonprofit-Organisationen als auch für die Fundraiser als Akteure im Rahmen einer organisationalen Aufgabenstellung sowie für die konstituierten Beziehungen. Beginnend mit dem letzten Punkt tritt in der Inszenierung der Spendenbitte derjenige, der bittet, als Person auf.

Abb. 17: Spendenwerbung mit Ulrich Wickert
(plan international o. J.)

In diesem Beispiel wird der bekannte Fernsehjournalist, Moderator und Autor Ulrich Wickert als Person genutzt, um für eine Patenschaft zu werben. Durch die Inszenierung seiner Person wird das notwendige Vertrauen erzeugt. Durch das Wort „auch" in der Handlungsaufforderung wird die Beziehung zwischen der Person Ulrich Wickert und dem Leser erzeugt: Es suggeriert, dass Ulrich Wickert schon Pate sei und den Rezipienten auffordert, sich ihm anzuschließen. Damit wird er nicht nur Fürsprecher der werbenden Organisation, sondern steht auch für deren Seriosität. Förderer geben, weil sie von Ulrich Wickert persönlich gebeten wurden. Die so entstehende Beziehung wird folglich über seine Person konstituiert.

Charismatische Persönlichkeiten können somit als Zentren oder Knotenpunkte von Beziehungsnetzwerken fungieren, die über ihre Person vermittelt werden. Menschen schließen sich diesem Netzwerk durch Spenden-Handlungen an, weil sie von der jeweiligen Person überzeugt oder begeistert sind. Ein Rückbezug auf die Mission oder die Projekte ist damit nicht mehr notwendig. Das Charisma und die Person stehen im Zentrum der Beziehungen.

Sowohl für Nonprofit-Organisationen als auch für Prominente ist die Verknüpfung nicht unproblematisch und setzt erhebliches gegenseitiges Vertrauen voraus: Denn verbürgen sich prominente Personen für die Seriosität einer Organisation und bilden über ihre Person die Beziehungen zu den Spendern, dann fällt jeglicher Skandal – und sei er auch nur inszeniert – schnell auf den jeweiligen Prominenten zurück und kann sich in Enttäuschung der Spender über den Prominenten äußern. Dasselbe gilt auch andersherum: Problematisches Verhalten eines Prominenten kann auch der Organisation zugerechnet werden und zu Abbrüchen der Spenderbeziehung führen, was mit finanziellen Einbußen verbunden sein kann.

Werden Beziehungen über Personen konstituiert, bedeutet dies zwangsläufig, dass derjenige, über dessen Person die Beziehungen konstituiert werden – hierbei muss es sich nicht zwangsläufig um Prominente oder Fundraiser handeln –, in diesen Beziehungen auch öffentlich, bzw. gegenüber den Spendern auftritt. Damit sind fast immer innerorganisatorische Machtpotenziale verbunden: Nicht nur ermöglicht dies den Zugang zu Informationen, sondern auch die Nähe zu Entscheidungsträgern. Hinzu kommt, dass derjenige, der in den Netzwerken Sozialkapital aufbaut oder einen Zugang erhält, innerhalb der Organisation Macht hat, da er oder sie den Zugang zu finanziellen Ressourcen kontrolliert, auf die die Organisation unter Umständen zwingend angewiesen ist.[217]

Dies führt bei der Implementierung von Fundraising innerorganisatorisch zu der Frage, wer als Bittender inszeniert wird – d. h., über wessen Person die Beziehungen aufgebaut werden – und mit welchen Qualifikationen diese Person ausgestattet sein sollte. Die erste Frage bezieht sich auf die innerorganisatorische Machtverteilung und begründet, warum Führungskräfte im Fundraising eine entscheidende Rolle spielen (Schulz 2003). Werden Beziehungen an die Person des Fundraisers gebunden, ist immer zu überlegen, wie diese Person in die innerorganisatorische Hierarchie eingebunden wird, damit sich Machtasymmetrien nicht störend bemerkbar machen.

Die qualifikatorischen Anforderungen unterscheiden sich je nachdem, ob und in welcher Weise Fundraiser in die Beziehungen zu Förderern eingebunden sind. Sobald Beziehungen über ihre Personen konstituiert werden, müssen sie zwangsläufig im Aufbau von

217 Auf die Bedeutung von Bridging Capital im Kontext von Macht und exklusiven Zugängen wurden schon hingewiesen.

Netzwerken und in der Konstitution von Sozialkapital erfahren sein. Fundraising ist dann weniger eine Profession, die erlernt und in Regeln umgesetzt wird, sondern vielmehr Netzwerkarbeit, bei der einzelne Akteure in Beziehungen und Netzwerken in Form von Gabe-Handeln aktiv sind, um so die für die Organisation notwendigen Ressourcen zu erhalten.

Die Bindung der Beziehungen an die Person des Fundraisers kann durchaus problematisch sein. Es besteht immer die Gefahr, dass die professionelle Ebene verlassen und die Beziehung auf einer persönlichen Ebene fortgesetzt wird. Begünstigt wird dies, wenn keine Förderer mehr gesucht werden, sondern „Freunde für die gute Sache" (Uekermann 2010) und statt von Fundraising dann gern von „Friend-Raising" (Corson-Finnerty/Blanchard 1998) gesprochen wird.

Der Terminus „Friend-Raising" hat im Kontext von Fundraising einen gravierenden Nachteil. Er unterschlägt, dass es sich um professionelle und nicht um freundschaftliche Beziehungen handelt. Nonprofit-Organisationen und Fundraiser bauen Beziehungen auf, um funktionale Ziele zu erreichen – um Geld oder andere Ressourcen zu erhalten, die für die Finanzierung der Projekte und Programme unerlässlich sind.

Definieren hingegen Förderer und Fundraiser die Beziehung als „Freundschaft", tragen sie sie aus dem professionellen Rahmen heraus. Damit lassen sich Übergriffe der Förderer – die bspw. noch am Weihnachtstag mal eben schnell anrufen und eine wichtige Frage klären wollen – nur schwer zurückweisen. Aber auch Übergriffe der Fundraiser sind nicht auszuschließen. Wenn aus gemeinsamen Meetings eine private Einladung wird, wenn auf Fundraiser die Rollen von Kindern und Enkeln projiziert werden, kann das zwar für den ökonomischen Erfolg durchaus nützlich sein, birgt aber immer auch die Gefahr der Täuschung der Förderer oder der persönlichen Bereicherung der Fundraiser bzw. der Vorteilsannahme.

Dieser Gefahr sind insbesondere Fundraiser ausgesetzt, die mit Erblassern und Großspendern persönlichen Umgang pflegen. Ein persönlicher Umgang mit vermögenden Menschen ist für den Erfolg des Fundraisings notwendig und angezeigt. Persönliche Begegnungen bei geteilten Werten und gemeinsamen Zielen sowie gegenseitiger Sympathie sind aber auch eine gute Basis zum Aufbau von Freundschaften, die dem professionellen Verhältnis und der Zielsetzung des Fundraisings entgegenstehen können.

Dass Freundschaften auch im professionellen Umgang vorkommen, ist kaum auszuschließen. Allerdings ist es notwendig, die Beziehungen sowie die Rollen eindeutig und klar zu definieren und die jeweiligen Grenzen festzulegen. Nur so kann vorgebeugt und können beidseitige Übergriffe vermieden werden.

5.5 Konstruktion von Beziehungen im Fundraising

Mit der Darstellung der Bedeutung der Person des Fundraisers für den Prozess des Fundraisings wurde schon darauf hingewiesen, dass über das Gabe-Handeln im Fundraising Beziehungen konstituiert werden. Diese sind jedoch nicht nur von den Akteuren, sondern auch von den unterschiedlichen Gebe-Logiken abhängig. Mit anderen Worten: Mit jeder der beschriebenen Gebe-Logiken werden jeweils andere Beziehungen konstituiert, die jeweils eine andere Grundlage bilden, auf welcher Gaben bzw. Spenden erbeten und gegeben werden.

5.5.1 Temporäre Beziehungen aufgrund von Solidaritätsappellen

Bei Solidaritätsappellen, wie dem oben beschriebenen Beispiel mit dem Kind, welches zu erblinden droht und dessen Augenlicht durch die Spende gerettet werden kann, ist das Opfer Empfänger der Gabe: Es erhält als Gabe sein Augenlicht. Damit konstituiert sich die eigentliche Gabe-Beziehung zwischen dem Spender und dem Kind. Auf dieser Ebene konstituiert sich das solidarische Handeln. Ohne das Kind würde es weder einen Solidaritätsappell noch eine Spende geben.

Diese grundlegende Beziehung unterscheidet sich nicht vom oben beschriebenen Muster des Almosens: Derjenige, der geben kann – hier das Augenlicht –, verhält sich solidarisch, spendet und gibt dem Kind. Eine Erwiderung ist nicht vorgesehen. Mit dem Akt des Nehmens ist die Beziehung beendet: Das Kind kann wieder sehen.

Im Fundraising tritt in diese Beziehung zwischen Spender und Kind die um die Spende bittende Nonprofit-Organisation. Sie bittet um die Spende, nimmt sie entgegen und stellt die Leistung her bzw. veranlasst die medizinischen Maßnahmen, um letztendlich dem Kind die Gabe – das Augenlicht – zukommen zu lassen. Damit entsteht eine Dreiecksbeziehung. Der Spender gibt das Geld, damit die Organisation die Operation veranlassen und finanzieren kann. Das Kind ist der Empfänger und erhält das Augenlicht.

In dieser Beziehungskonstruktion tritt die Nonprofit-Organisation in drei Rollen auf:

- In der Rolle des Bittenden
  Die Organisation macht auf den Missstand aufmerksam. Sie stellt fest, dass Kinder an Grauem Star erkranken und durch eine Operation vor Blindheit bewahrt werden können. Sie bittet Spender um Solidarität für das betroffene Kind.

- In der Rolle des Nehmenden
  Die Organisation nimmt die Spende entgegen. Diese ist dafür bestimmt, dem Kind durch eine Operation das Augenlicht wiederzugeben. Obwohl die Organisation mit der Entgegennahme der Spende rechtlich die Gabe in Besitz nimmt, ist sie in der Wahrnehmung des Spenders Treuhänder, dem das Geld anvertraut wird, da die Gabe für das Kind bestimmt ist.

- In der Rolle des Dienstleistenden
  Gleichzeitig leistet die Organisation die operative Durchführung. Sie stellt sicher, dass die medizinischen Maßnahmen tatsächlich erfolgreich stattfinden und das Kind die Gabe – sein Augenlicht – erhält. Dabei kann sie sich durchaus kompetenter Partner vor Ort bedienen. Trotzdem bleibt sie letztendlich dafür verantwortlich, dass die Gabe das Kind erreicht.

Beziehungen, die auf solidarischem Handeln beruhen, sind zeitlich auf die solidarische Handlung selbst begrenzt: Handelt der Förderer solidarisch und spendet, ist der Akt auf seiner Seite beendet. Die Organisation ist jetzt in der Pflicht, die Spende einzusetzen und dem Kind das Augenlicht zurückzugeben. Sobald dies geschehen ist, hat der Spender der sozialen Norm entsprochen; weitere Aktionen sind nicht vorgesehen.

Dies bedeutet aber nicht, dass auch die Beziehung selbst schon beendet ist. Denn mit der Spende steht die Nonprofit-Organisation in der Pflicht, die entgegengenommene Spende einzusetzen und den versprochenen Nutzen zu realisieren. Da Förderer dies nicht unmittelbar kontrollieren können, müssen sie einerseits Vertrauensvorschüsse gewähren und sind andererseits stark an Berichten darüber interessiert, wie ihre Spende gewirkt hat und ob das versprochene Ergebnis auch eingetreten ist. Sie interessieren sich für das glückliche Kind, das sein Augenlicht zurückerhalten hat, mit seinen Freunden Fußball spielt und eine unbeschwerte Kindheit erlebt. Dies wäre die ultimative Rückmeldung: dass die Spende sinnvoll war und etwas in der Welt bewegt hat.[218]

Für Nonprofit-Organisationen, die Solidaritätsappelle in ihrem Fundraising einsetzen, ergeben sich hieraus zwei Aspekte von besonderer Bedeutung:

218 Vgl. zur Bedeutung von Informationen in der Etablierung nachhaltiger Beziehungen zwischen Förderern und Nonprofit-Organisationen Burk (2000: 85 ff.).

- Informationen sowie Dank und Wertschätzung sind Leistungen, die von der nehmenden Nonprofit-Organisation erbracht werden müssen, um über den Einsatz der Spenden zu berichten und dem Informationsbedürfnis der Spender Rechnung zu tragen, die selbst nicht nachvollziehen können, ob und in welcher Weise die Spende den versprochenen Effekt erbracht hat. Damit löst die Nonprofit-Organisation ihre Verpflichtung aus der Treuhänderschaft ein und rechtfertig das entgegengebrachte Vertrauen. Fehlende Rückmeldungen führen mit einer hohen Wahrscheinlichkeit zum Abbruch der Beziehungen (Burk 2000).

- Da mit der Spende der Förderer die solidarische Handlung vollzogen hat, ist für ihn nach der Rückmeldung über die erbrachte Leistung die Handlung abgeschlossen. Aus seiner Sicht gibt es keine Veranlassung, sich weiter solidarisch zu verhalten, es sei denn, er wird hierzu erneut aufgefordert. Damit ergibt sich aber eine Beziehung in punktuellen Sequenzen, die durch Solidaritätsappelle, Spenden und Rückmeldungen gekennzeichnet ist und die durch immer neue Solidaritätsappelle immer wieder neu ausgelöst werden muss. Die Beziehung ist somit durch eine permanente Kette von Solidaritätsappellen gekennzeichnet.

Während zwischen Nonprofit-Organisation bzw. dem Förderer auf der einen und dem Empfänger der Leistung auf der anderen Seite asymmetrische Beziehungen bestehen – wie oben beschrieben gibt es bei solidarischen Handlungen keine Erwiderungen – ist die Beziehung zwischen Nonprofit-Organisation und Förderer nicht asymmetrisch. Die Organisation bittet nicht für sich, sondern im Namen eines Dritten, des Kindes. Organisation und Förderer sind in der Beziehung gleichwertig, da sich beide in der Solidarität für das Kind vereinen und jeweils Teil-Leistungen – Geld auf der einen und eine Dienstleistung auf der anderen Seite – erbringen, die erst im Zusammenspiel zum gewünschten solidarischen Effekt führen.[219]

219 Auf die in diesem Kontext auftauchenden Diskurse über Verwaltungs- und Fundraisingkosten wird noch zurückgekommen.

5.5.2 Die Konstruktion von Gemeinschaften

Im Zusammenhang mit der Bildung von Assoziationen wurde darauf hingewiesen, dass Nonprofit-Organisationen ihre Mission nutzen, um auf Basis geteilter Werte und Ziele Beziehungen zu konstituieren. Während beim Solidaritätsappell kurzfristige Beziehungen – im Punkt der solidarischen Handlung – konstituiert werden, die den Empfänger der Leistung im Zentrum haben, können beim Fokus auf die Mission langfristig angelegte Gemeinschaften (vgl. Tönnies 1991) konstruiert werden, bei denen gemeinsame Werte und Ziele im Zentrum stehen. Ein Beispiel, an welchem die Konstruktion des „Wir" gezeigt werden kann, ist das Postskriptum eines Mailings von Greenpeace:

> PS: Nicht vergessen: Ihre Spende oder Ihr regelmäßiger Förderbeitrag entscheiden mit darüber, ob unsere Aktivistenteams in der Tundra von Sibirien oder im Regenwald von Lateinamerika weiterhin aktiv bleiben können. Ihre Spende oder Ihr regelmäßiger Förderbeitrag zeigen unseren Aktivisten, dass Sie hinter ihnen stehen und geben ihnen die finanziellen Möglichkeiten, auch weiterhin unter widrigsten und gefährlichsten Umständen durchzuhalten.

Abb. 18: PS unter einem Spendenbrief von Greenpeace (2010)

In dem PS wird die Beziehung zwischen den Greenpeace-Aktivisten und den Förderern hergestellt: Die Aktivistenteams sind in entlegenen Gebieten unter widrigen und gefährlichen Umständen aktiv und halten durch. Die Förderer stellen die finanziellen Mittel bereit, damit die Aktivität möglich wird. Folglich müssten die Aktivisten ihre Aktivitäten einstellen, wenn die Spende ausbleibt. Damit wäre das gemeinsame Ziel – der Schutz der Umwelt überall auf der Erde – gefährdet, da hierfür die Aktivisten aktiv sind. Unter der Mission – Schutz der Umwelt – werden Akteure mit zwei komplementären Rollen vereint: Hier die Förderer, die das Geld geben, dort die Aktivisten, die vor Ort Aktionen durchführen. Erst in der Gemeinschaft können sie das gemeinsame Ziel erreichen und die Mission verfolgen.[220]

220 Interessanterweise hat die Organisation, die ja um die Spenden wirbt, keine eigenständige Rolle. Sie verschwindet quasi hinter der Gemeinschaft der Aktivisten und ihrer Förderer.

Ein weiterer Punkt kommt hinzu: Mit ihrer Spende drücken die Spender auch ihre Anerkennung aus. Sie zeigen hiermit, wie wichtig ihnen die Aktivitäten der Aktivisten sind. Sie stärken ihnen den Rücken und zeigen ihre politische Solidarität.[221] Dies ist ein Verweis auf die oben schon beschriebene Inszenierung „David gegen Goliath": David kämpft seinen Kampf gegen große Mächte. Als Außenseiter benötigt er Anerkennung, da diese ihm zeigt, dass sein Kampf richtig ist und er sich auf dem richtigen Weg befindet. Damit leitet sich aus der Spende auch die Legitimation für die Aktivitäten der Aktivisten ab: Solange Spender mit der Spende ihre Anerkennung zeigen, können die Aktivisten davon ausgehen, dass sie ihren „Kampf" nicht alleine führen. Eine Gruppe von Menschen überall auf der Welt teilt ihre Werte und unterstützt sie – ausgedrückt in der Größe der Spende.

Obwohl in dem PS eine Gemeinschaft konstruiert wird, gehen beide Gruppen nicht im gemeinsamen „Wir" auf. Förderer bleiben Förderer, die die Aktivitäten von Greenpeaceaktivisten finanzieren und ihnen Anerkennung zollen. Sie werden aber zu keiner Zeit ideeller Teil der Organisation. In dem Brief wird sehr genau zwischen „Wir" (= Greenpeace) und „Sie" (= Förderer und Unterstützer) unterschieden.

Förderer werden zu Assoziierten von Greenpeace. Sie teilen zwar Werte und Normen und wollen auch, dass Greenpeace für die gemeinsamen Ziele und Werte kämpft sowie Natur und Umwelt nachhaltig schützt. Sie bleiben aber außerhalb der Organisation selbst, denn das „Wir" bezieht sich ausschließlich auf Greenpeace bzw. die Gruppe der Aktivisten selbst. Indem Greenpeace die Förderer aus dem „Wir" ausschließt, vermeidet die Organisation, dass Förderer Rechte geltend machen. Greenpeace entscheidet über die Aktivitäten und die Ziele, die verfolgt werden. Förderer und Unterstützer können sich anschließen und Greenpeace in Hinblick auf gemeinsame Ziele unterstützen. Dies begründet aber keine Rechte, über Aktivi-

221 Hier wird der Begriff „Solidarität" in einer anderen Bedeutung als bei Solidaritätsappellen gebraucht. Auf die unterschiedlichen Bedeutungen des Begriffs wurde schon hingewiesen (s. Kap 4.1).

täten und Einsatz der Mittel mitentscheiden zu können. Damit wird auch deutlich, dass Greenpeace die Führung in dieser Beziehung beansprucht: Förderer können sich entscheiden, ob sie Greenpeace unterstützen wollen. Teil von Greenpeace werden sie damit nicht.

Eine hiervon abweichende Konstruktion des „Wir" nimmt die deutsche Wikimedia in ihrem Spendenaufruf für die Wikipedia im Herbst 2010 vor. Hier bittet Jimmy Wales, der Gründer von Wikipedia, deren Nutzer um Unterstützung und einen finanziellen Beitrag. Der Spendenaufruf enthält folgenden Text:

> Als ich vor zehn Jahren anderen Menschen von Wikipedia erzählte, habe ich Kopfschütteln geerntet. Freiwillige aus der ganzen Welt sollten sich zusammentun und eine umfangreiche Sammlung des Wissens der Menschheit erschaffen? Motiviert allein vom Gedanken des Teilens?
>
> Keine Werbung. Keine Profite. Keine Hintergedanken.
>
> Heute, ein Jahrzehnt später, nutzen 400 Millionen Menschen jeden Monat Wikipedia – das ist fast ein Drittel aller Menschen im Internet.
>
> Wikipedia gehört zu den fünf beliebtesten Webseiten der Welt. Die anderen vier verschlingen Milliardensummen, sie werden betrieben von Unternehmen mit Tausenden Angestellten und mit immensem Werbeaufwand.
>
> Wikipedia hat nichts mit einer kommerziell betriebenen Webseite gemein. Wikipedia wird durch die Gemeinschaft geschaffen - geschrieben und gepflegt von einer Vielzahl von Freiwilligen – Artikel für Artikel, Satz für Satz. Sie lesen diesen Brief, Sie nutzen Wikipedia. Damit sind auch Sie Teil dieser Gemeinschaft.
>
> Ich schreibe Ihnen heute mit der Bitte, Wikipedia zu unterstützen und zu erhalten.
>
> Gemeinsam können wir Wikipedia kostenlos und werbefrei halten. Gemeinsam können wir dafür sorgen, dass Wikipedia für jeden frei zugänglich bleibt – Sie können alle Inhalte hier uneingeschränkt nutzen, wie Sie es möchten. Wir können Wikipedia weiter wachsen lassen, Wissen weltweit verbreiten und jeder, der möchte, ist zum Mitmachen eingeladen.
>
> Jedes Jahr um dieselbe Zeit wende ich mich an Sie - die Nutzer von Wikipedia - und bitte Sie um Unterstützung bei unserer gemeinsamen Arbeit. Wenn Ihnen Wikipedia als Quelle der Information und manchmal auch Inspiration wichtig ist, dann helfen Sie uns jetzt mit einer Spende!
>
> Vielen Dank.

Abb. 19: Text des Spendenaufrufs für Wikipedia (2010)

Neben der oben schon beschriebenen Logik der Erwiderung aufgrund des unentgeltlich genutzten Wissens, setzt der Spendenaufruf „Gemeinschaft“ als zentralen Wert. Menschen erschaffen gemeinsam das größte Lexikon der Welt und eine der beliebtesten und am häufigsten aufgerufenen Websites – ohne Werbung und ohne kommerzielle Absicht. Sie teilen ihr Wissen und alle Nutzer können es überall auf der Welt kostenfrei nutzen. Und die Förderer werden in dem Aufruf zu einem Teil der Gemeinschaft: Sie sind als Nutzer notwendig, da sonst die Produktion von Wissen sinnlos wäre. Und sie tragen ihren Teil zum Gelingen der Gemeinschaft bei, indem sie spenden und so den Unterhalt und das weitere Wachsen der Wikipedia ermöglichen.

Während im Beispiel von Greenpeace der Förderer einen Beitrag leistet, damit Greenpeace für das gemeinsame Ziel arbeiten kann – und die Gemeinschaft somit über die gemeinsamen Ziele und Werte konstruiert –, integriert Wikimedia alle Spender, Nutzer und Verfasser von Artikeln in einer großen Gemeinschaft mit dem Ziel, alles Wissen allen Menschen auf der Welt kostenlos zugänglich zu machen. Eine Abgrenzung zwischen der Organisation auf der einen und den Förderern auf der anderen Seite findet nicht statt. Stattdessen können sich die Förderer als Teil der Organisation fühlen.

Damit lässt sich zeigen, dass über die Mission und damit über gemeinsame Ziele und geteilte Werte langfristig stabile Gemeinschaften von Förderern und Organisationen geschaffen werden können – zumindest liegt den Spendenaufrufen ein entsprechendes Beziehungsangebot zugrunde. Gehen Förderer auf dieses Angebot ein und kann an Identitäten angeknüpft bzw. können kollektive Identitäten geschaffen werden, dann erscheinen die Beziehungen stabil. Es gibt keinen Grund, die Beziehung zu beenden, bevor die Ziele erreicht worden sind.

5.5.3 Fundraising ohne Beziehungen zwischen Spender und Nonprofit-Organisation

Neben den beschriebenen Mustern, Beziehungen zu konstituieren, werden in den anderen Gebe-Logiken Beziehungen über andere Strukturen konstituiert, sodass es zu keiner direkten Beziehung zwischen Nonprofit-Organisationen und Spendern kommt. Oder Spenden werden eingesetzt, um Beziehungen zu beenden:

- Werden Spenden in sozialen Distinktionsprozessen mit ihren In- und Exklusionsprozessen eingesetzt, sind der soziale Status und der Zugang bzw. die Mitgliedschaft zur sozialen Gruppe Referenzpunkte für die Spende. Die Organisation, der die Spende zukommt, ist hierbei weitgehend austauschbar bzw. steht nicht im Zentrum der Spendenentscheidung. Es können deshalb Spenden gegeben bzw. im Fundraising eingeworben werden, ohne dass eine inhaltliche Beziehung zum Gebenden zustande kommt. Beziehungen werden ausschließlich zwischen den Gebenden konstituiert.

- Sollen mit der Spende Reputationsgewinne erzielt werden, steht die öffentliche Wahrnehmung im Zentrum der Entscheidung. Es wird gegeben, damit das großzügige Verhalten öffentlich dargestellt werden kann. Bei der Auswahl der Organisation ist allenfalls von Relevanz, dass weder deren Mission noch deren Empfänger sozial und/oder politisch anstößig sind. Deshalb eignen sich für diese Form des Gebens besonders Projekte mit Kindern.

- Bei allen Formen von Anlass-Spenden mit den verlängerten Gebe-Ketten geben die Spender, weil Geschenke, die zu einem Anlass gegeben werden, in Spenden transformiert wurden. So hat derjenige, der um die Spenden bittet, eine Beziehung zur begünstigten Organisation – schließlich wurde sie von ihm ausgewählt –, nicht jedoch diejenigen, die geben, anstatt wie üblich zu schenken. Die bestehenden sozialen Beziehungen zwischen Anlass-Geber und Spendern sind in diesen Fällen der Referenzpunkt des Spendens.

Mit der Spende wird diese Beziehung gestärkt, die Nonprofit-Organisation selbst ist jedoch nicht Teil dieser Beziehung, sondern ausschließlich der Empfänger der Spende.

- Wird die Spende als Erwiderung für eine empfangene Leistung gegeben, dann ist zumindest aus Sicht des Gebenden mit der Erwiderung die Beziehung beendet: Eine empfundene Schuld, die sich aus der Entgegennahme der Leistung und des Produkts ergeben hat, wird beglichen und ermöglicht die Auflösung bzw. Beendigung der Beziehung. Es bleibt nichts zurück, allenfalls wäre jetzt die Organisation an der Reihe, die Beziehung durch die Erwiderung der Spende aufrechtzuerhalten.

- Werden Spenden in Kaufakte transformiert oder werden diese simuliert, kommt es ebenfalls nicht zu Beziehungen über diese Kaufakte hinaus. Denn es entspricht der Logik des Markt-Tausches, dass eben nur im Akt des Tausches selbst eine Beziehung geschaffen wird, nicht aber darüber hinaus. Kaufen die Förderer den Kalender der Calender Girls, dann erwerben sie ein Produkt, und es ist nicht notwendig, dass sie über das Produkt hinaus eine Beziehung zu der Organisation, ihrer Mission oder ihren Projekten und Programmen aufbauen. So kann ein Benefiz-Konzert aufgrund des damit verbundenen Kunstgenusses besucht werden – welcher Organisation der Erlös zufließt, bleibt sekundär.

Damit ist natürlich nicht ausgeschlossen, dass Menschen das Konzert besuchen, weil sie über die Mission eine Beziehung zu der begünstigten Organisation aufgebaut haben. In der Handluung – Besuch des Konzerts – können durchaus unterschiedliche Logiken aktiv sein. Selbst mehrere gleichzeitig aktivierte Logiken in der Handlung einer Person sind nicht ausgeschlossen, wenn der Wunsch, die Organisation zu unterstützen, und der erwartete Kunstgenuss nebeneinander bestehen.

Was jedoch deutlich geworden ist: Für eine Vielzahl von Gebe-Logiken gilt, dass mit ihnen keine langfristigen Beziehungen aufgebaut werden. Entweder liegen die Referenzpunkte für die Beziehungen außerhalb dessen, was die jeweilige Nonprofit-Organisation beeinflussen kann, oder es ist inhärenter Bestandteil der jeweiligen Logik, dass es zu keiner Beziehung kommt bzw. mit der Gabe die Beziehung beendet wird. Hieraus ergeben sich eine Reihe strategischer Implikationen für das Management von Nonprofit-Organisationen bei der Sicherstellung der Ausstattung der Organisation mit den notwendigen Ressourcen: Es können mit solchen Gebe-Logiken auch diejenigen als Förderer gewonnen werden, die sich der Anforderung, Beziehungen einzugehen, entziehen wollen.

5.5.4 Beziehungen beim Social-Investment

Bei Social-Investments schließlich liegt der Referenzpunkt der konstituierten Beziehungen im Social Impact, den die Nonprofit-Organisation erreichenden will. Denn die Ressourcen werden bereitgestellt, um Strukturen zu schaffen, die die Organisation in die Lage versetzen, den versprochenen Social Impact zu realisieren. Damit sind Social-Investors an das definierte Ziel gebunden, nicht an die Organisation bzw. ihre Projekte oder Programme. Auch wenn die Mission wohl grundsätzlich bejaht werden muss – schließlich bildet sie die Basis für die beidseitig definierten Ziele, die die Organisation mit ihren Projekten und Programmen erreichen soll, bedeutet dies nicht, dass auf Basis der Mission mit der Organisation eine affektive Beziehung eingegangen wird. Vielmehr steht, wie bei Bronfman und Salomon (2010) deutlich wird, die Mission der Investoren selbst im Zentrum ihres Handelns, und im Akt des Investments werden die Organisationen ausgewählt, die helfen, die eigene Mission zu realisieren.

Dies führt, wie Bronfman und Solomon (2010) zeigen, zur Konstruktion neuer Rollen und damit zu neuen Anforderungen an Förderer und empfangende Nonprofit-Organisationen: Während die Investoren ihre eigene Mission und damit eigene gesellschaftliche Ziele verfolgen, geraten Nonprofit-Organisationen tendenziell in die Rolle der Dienstleister: Sie setzen die Projekte und Programme um, mit deren

Hilfe Investoren ihre eigenen Ziele realisieren können. Grundsätzlich kann damit die Zielerreichung hinsichtlich Effektivität und Effizienz optimiert werden. Denn durch die Ausstattung mit hinreichend Kapital können effiziente Strukturen geschaffen werden, die zu einem Optimum an Social Impact führen.

Gelingt es Nonprofit-Organisationen nicht, effizient und effektiv den definierten Social Impact zu realisieren, können sie ausgetauscht werden. Idealerweise machen Investoren die Investitionsentscheidung vom Vorhandensein überzeugender Geschäftsmodelle und Businesspläne bei der geförderten Organisation abhängig, um sicherzustellen, dass Einnahmen generiert werden. Diese sichern auch dann die Umsetzung der Investoren-Ziele, wenn diese sich aus dem Investment wieder zurückziehen, um Kapital in eine andere Organisation zu investieren.

Für die Nonprofit-Organisationen bedeutet dies, dass sie durch ihre Investoren hinsichtlich Output und Impact gesteuert werden. Während sich „Output" auf die quantitative Leistung bezieht, bezeichnet „Impact" die Auswirkungen der erbrachten Leistungen auf die Gesellschaft, die eigentlicher Adressat des Investments ist.

5.6 Rahmenbedingungen des Fundraisings

Relativ wenig ist bisher über den Einfluss von Rahmenbedingungen auf das Fundraising bekannt. Aus einer geschichtswissenschaftlichen Perspektive zeigt Lingelbach (2009) in ihrer Untersuchung zum deutschen Spendenwesen in der Nachkriegszeit, dass sowohl rechtliche als auch soziale Arrangements Einfluss auf die Aktivitäten von Nonprofit-Organisationen im Fundraising haben.

Für die unmittelbare Nachkriegszeit kann sie zeigen, dass durch eine restriktive Auslegung des seit 1934 geltenden Sammlungsgesetzes nicht nur die Aktivitäten im Fundraising insgesamt eingeschränkt wurden, sondern dass vor allen Dingen nur die großen Wohlfahrtsverbände die Möglichkeit erhielten, Haus- und Straßensammlungen durchzuführen – damals die vorherrschende Form des Spendensammelns. Diese konnten ihre Aktivitäten untereinander koordinieren und absprechen und so eine mögliche Konkurrenz vermeiden. Gleichzeitig signalisierte der Staat mit der restriktiven Vergabe der Erlaubnisse eine Kontrolle der Sammlungen sowie der korrekten Verwendung der gesammelten Gelder.

1966 wurde durch das Bundesverfassungsgericht diese Praxis für verfassungswidrig erklärt. Erst dies ermöglichte es einer Reihe von Nonprofit-Organisationen, in Deutschland mit dem Fundraising zu beginnen. Durch die Ermöglichung des Spendensammelns wurde den Förderern die Möglichkeit gegeben, stärker zu differenzieren und sich Sammlungszwecke auszusuchen. Aus einer quasi öffentlichen Gabe wurde eine private mit ausdifferenzierten Spendenzwecken (Lingelbach 2010). Damit verringerten sich aber auch die Möglichkeiten des Staates, Fundraising-Aktivitäten und die Verwendung der Spenden zu kontrollieren.

Nicht nur die rechtlichen Rahmenbedingungen schaffen einen Möglichkeitsraum für Nonprofit-Organisationen im Fundraising, sondern auch Akteure wie Massenmedien haben einen erheblichen Einfluss auf das Fundraising. So beschreibt Lingelbach (2009), wie sich deren Einstellung zum Fundraising gewandelt hat: Wurden zunächst Spendensammelaktionen wohlwollend und unterstützend begleitet, änderte sich mit Zunahme der Zahl der Nonprofit-Organisationen, die um Spenden baten, die Ausrichtung der Berichterstattung: Stärker in den Fokus der Medien rückten tatsächliche oder vermeintliche Spendenskandale.

Gleichzeitig änderte sich auch die Rolle der Medien im Fundraising selbst. Wurde zunächst über die Projekte und Sammelaktionen der Nonprofit-Organisationen berichtet, nutzten in den letzten Jahren eine Reihe von Medien die Möglichkeit, Bindungen zu ihren Lesern bzw. Zuschauern oder Zuhörern aufzubauen und initiierten eigene

Fundraising-Aktionen (Müllerleile 2005). Aus den Berichterstattern wurden so Akteure auf dem Spendenmarkt – mit problematischen Auswirkungen für das Fundraising einer Reihe von Nonprofit-Organisationen. Sie fanden keinen Zugang mehr zu den Medien, mit der Folge, dass weniger Spenden eingingen bzw. die Kosten stiegen, da auf andere Kommunikationskanäle umgestiegen werden musste.

Auch die zunehmende Erwerbstätigkeit von Frauen hat Einfluss auf die Fundraising-Aktivitäten. Wurde zunächst Straßen- und Haustürwerbung eingesetzt, waren mit Zunahme der Erwerbstätigkeit von Frauen tagsüber immer weniger Menschen an der Haustür erreichbar. Dies wiederum hatte zur Folge, dass auf andere Medien, wie zum Beispiel Briefe, ausgewichen wurde (Lingelbach 2010). Hierdurch veränderten sich die Fundraising-Strategien der Nonprofit-Organisationen.

Schließlich versprechen technologische Entwicklungen wie das Internet – insbesondere die Nutzungsmöglichkeiten des sogenannten Web 2.0 – neue Interaktionsformen zwischen Förderern, Nonprofit-Organisationen und Spenden-Empfängern, die zu einer neuen Aufgabenteilung zwischen den Akteuren führen soll (Breidenbach 2010). Durch Anwendungen im Umfeld von Social Media sollen Förderer und Interessenten sich koordinieren und Projekte finanzieren, mit deren Akteuren sie über das Internet vernetzt sind und mit denen sie interagieren können. Inwieweit sich diese Visionen tatsächlich durchsetzen werden, ist zurzeit noch nicht absehbar, da der Anteil der über das Internet induzierten Spenden 2012 noch bei nur 1,3 % aller Spenden lag (Spendenrat/GFK 2012).[222]

Dieser kurze Überblick soll zeigen, dass eine Reihe von externen Entwicklungen Einfluss sowohl auf die Handlungsoptionen der Nonprofit-Organisationen im Fundraising als auch auf das Spendenverhalten haben. Diese Darstellung ist sicherlich nicht vollständig und

222 Hinzu kommt: Die oben beschriebene Bedeutung der Bitte („power of asking") ist unter Umständen nicht hinreichend berücksichtigt. Dadurch verliert dieses Fundraising einen wichtigen Baustein.

erschöpfend. Es fehlen weitergehende, auch international vergleichende Studien, die aufzeigen, wie und unter welchen Bedingungen sich Fundraising in welcher Form entwickelt und welche Faktoren hierauf einen signifikanten Einfluss haben.

5.7 Fundraising zwischen Konstitution von Zivilgesellschaft und organisationaler Anforderung

Fundraising erscheint in einer eigentümlichen Ambivalenz. Auf der einen Seite werden durch die Inszenierung Gabe-Handlungen konstruiert, durch welche Beziehungen konstituiert werden können, nicht aber müssen. Die Beziehungen müssen nicht zwangsläufig zwischen Akteuren in Nonprofit-Organisationen und ihren Förderern etabliert werden. Darüber hinaus können auch soziale Beziehungen zwischen Gebenden gestiftet bzw. bestehende Beziehungen genutzt werden.

Damit entsteht ein vielfältiges Netz sozialer Beziehungen, die über Spenden-Handlungen vermittelt sind. Diese bilden die Grundlage von Zivilgesellschaft, die unter diesem Blickwinkel als Netzwerk von Akteuren erscheint, die sich in und um Nonprofit-Organisationen gruppieren. Nonprofit-Organisationen werden damit zu Trägern der Zivilgesellschaft, die Leistungen für die Gesellschaft erbringen. Wesentlich hierbei ist das Sozialkapital, welches in die Netzwerke der Zivilgesellschaft eingebettet ist und – über Prozesse des Fundraisings – in Spenden transformiert und von Nonprofit-Organisationen genutzt werden kann.

Fundraising erscheint somit als Sozial-Technik zur Konstitution und Organisation von Zivilgesellschaft. Nonprofit-Organisationen setzen Fundraising ein, um Spenden zu erhalten und organisieren damit gleichzeitig soziale Netzwerke, die konstitutiver Bestandteil von Zivilgesellschaft sind. Primärer Impetus von Nonprofit-Organisationen ist jedoch nicht die Organisation von Zivilgesellschaft, sondern die Gewinnung von Ressourcen, um die Leistungsprozesse der eigenen

Organisation zu finanzieren. Fundraising ist damit immer zurückgebunden an organisationale Notwendigkeiten.

Nonprofit-Organisationen haben nicht zwingend das Interesse, Zivilgesellschaft zu organisieren. Förderer haben nicht zwingend das Interesse, Nonprofit-Organisationen zu finanzieren, sind sie doch entweder an den Leistungen bzw. am Social Impact der Organisationen oder an den konstituierten Beziehungen interessiert. „Fundraising" lässt sich folglich hinsichtlich der Frage differenzieren, inwieweit die verschiedenen Aspekte dominieren, sodass sich drei unterschiedliche Konstruktionen von Fundraising in der Praxis differenzieren lassen:[223]

Instrumentelles Verständnis von Fundraising

Bei einem instrumentellen Verständnis von Fundraising steht die Einwerbung der Ressourcen im Zentrum der Praxis: Es werden Inszenierungen geschaffen und Beziehungen konstituiert, um möglichst viele Ressourcen zu erhalten, die für die Realisierung der Leistungen und die Deckung der Kosten der jeweiligen Nonprofit-Organisation eingesetzt werden. Beziehungsaufbau und -pflege sind somit ein instrumentelles Verhalten, um die in den Beziehungen inkorporierten Ressourcen des Sozialkapitals erhalten zu können.

In diesem Verständnis werden Methoden und Formen des Fundraisings sowie Inszenierungen in Form von „Instrumenten"[224] eingesetzt: Mit ihrer Hilfe werden soziale Situationen erzeugt, die zu Gabe-Handlungen führen, damit die Ressourcen an die jeweilige Organisation fließen.

223 Diese Differenzierung geht auf einen Diskussionsbeitrag von Thomas Kreuzer bei der Tagung „Solidarität und Philanthropie: Geben, Schenken und Spenden zwischen Forschung und Praxis" vom 22. bis 24. Oktober 2010 in Loccum zurück.

224 Schon die Sprache ist hier bezeichnend: Wer in Zusammenhang mit sozialen Beziehungen von Instrumenten spricht, hat diese schon instrumentalisiert.

Hinter einem instrumentellen Verständnis von Fundraising steht ein behavioristisches Menschenbild: Wird ein bestimmter Reiz ausgeübt, reagiert der Angesprochene und es kommt – manchmal – zu dem gewünschten Ergebnis. Der Gebende ist in dieser Sichtweise eigenartig passiv und ausschließlich reaktiv. Förderer werden als Blackboxes konzipiert, die über Versuche und Experimente in ihren Reaktionsweisen ausgetestet werden.

Die Aufgabe für Fundraiser besteht dann darin, unter Berücksichtigung der ökonomischen Rahmenbedingungen hinreichende Praktiken zu entwickeln, um möglichst viele Ressourcen für die Organisation zu erschließen. Da Reaktionsweisen der Spender nicht monokausal erklärbar und nicht einfach zu modulieren sind, können die Praktiken auch komplex sein und eine Reihe von Stufen und Differenzierungen beinhalten. Welche ausgewählt werden, hängt unter anderem auch mit der zuvor gewählten Strategie zusammen, die wiederum Annahmen darüber enthält, wie Erträge optimiert werden können.[225]

Bei diesem Verständnis von Fundraising sind Förderer nicht Teil der Organisation. Sie werden als extern – d. h. außerhalb der Grenzen der Organisation befindlich – betrachtet. Es gilt, sie aus der Organisation heraus so anzusprechen, dass sie Ressourcen zur Verfügung stellen. Es gibt nur den Austausch der Ressourcen und die notwendigerweise zu erbringenden Gegenleistungen, damit der Zustrom der Ressourcen aufrechterhalten werden kann.

Förderer-zentriertes Verständnis von Fundraising

Förderer-zentriertes Fundraising setzt bei einer Kritik an dem Menschenbild an, das dem instrumentellen Verständniss zugrunde liegt. Das behavioristische Modell wird als unzureichend zurückgewiesen. Deshalb werden hier Förderer als eigenständige Akteure konstruiert,

225 Warwick (1999) zeigt, dass sich mindestens fünf Strategien unterscheiden lassen, die Nonprofit-Organisationen in ihrem Fundraising erfolgreich verfolgen können.

die als mit eigenem Wollen, eigenen Bedürfnissen und Wünschen ausgestattet verstanden werden (vgl. Burk 2002; Burk 2003; Burnett 2006).

Förderer werden so zu Partnern der von ihnen unterstützten Nonprofit-Organisationen. Sie entscheiden sich aufgrund ihrer Werte und Erfahrungen und aufgrund des Umgangs der Organisationen mit ihnen. Sie erwarten nicht nur eine instrumentelle Reaktion auf ihre Gaben, sondern Wahrnehmung, Anerkennung und Wertschätzung: Wichtig für sie sind Informationen über die geförderten Projekte, damit sie sehen können, was ihre Gaben bewirken und wie Menschen oder Tieren hiermit geholfen wird.

Durch die starke Fokussierung auf die Bedürfnisse der Förderer gelingt es, wechselseitige Beziehungen zu konstituieren: Hierdurch besteht eine größere Wahrscheinlichkeit, dass Ressourcen des Sozialkapitals in einem höheren Umfang gegeben werden, sodass nicht nur der Erfolg des Fundraisings selbst zunimmt, sondern auch die Kosten mittelfristig sinken (Sargeant/Jay 2004).

„Mission-based" Fundraising

Im dritten Verständnis von Fundraising bildet die Mission als normativer Kern der jeweiligen Nonprofit-Organisation das Zentrum des Fundraisings (Axelrod 2005; Axelrod 2004; Fischer/Neumann 2003).[226] In diesem Verständnis konkurrieren Nonprofit-Organisationen nicht nur um Ressourcen, sondern vor allen Dingen auch um Werte und Normen (Saxton/Guild 2010). Damit werden Nonprofit-Organisationen vor allen Dingen als soziale Akteure der Zivilgesellschaft gefasst, die Methoden und Formen des Fundraisings einsetzen, um an Werten und Normen ausgerichtete Strukturen der Zivilgesellschaft zu konstruieren.

226 Dieser Zusammenhang von Werten, Mission und kollektiver Identität als Basis kollektiver Handlungen wurde schon differenziert beschrieben.

Aus der Konkurrenz um Werte und Normen erfolgt dann im zweiten Schritt das Werben um Ressourcen. Zunächst geht es in diesem Verständnis darum, auf Basis der geteilten Werte Beziehungen zu etablieren, die Voraussetzung für Gabe-Handlungen sind und die durch die gegebenen Gaben gleichzeitig konstituiert werden.

Durch die in der Mission inkorporierten Werte und Normen wird quasi zwischen den Nonprofit-Organisationen, den Akteuren innerhalb der Organisation und ihren Förderern ein gemeinsames „Drittes" kreiert, welches der Beziehung zugrunde liegt und auf welches sich die Beziehung bezieht. Daraus speist sich nicht nur die Handlungsmotivation, sondern es ermöglicht auch die Koordination aller Handlungen. Das sich aus der Mission ergebene gemeinsame Ziel wird zum Nukleus von Handlungen, die sich hinsichtlich ihrer Rationalität hierauf verpflichten lassen.

Die Mission eröffnet darüber hinaus als eigenständiges Konstrukt nicht nur die Möglichkeit zur Handlungskoordination, sondern bildet für alle Akteure den Rahmen zur Konstitution einer eigenständigen kollektiven Identität, die sowohl Deutungs- und Sinnangebote beinhaltet als auch handlungsentlastend wirkt.[227]

Genauso wie ein Förderer-zentriertes Verständnis von Fundraising auch instrumentelle und strategische Anteile enthält – schließlich müssen Förderer in einer Weise angesprochen werden, die ihnen zugänglich ist und sie veranlasst zu geben –, ist ein „mission-based" Ansatz auch Förderer-zentriert mit instrumentellen und strategischen Anteilen: Auf Basis geteilter Werte und Normen werden Beziehungen etabliert, die für die Gebenden als befriedigend und sinnvoll wahrgenommen werden und die ihre Wünsche und Bedürfnisse berücksichtigen. Allerdings haben die Beziehungen einen normativen Kern, sodass die Kommunikation mit den Förderern und Unterstützern nicht nur zeigen muss, wie die gegebenen Ressourcen eingesetzt wurden, sondern auch, dass hiermit die auf den geteilten Werten und Normen basierende Vision ein Stück weit realisiert wer-

227 Diese Prozesse wurden schon weiter oben erörtert; vgl. Kap. 4.2.

den konnte. Da Kommunikation selbst nicht zweckfrei ist, wird sie immer auch instrumentelle und strategische Anteile enthalten und wird in jedem Fall auch inszeniert. Denn eine Konkurrenz um Werte setzt nicht die Notwendigkeit außer Kraft, möglichst viele Ressourcen zu akquirieren.[228]

Damit wird eine grundsätzliche Problematik des Fundraisings deutlich: Wie oben schon beschrieben, kann ein instrumentelles Verhalten die durch Gabe-Handeln konstituierte Beziehung beeinträchtigen bzw. lässt eine solche gar nicht entstehen. Wird erkennbar, dass Inszenierungen strategisch vorgenommen werden, um die Ressourcen zu erhalten, erleben Förderer die Beziehung nicht mehr als freiwillig, sondern empfinden sich in einer normativen Verpflichtung zum Geben. Hierdurch könnte zwar unter Umständen noch ein Austausch von Ressourcen organisiert werden, nicht aber eine langfristige Beziehung, die für den Erfolg des Fundraisings unabdingbar ist.[229] Fundraising steht damit – und hierin liegt der dritte in der Einleitung formulierte Punkt – als Inszenierung in einem Spannungsfeld zwischen den organisationalen Anforderungen, Spenden einzuwerben, um sowohl die eigene Organisation als auch ihre Projekte und Programme zu finanzieren, und der Konstitution von Zivilgesellschaft, welche durch die Inszenierung des Gebens und der Konstruktion von Beziehungen mit entwickelt und gestaltet wird.

Um die Frage nach den Gründen des Spendens beantworten zu können, rücken im Folgenden die Förderer als Akteure in das Zentrum der Betrachtung. Wurden bisher Gebe-Logiken als funktionale Basis und Nonprofit-Organisationen als Akteure betrachtet, sind Spender bzw. Förderer diejenige Gruppe, um deren Geben es letztendlich geht. Es stellt sich somit die Frage, wie sie auf die Inszenierungen im Fundraising reagieren und unter welchen Bedingungen sie bereit sind, Spenden zu geben.

228 Damit ist auf die klassische „double bottom line" von Nonprofit-Organisationen verwiesen (vgl. Dees 1998): Nonprofit-Organisationen müssen sowohl ihre inhaltlichen Ziele, die auf der Mission beruhen, als auch ihre ökonomischen Ziele erfüllen. Zwischen beiden Ziellinien kann es dabei zu Widersprüchen und Friktionen kommen, die vom Management gelöst werden müssen.

229 Auf diesen Punkt weisen Sargeant und Jay (2004) hin.

6. Entscheidungsprozesse von Förderern

Bisher wurde gezeigt, dass Spenden als spezifische Ressourcen des Sozialkapitals verstanden werden können, die in der Logik des Gabe-Handelns gegeben werden. Damit werden Spenden als Handlungen zur sozialen Strukturierung deutbar, mit denen sowohl gesellschaftliche Solidarität – mit den ihr inhärenten Prozessen sozialer Differenzierung – als auch Beziehungen und soziale Netzwerke inklusive der Prozesse der In- und Exklusion konstituiert werden.

Damit es zu Spenden-Handlungen kommt, praktizieren Nonprofit-Organisationen Fundraising und werben um Spenden. Hierfür werden sowohl die grundlegenden Gebe-Logiken inszeniert als auch über Verstärker bzw. die Transformation des Gabe-Handelns in Markt-Tausch Spenden-Handlungen angestoßen. Inszenierte Gebe-Logiken wiederum gehen mit spezifischen Beziehungsmustern einher.

Damit sind die wesentlichen Grundlagen für die Erklärung von Spenden-Handlungen dargestellt. Allerdings fehlt noch die Ebene der Spender selbst. Sie werden mit den Inszenierungen konfrontiert, die Nonprofit-Organisationen im Rahmen von Fundraising anbieten, und müssen sich für das Spenden entscheiden. Die Entscheidungen sind dabei eigen-sinnig: Studien zeigen, dass eine Reihe von Faktoren die Spenden-Entscheidungen beeinflusst.[230]

Im Folgenden werden zunächst soziodemografische Aspekte vorgestellt, die zeigen, dass Spenden-Handlungen sozial unterschiedlich verteilt sind. Hinzu kommen Aspekte, die einen Einfluss auf das Spendenverhalten haben. Neben der positiven Entscheidung gibt es auch Situationen, in denen sich Akteure explizit gegen eine Spende entscheiden; es kommt zum Crowding-out. Dabei wird deutlich, dass Akteure, die sich der Anforderung zu spenden entziehen, ihr Verhalten legitimieren (müssen). Abschließend werden die Legitima-

230 Zum Überblick über empirische Studien und deren Ergebnisse vgl. Sargent/Woodliffe (2007); Green/Webb (2008); Wiepking/Brekkers (2012).

tionsmuster analysiert und dargestellt. Damit ergibt sich ein relativ komplexes Bild unterschiedlicher Faktoren, die auf der individuellen Ebene wirken und auf die Entscheidung zum Spenden Einfluss haben.

6.1 Sozio-demografische Aspekte des Spendens

Spenden-Handlungen sind innerhalb von Gesellschaften ungleich verteilt: Nur ein Teil der Bevölkerung spendet – wobei der Anteil zwischen einzelnen Gesellschaften differiert. In Deutschland spenden bspw. zwischen 32,4 und 35 % der Bevölkerung (Borcherding/Stute 2011: 3; Spendenrat/GFK 2012: 11). Es gehört damit nicht einmal mehr zu den Ländern mit dem höchsten Spenderanteil an der Bevölkerung.[231]

Setzt man die Spenden in Bezug zum Bruttoinlandsprodukt (BIP), sind die gegebenen Summen erstaunlich stabil: In den USA machen sie etwa 2 % aus, mit leicht abnehmender Tendenz seit den 60er-Jahren und wieder steigender Tendenz in den letzten drei Jahren (Giving USA 2012: 21). Auch in Deutschland stagnierten die Spendenumsätze in den letzten 20 Jahren: Rechnet man die Inflationsrate aus den Umsätzen heraus, dann lassen sich kaum Bewegungen feststellen (Urselmann 2000).

Spendenumsätze folgen zumindest bei Aufschwüngen der Wirtschaftsentwicklung: Die Steigerung der Spenden korreliert signifikant mit der vorjährigen Entwicklung des Standard & Poor's 500. Etwa 40 % der Varianz können hiermit erklärt werden. (List 2011: 160). Während Wirtschaftskrisen ist eine entsprechende Korrelation nicht feststellbar. Der Rückgang der Spenden ist deutlich geringer (Giving USA 2012: 20).

231 Die meisten Spender gibt es in Australien, wo 76 % der Bevölkerung spenden. Die USA liegen mit 57 % auf Platz 5 (Charities Aid Foundation 2012: 13).

6.1.1 Spenden und Einkommen

Die absolute Höhe der gegebenen Spenden ist abhängig vom individuellen Einkommen. So geben in den USA die reichsten 2,3 % der Bevölkerung 56,5 % aller Spenden (List 2011: 167). Bezogen auf das Haushaltseinkommen geben die ärmsten Haushalte (bis 20.000 $ Jahreseinkommen) mit 4 % den größten Anteil. Der Anteil am Einkommen fällt bis auf 1,3 % bei Einkommen von 50.000 $ und steigt dann wieder an (Andreoni 2006; List 2011). Die Einkommenselastizität folgt somit einer U-Kurve.[232]

Diese Verteilung wird auf folgende Erklärungen zurückgeführt:

- Junge Menschen, die als Studenten auch in die niedrigste Einkommensgruppe fallen, geben überdurchschnittlich aufgrund einer Vorwegnahme ihres zukünftigen Einkommens.

- In die Gruppe mit dem niedrigsten Einkommen fallen auch Rentner mit einem großen Vermögen, wenn sie nur noch geringe Einkommen erzielen. Sie spenden dann aus ihrem Vermögen.

- Zumindest für die USA gilt, dass vor allen Dingen Menschen mit einem niedrigen Einkommen für religiöse Zwecke spenden – wofür in den USA etwa ein Drittel aller Spenden gegeben werden. Je reicher die Menschen sind, desto weniger spenden sie für religiöse Zwecke.

Amerikanische Sozialpsychologen verweisen jedoch darauf, dass Menschen aus ärmeren sozialen Gruppen stärker auf Solidarität angewiesen sind und aus diesem Grund auch häufiger Solidarität praktizieren. Ohne Solidarität sei es für sie sehr viel schwieriger, ihr Leben zu bewältigen. Reiche sind dagegen stärker individualistisch orientiert und können sich selbst besser helfen (Stellar et al. 2012).

232 Für Deutschland lassen sich vergleichbare ökonometrische Ergebnisse feststellen. Auch hier folgt die Einkommenselastizität der beschriebenen U-Kurve (Borgloh 2008).

Damit wäre die höhere Spendenbereitschaft der unteren Einkommensgruppen auf generalisierte Solidarität und Reziprozität zurückzuführen.

Bei den Reichen in den USA ist die große Varianz ihres Spendens in Bezug auf Ihr Einkommen auffällig: Während sie im Durchschnitt etwa 3,7 % ihres Einkommens geben, liegt der Median bei 0,7 % ihres Einkommens (Andreoni 2006: 49). Mit anderen Worten: Es geben in jedem Jahr wenige Reiche sehr große Summen, während der größere Teil der Reichen – bezogen auf ihr individuelles Einkommen – eher unterdurchschnittlich spendet. Auffällig ist zudem das Fehlen von Spenden für religiöse Zwecke. In der Literatur werden folgende Erklärungen für diesen Befund angeboten:[233]

- Reiche geben unregelmäßig große Summen, die sichtbar sind und einen Unterschied machen. Das Geben großer Summen ermöglicht auch eine größere Kontrolle über die Verwendung der Spenden sowie Mitsprache in den jeweiligen Organisationen.

- Je reicher die Spender sind, desto eher geben sie Sachspenden. Wird einem Museum ein Picasso überlassen, ist hiermit schon eine große Summe verbunden. (Andreoni 2006: 49).

Hinzu kommt, dass Reiche in den USA eher selbsterworbenen Reichtum spenden und weggeben als ererbten Reichtum (Andreoni 2006: 50). Selbsterworbener Reichtum scheint als Eigentum wahrgenommen zu werden, über das unbeschränkt verfügt werden kann, während ererbtes Eigentum mit den Leistungen der vorangehenden Generationen verbunden ist und eher als zu verwaltender Besitz betrachtet wird, der zu treuen Händen anvertraut worden ist (Andreoni 2006: 50). Allerdings fehlen auch hier weitergehende empirische Studien, um diese Beobachtungen abschließend zu erklären.

---

233 Auch für diese Erklärungen fehlen systematische empirische Untersuchungen. Sie bleiben damit Thesen und Spekulationen. Auch andere Erklärungen, wie sie oben im Kontext der Eliten-Philanthropie erörtert wurden, sind denkbar und könnten mit einer gewissen Wahrscheinlichkeit diese Befunde erklären.

6.1.2 Spenden und Alter bzw. Bildung

Es ist hinreichend bekannt, dass Spenden-Handlungen stark mit Alter und Bildung korrelieren: Je älter die Menschen sind, desto größer ist der Anteil der Spender in dieser Altersgruppe. Dies gilt sowohl für Deutschland als auch für die USA (List 2011: 167; Priller/Sommerfeld 2005).

Ebenfalls bekannt ist der signifikante positive Zusammenhang zwischen formalen Bildungsabschlüssen und der Bereitschaft zu spenden. Deutsche, die den Abschluss einer Universität besitzen, spenden zu fast 80 %, während von denen mit einem Hauptschulabschluss nur 61 % spenden (Priller/Sommerfeld 2005: 19).[234]

Zur Erklärung dieser Befunde wird auf die engen Zusammenhänge zwischen Bildungsabschluss und Einkommen bzw. Alter und frei verfügbarem Einkommen hingewiesen: So erzielen Universitätsabsolventen in der Regel ein deutlich höheres Einkommen als Menschen ohne Schulabschluss. Da mit zunehmendem Einkommen größere Beträge gegeben werden und höhere Bildungsabschlüsse mit höheren Einkommen einhergehen, werden Menschen mit einem höheren Bildungsabschluss auch eher spenden.

Bezogen auf das Alter wird argumentiert, dass mit zunehmendem Alter auch mehr verdient wird. Da in der Mitte des Lebens Familien gegründet werden und Kinder finanziert werden müssen, ist das frei verfügbare Einkommen in diesen Altersgruppen begrenzt. Erst wenn die Kinder eigenständig sind, erhöht sich der frei verfügbare Teil des Einkommens, sodass ein Teil davon gespendet werden kann. (Priller/Sommerfeld 2005).

Beide Erklärungen mögen intuitiv einleuchten, sind jedoch nicht empirisch überprüft worden. Einige der impliziten Annahmen können durchaus bezweifelt werden: So hatten 2008 etwa 25 % der Frau-

234 Auf Basis des Freiwilligensurveys beziffern Priller und Sommerfeld die Anteil der Spender an der Gesamtbevölkerung mit 63 % (Priller/Sommerfeld 2005: 19)

en mit einer hohen formalen Bildung in Deutschland keine Kinder und gründeten folglich auch keine Familie (Pötsch 2012: 33). Unterstellt man, dass Akademiker über ein höheres Einkommen verfügen, müsste sich dies in Spenden-Aktivitäten niederschlagen. Das ist jedoch bisher nicht festgestellt worden.

6.1.3 Spenden und Geschlecht

Der Zusammenhang von Spenden und Geschlecht ist alles andere als eindeutig: So zeigen neuere US-Studien, dass Frauen nicht nur häufiger spenden, sondern insgesamt auch einen höheren Betrag als Männer geben. (Mesch et al. 2011; Piper/Schnepf 2007).[235] Der „Women's Give Report" zeigt darüber hinaus, dass Haushalte, denen eine ältere, alleinstehende Frau vorsteht, nicht nur häufiger, sondern auch mehr spenden als Haushalte mit männlichen Vorständen (Women's Philanthropy Institute 2012). Verheiratete Paare mehr geben als Singles – unabhängig davon, ob die Singles männlichen oder weiblichen Geschlechts sind. (Mesch et al. 2006).

Diese Befunde können nicht in allen Studien bestätigt werden: Keine Unterschiede zwischen den Geschlechtern werden von Lo/Tashiro (2012) sowie Bolton/Katok (1995) berichtet. Für die Niederlande zeigen de Wit/Bekkers (2012), dass Frauen zwar häufiger spenden, die Einzelspenden von Männern aber höher sind und diese insgesamt pro Jahr mehr geben. Männer geben in den Niederlanden auch einen signifikant höheren Anteil von ihrem Einkommen als Frauen.[236]

Ihre Befunde erklären de Wit/Brekkers (2012) sowohl mit dem niedrigeren Einkommen, das Frauen in der Regel erzielen, als auch mit stärkeren prosozialen Werten, die bei Frauen gemessen werden. So sind Frauen stärker als Männer an Fürsorge orientiert und verfügen

235 Die Aussage von Piper/Schnepf (2007) bezieht sich auf Durchschnitte. Nur unter den Förderern, die die höchsten Beträge geben, sind Männer überrepräsentiert.

236 Männer geben 1,9 % ihres Einkommen, Frauen 1,2 % (de Wit/Bekkers 2012: 12).

über eine stärkere Empathie. Männer geben hingegen eher, um einen sozialen Status zu markieren (Hall 2004).

Wiepking und Brekkers (2012) zeigen für die Niederlande, dass Männer und Frauen für unterschiedliche Zwecke spenden: Während Frauen eher für soziale Leistungen spenden, sind Männer als Spender stärker im Naturschutz vertreten.

Die Studien scheinen auf komplexe soziale Differenzierungsprozesse der Geschlechter zu verweisen: Zuschreibungen, wie stärkere Empathie und Hilfsbereitschaft, sowie unterschiedliche Einkommen und Vermögen – und deren Verwendung – auf der einen Seite und die Orientierung auf sozialen Status und instrumentelle Problemlösungen auf der anderen Seite, stehen in Bezug zum unterschiedlichen Spendenverhalten der beiden Geschlechter. Damit ergibt sich ein Bezug auf den unterschiedlichen Umgang beider Geschlechter mit Sozialkapital und auf die unterschiedlichen Logiken, mit welchen beide Geschlechter Beziehungen aufbauen und nutzen.

Im Anschluss hieran stellt sich die Frage nach dem Zusammenhang des unterschiedlichen Spendenverhaltens mit den oben beschriebenen Gebe-Logiken: Es ist zu erwarten, dass der Anteil von Frauen, die auf Solidaritätsappelle reagieren, größer ist, während Männer eher im Rahmen von Eliten-Philanthropie sozialen Status generieren und hierfür auch bereit sind, größere Summen einzusetzen. Da bisher empirische Studien über solche Zusammenhänge fehlen, muss dieser Punkt als Hypothese stehen bleiben.

6.1.4 Spendenzwecke

Wofür Menschen spenden, ist von Gesellschaft zu Gesellschaft sehr ungleich verteilt. In den USA dominieren Spenden für religiöse Zwecke (32 % aller Spenden werden für diesen Zweck gegeben), allerdings ist das Spenden für diesen Zweck rückläufig (Giving USA 2012). In Deutschland hingegen spielen Spenden für religiöse Zwecke eine deutlich geringere Rolle, da die großen Kirchen als Körperschaften öffentlichen Rechts über Kirchensteuern finanziert werden.[237]

In Deutschland werden die meisten Spenden für humanitäre Zwecke gegeben: 74,2 % aller Spenden sind diesem Zweck gewidmet. Kultur und Denkmalschutz, Tier- und Umweltschutz sowie sonstige Zwecke spielen hingegen mit jeweils unter 10 % aller Spenden nur eine untergeordnete Rolle (Spendenrat/GFK 2012).[238]

Diese Ungleichverteilung kann bisher nicht erklärt werden. Zieht man zur Erklärung die beschriebenen Gebe-Logiken heran und konstatiert, dass Zwecke des Gebens mit jeweils spezifischen Gebe-Logiken korrelieren, könnten damit die beobachtbaren Effekte erklärt werden: So kann davon ausgegangen werden, dass in der humanitären Hilfe und Katastrophenhilfe vor allen Dingen Solidaritätsappelle eingesetzt werden. Dies würde auf die Wirksamkeit der Inszenierungen dieser Gebe-Logik hinweisen. Spielen im Umweltschutz oder auch bei Kunst und Kultur Solidaritätsappelle eine untergeordnete Rolle und werden dort andere Gebe-Logiken inszeniert, kann dies entweder ein Hinweis auf eine geringere Wirksamkeit oder auf eine nicht optimale Inszenierung dieser Logiken sein. Diese Zusammenhänge sind jedoch noch weiter zu untersuchen. Festzuhalten bleibt hingegen, dass Spender unterschiedlich auf verschiedene Zwecke reagieren.

6.1.5 Kommunikationskanäle

Sargeant hat wiederholt darauf hingewiesen, dass auch ein Zusammenhang zwischen dem Medieneinsatz und den Reaktionen der Spender besteht: Unterschiedliche Medien bzw. Kommunikationska-

237 Zwischen 20 und 25 % aller Spenden werden in Deutschland für religiöse Zwecke gegeben (Borcherding/Stute 2012: 9).

238 Auch die Zahlen, die für den Spendenmonitor ermittelt wurden, sind vergleichbar: Not- und Soforthilfe, Kinder- und Jugendhilfe sowie Behindertenhilfe dominieren um die 25 % aller Spenden. Bildung, Politik und Kunst spielen mit jeweils 1–2 % hingegen so gut wie keine Rolle (Borcherding/Stute 2012: 9).

näle haben nicht nur unterschiedlich hohe Spenden zur Folge, sondern führen auch zu unterschiedlichem Life-Time-Value (Sargeant/Woodliffe 2006: 278). So haben die verschiedenen Formen der Fördereransprache deutlich unterschiedliche Returns on Investment (Sargeant et al. 2006). Selbst zwischen verschiedenen Online-Kanälen bestehen signifikante Unterschiede: Über Social Media werden deutlich geringere Spenden gegeben als über gebrandete Formulare auf den Websites der jeweiligen Organisationen (Network for Good/TrueSense Marketing 2010).[239]

Darüber hinaus besteht auch ein Zusammenhang zwischen den Kommunikationskanälen bzw. Medien und den Menschen, die erreicht werden können. Diese unterscheiden sich – wie Sargeant und Woodliffe (2006: 278) basierend auf den Arbeiten von Jay (2001) und Aldrich (2004) zusammenfassen – hinsichtlich ihrer demografischen Merkmale, Lebensstile und Verhaltensweisen.

Eine besondere Bedeutung für das Spenden haben Fernsehberichte – insbesondere bei Katastrophen und Notsituationen (Epstein 2006: 55). Fernsehbilder erreichen aufgrund der Verbreitung des Mediums ein großes Publikum und erzeugen nicht nur einen Eindruck von Authentizität, sondern auch emotionale Reaktionen auf die gezeigten Bilder. Damit ist Fernsehen nach wie vor ein zentraler Treiber für Spenden-Handlungen.

Dies bedeutet auf der anderen Seite aber auch, dass Spenden-Handlungen auch ein Stück weit an die Grenzen des Fernsehens gebunden sind: Gibt es aufgrund einer schlechten Erreichbarkeit für Journalisten wie in Kaschmir kaum TV-Bilder, bleibt Spendeneinnahmen hinter den Erwartungen zurück (Phineo 2011: 8). Greifen Fernsehjournalisten ein Thema nicht auf – fehlen also TV-Bilder –, besteht eine deutlich geringere Bereitschaft zum Spenden. Da Journalisten eher auf Krisen und Katastrophen als auf gesellschaftliche Missstände re-

239 Vgl. hierzu auch Fischer 2010b.

agieren, führen Katastrophen zu größeren Spendeneinnahmen als andere soziale Notlagen.[240]

6.1.6 Sozialstrukturelle Aspekte

In ihrer Sekundäranalyse der beiden deutschen Freiwilligen-Surveys von 1999 und 2004 stellen Priller und Sommerfeld (2005) fest, dass drei soziale Merkmale in besonderer Weise mit Spenden-Handlungen korreliert sind:

- Menschen mit einer starken christlichen Bindung spenden eher als Menschen mit einer schwachen Bindung. Die Quote reicht von 81 % bei starker Bindung bis zu 56 % bei schwacher bzw. keiner christlicher Bindung. Dabei ist nicht entscheidend, ob eine Kirchenmitgliedschaft besteht, sondern wie stark eine religiöse Bindung ausgeprägt ist. (Priller/Sommerfeld 2005: 26 f.).

- Menschen, die sich stark politisch interessieren, spenden nicht nur häufiger, sondern auch mehr als Menschen mit einem geringen oder gar keinem Interesse an Politik. 73 % derjenigen, die sich stark für Politik interessieren, gaben 2004 an, im vergangenen Jahr gespendet zu haben. Von denen, die nur wenig Interesse an Politik haben, waren es nur 47 %. Auch sind die Spenden der politisch Interessierten tendenziell höher: 12 % von ihnen spenden 500 € oder mehr pro Jahr. Nur 4 % der politisch wenig Interessierten spenden 500 € und mehr pro Jahr (Priller/Sommerfeld 2005: 29).

- Schließlich besteht ein enger Zusammenhang zwischen bürgerschaftlichem Engagement und der Bereitschaft zu spenden. Menschen, die sich stark bürgerschaftlich engagieren, spenden häufiger und mehr als Menschen, die sich nicht engagieren. Diejenigen, die mehr als 15 Stunden pro Woche freiwillig arbeiten, spenden zu 79 %, während Inaktive nur zu 55 % spenden. 27 % der stark En-

240 Vgl. in diesem Zusammenhang auch die Ausführungen zur sozialen Nähe.

gegierten sind in der Gruppe derer vertreten, die mehr als 500 pro Jahr spenden, während nur 6 % der Inaktiven mehr als 500 pro Jahr spenden (Priller/Sommerfeld 2005: 31). Verschiedene Formen von Engagement bedingen und verstärken sich; eine Substitution ist hingegen nicht feststellbar (Priller/Sommerfeld 2005: 28). Allerdings spenden die bürgerschaftlich Engagierten in der Regel nicht für die Organisationen, für die sie sich engagieren.[241]

6.1.7 Persönlichkeitsmerkmale

Es wurde auch immer wieder versucht, besondere Persönlichkeitsmerkmale von Spendern zu ermitteln, um hiermit begründen zu können, warum einige Menschen eher bereit sind zu geben als andere. Die wissenschaftliche Auseinandersetzung über Altruismus wurde schon differenziert erörtert.

Sargeant und Woodliffe (2006: 292 ff.) fassen einige Studien zusammen, die zeigen, dass insbesondere Empathie mit der Bereitschaft zur Hilfe eng verbunden ist. So sind Menschen mit einer hohen Empathiefähigkeit, die sich gut in die Situation anderer Menschen hineinversetzen können, eher bereit zu spenden – insbesondere, wenn sie eigene Erfahrungen mit Bedürftigkeit oder der konkreten Notsituation haben (Sargeant/Woodliffe 2006: 294). Dies korrespondiert mit den oben erörterten Gebe-Logiken – zum einen mit der Reaktion auf Solidaritätsappelle und zum anderen auch mit der Erwiderung auf erhaltene Hilfe.

Aber auch Sympathie – die mit erhöhten Spenden einhergeht – und Gefühle wie Angst, Schuld und Mitleid haben Auswirkungen auf

241 Axelrod (2004) beschreibt dieses Phänomen für die USA. Intuitiv ist es nicht einsichtig, da sich bürgerschaftlich Engagierte in den Organisationen gut auskennen und wissen, wofür Spenden eingesetzt werden und welche sozialen Effekte mit diesen erzielt werden. Eigene Beobachtungen zeigen einen vergleichbaren Effekt auch in Deutschland. Allerdings fehlen hierzu spezifische empirische Studien.

Spenden-Handlungen und führen mit einer höheren Wahrscheinlichkeit zu einer Spende.[242]

6.2 Entscheidungsrelevante Aspekte des Spendens

Die Übersicht der empirischen Befunde zeigt, dass Menschen, die den Spendenbitten der Nonprofit-Organisationen ausgesetzt sind, nicht in gleicher Weise darauf reagieren. Die verschiedenen Aspekte, nach denen das Verhalten der Spender differenziert werden kann, wurden dargestellt. Nähert man sich der konkreten Entscheidungsfindung, lassen sich weitere Aspekte identifizieren, die wirksam sind und unterschiedliche Reaktionen auf Spendenbitten erklären helfen.

6.2.1 Soziale Nähe

Auf Notsituationen reagieren Menschen nicht gleichermaßen mit solidarischem Handeln. So weist Rorty darauf hin, „dass unser Solidaritätsgefühl am stärksten ist, wenn die, mit denen wir uns solidarisch erklären, ‚zu uns' gehören und ‚wir' etwas enger Begrenztes als die Menschenrasse ist. Das kommt daher, dass die Begründung ‚weil sie ein Mensch ist' eine schwache, nicht überzeugende Erklärung für eine großzügige Handlung liefert" (Rorty 1989, 308).

Ist solidarisches Handeln selbst mit Prozessen der In- und Exklusion verbunden[243], werden unterschiedliche Reaktionen auf Katastrophen erklärbar: Der absolute Spendenrekord aufgrund des Tsunamis 2004 lässt sich eben nicht nur mit Weihnachten, sondern vor allen Dingen mit der Urlaubsregion, die vom Tsunami betroffen war, erklären. So hatte das Erdbeben Weihnachten 2003, welches die iranische Stadt Bam weitgehend zerstörte, kaum zu derart hohen Spenden ge-

242 Zusammenfassend: Sargeant/Woodliffe (2006: 294 f.).

243 Ausführlich widmet sich Komter (2005) den Prozessen der Inklusion und Exklusion im Zusammenhang mit solidarischem Handeln.

führt.[244] Und für die Erdbebenopfer in Haiti 2010 war ein deutlich höherer Ausschlag in den Spendenstatistiken feststellbar als für die Opfer der Flutkatastrophe in Pakistan im selben Jahr (Spendenrat/GfK 2012: 12). Da sich Haiti und die Dominkanische Republik die Insel Hispaniola teilen und die Dominikanische Republik Urlaubsgebiet für Deutsche ist, ist auch hier eine größere soziale Nähe anzunehmen, die Spenden-Handlungen begünstigt. Pakistan hingegen ist keine Urlaubsregion.

Über das Konzept der „sozialen Nähe“ lassen sich eine Reihe von Beobachtungen im Zusammenhang mit Spenden erklären: Die Flutkatastrophen an der Oder 1997 und der Elbe 2002 führten in Deutschland zu hohen Spendeneinnahmen[245]; betroffen hiervon waren Deutsche. Für die USA ist feststellbar, dass Katastrophen, die die USA betreffen, wie bspw. der Terroranschlag von 9/11 oder der Hurrikan „Katrina“, der unter anderem New Orleans verwüstete, dort ebenfalls zu hohen Spenden führten (vgl. Epstein 2006).[246]

Die Reaktionen der Spender aufgrund von sozialer Nähe, welche noch durch die Individualisierung der Opfer sowie die mediale Berichterstattung verstärkt werden[247], führt zu einem Ungleichgewicht in der Verteilung der Spenden: Nicht Lösungen für Problemlagen, die viele Menschen betreffen, erhalten hohe Spendenbeträge, sondern diejenigen, bei denen Menschen betroffen sind, die den jeweiligen Spendern ähnlich sind oder zu denen eine Beziehung besteht.

244 Zum Erdbeben und den Folgen vgl. Hermann 2003. Entsprechende Ausschläge in den Spendenstatistiken sind nicht feststellbar (vgl. Borcherding/Stute 2011: 3).

245 Für die Flutopfer 1997 wurden ca. 130 Mio. DM gespendet, auf 37,5 Mio. DM belief sich der Schaden von Privatpersonen in Deutschland. Für die Opfer des Elbe-Hochwassers 2002 waren nach wenigen Tagen schon mehr als 116 Mio. € an Spenden eingegangen (Becker 2002). Horstkötter (1998) weist darauf hin, dass mit den mehr als 60 Mio. DM an Spenden nach dem Oder-Hochwasser auch Neubauten für die Opfer finanziert wurden.

246 Interessanterweise scheinen die Spenden zum Elbe-Hochwasser 2013 geringer als 11 Jahre zuvor auszufallen. Gründe werden in nicht ausreichender Hochwasservorsorge gesehen. Dadurch kann den Geschädigten eine eigene Schuld zugeschrieben werden (Ehrenstein 2013).

247 Zur Individualisierung vgl. die Ausführungen zur Inszenierung im Fundraising, die hier zum Tragen kommt. Ausführungen zur Berichterstattung folgen unten.

Eindrucksvoll ist dies, wenn die Höhe der eingegangenen Spenden in Bezug zur Notlage der jeweils Betroffenen gesetzt wird. Folgende Darstellung zeigt für die USA, dass „soziale Nähe“ zur starken Bevorzugung und „Überspendung“ bei Betroffenen führt, die den Spendern gleichen, dass jedoch bei Problemlagen wie Malaria und AIDS, von denen weitaus mehr Menschen betroffen sind, nur mit geringen Spendeneinnahmen pro betroffener Person gerechnet werden kann.

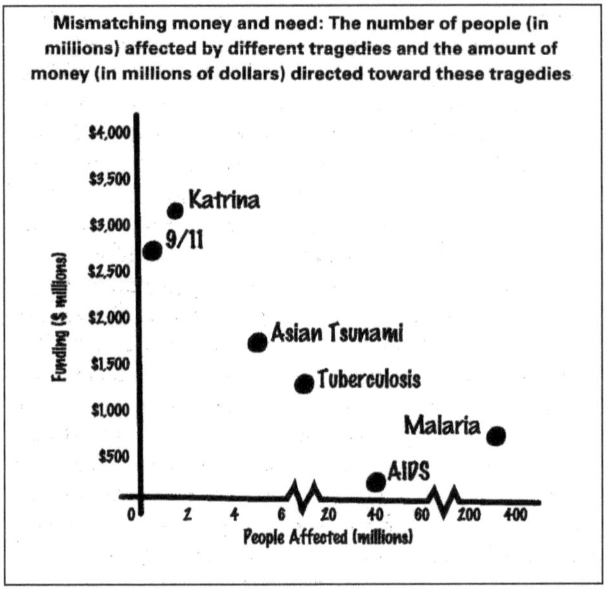

Abb. 20: Das Verhältnis von Spendensummen und der Anzahl Betroffener in ausgewählten Beispielen in den USA (Ariely 2009: 250)[248]

Wie die Darstellung zeigt, wurden für jedes Opfer des Terroranschlags von 9/11 110.000 US$ zur Verfügung gestellt. Ähnlich sah es für Betroffene des Hurrikans „Katrina“ aus. Für jedes „Opfer“ der Malaria können hingegen nur 3 US$ aus dem Fundraising eingesetzt werden. Etwas besser ist es für Betroffene von AIDS, für die zwar insgesamt weniger Mittel zur Verfügung stehen, bei denen es sich

248 Die Daten stammen aus Epstein (2006), der auch auf die einzelnen Quellen verweist. Hier werden die Ergebnisse in einer anderen Grafik dargestellt.

jedoch auch um weniger Menschen handelt (vgl. Epstein 2006: 50). Interessant ist in diesem Zusammenhang, dass Malaria in den wohlhabenden Ländern mit hohem Spendenaufkommen kaum auftritt, diese Nationen deshalb mit den Folgen der Krankheit nur selten in Berührung kommen.

Diese Zusammenhänge lassen sich als Fehlallokation von Spenden interpretieren (Epstein 2006). Die Zahlen zeigen, dass Spender eben nicht rational entscheiden und ihre Mittel nicht dort einsetzen, wo sie den größten Nutzen erbringen. Wäre dies so, müssten die meisten Spendenmittel in die Projekte fließen, die den meisten Menschen helfen. Eher ist – und das zeigen die Zahlen – das Gegenteil der Fall: Betroffene, die in sozialer Nähe zu den Spendern stehen, werden öfter mit höheren Spenden bedacht – unabhängig davon, ob die Spenden auch tatsächlich benötigt werden.[249]

Die hier thematisierten Zusammenhänge beziehen sich auf Notsituation und Naturkatastrophen und zeigen, wie Förderer hierauf reagieren. Sie lassen keine Rückschlüsse auf die Spendeneinnahmen von Entwicklungshilfe-Organisationen insgesamt zu. Denn für diese sind ja nicht nur Einnahmen für die Not- und Katastrophenhilfe relevant. So werden durch Inszenierungen der Spendenbitte durchaus positive Effekte erzielt, wie Radtke (2007) auf der Basis einer Analyse der Jahresberichte von 16 Nothilfe- und Entwicklungshilfe-Organisationen feststellt. Sie stellt eben nicht nur Schwankungen aufgrund von Naturkatastrophen fest, sondern zeigt auch einen kontinuierlichen inflationsbereinigten Anstieg der Spendeneinnahmen über ihren Untersuchungszeitraum hinweg (Radtke 2007: 17 ff.).

249 Dies zeigen nicht zuletzt die Aussagen zum Oder-Hochwasser 1997, wie von Becker (2002) oder Horstkötter (1997).

6.2.2 Ähnlichkeit

Während „soziale Nähe“ sich auf diejenigen bezieht, die von den Spenden profitieren sollen und denen sie zugedacht sind, bezieht sich das Konzept „Ähnlichkeit“ auf die Gruppe der Förderer selbst. Menschen orientieren sich in ihren Handlungen am Verhalten anderer Menschen, die sie als Peers oder als sozial Höhergestellte einstufen. Der Peergruppen-Effekt ist häufiger nachgewiesen worden: So orientieren sich Besucher eines Museums bei ihren Spenden anstatt eines Eintritts an den Spenden früherer Besucher. Sie geben entsprechend den Spenden, die sich bereits in der Spendenbox befinden (Martin/ Randal 2011).

Für die Orientierung an Peers lassen sich unterschiedliche Erklärungen in der Literatur finden: Cialdini (2007: 151 ff.) weist unter dem Schlagwort „social proof“ darauf hin, dass durch die Orientierung an anderen, als ähnlich eingeschätzten Menschen die Komplexität der Entscheidungsfindung reduziert wird. Die Akteure vertrauen darauf, dass die Anderen schon Entscheidungen erprobt haben und sie sich diesen erprobten Entscheidungen anschließen können, ohne mit gravierenden negativen Reaktionen rechnen zu müssen.

Gleichzeitig wirken in Entscheidungssituationen auch soziale Normen. Neben der Norm der Reziprozität wirken insbesondere die Prozesse der In- und Exklusion: Wer gibt und sich am Verhalten der Peers orientiert, inkludiert sich selbst in die Gruppe der Gebenden. Damit entwickelt sich eine Norm, wie viel in einer Situation zu geben ist, um sich in die Gruppe zu inkludieren und von den anderen Mitgliedern der Gruppe als adäquater Akteur und Teil der Gruppe akzeptiert zu werden. Insbesondere dann, wenn die Spendenbitte im Kontext persönlicher sozialer Netzwerke erfolgt, wirken diese Normen besonders deutlich.

Schließlich wirkt die Orientierung an Peers auch als Ankerpunkt für Entscheidungen. Wie Kahnemann (2012: 158) ausführt, orientieren sich Akteure bei Ihren Entscheidungen auch an Ankern: So waren

Menschen in einem Experiment ohne Ankersetzung bereit, 64 $ zu spenden. Wurde vor der eigentlichen Spendenbitte ein Ankerbetrag von 5 $ eingeführt, sank die Durchschnittsspende auf 20 $. Bei einem Anker von exorbitanten 400 $ stieg die Durchschnittsspende an: Es wurden jetzt 143 $ gegeben.

Analog zu diesem Experiment kann auch das Verhalten von Peers als Anker wirken: Spenden ihre Peers einen höheren Betrag, orientieren sich die Spender daran und spenden ebenfalls einen höheren Betrag. Genauso verhält es sich, wenn ein niedrigerer Betrag gegeben wird. Menschen orientieren sich an dem, was andere gespendet haben und schätzen so ein, welcher Betrag als sozial adäquat gilt.

Einen ähnlichen Effekt hat auch die Orientierung an Prominenten, die in der Öffentlichkeit spenden (Sargeant/Woodliffe 2007). Auch ihr Verhalten fungiert als Anker, an welchem sich andere Menschen in ihrem Spendenverhalten orientieren können.[250] Gerade in mehrdeutigen oder unsicheren Situationen mit hoher Ambiguität spielen Anker eine wichtige Rolle bei der Entscheidungsfindung.

6.2.3 Erfahrungen mit Nonprofit-Organisationen

Insbesondere bei der Entscheidung für eine weitere Spende an eine spezifische Nonprofit-Organisation spielt die Erfahrung des Spenders mit der jeweiligen Organisation eine entscheidende Rolle (Sargeant/Woodliffe 2006: 287). Sargeant (2001) konnte in einer empirischen Studie zeigen, dass der wahrgenommene Förderer-Service hier von zentraler Bedeutung ist: Die Freundlichkeit der Mitarbeiter/-innen der Organisation und die Geschwindigkeit, mit der Anfragen bearbeitet werden, sind für die Einschätzung des Förderer-Services zentral.

250 Damit haben öffentliche Spenden-Handlungen von Prominenten zwei Funktionen: Sie dienen als Anker und konstituieren Vertrauen.

In ihrer Untersuchung zur Spender-Loyalität zeigt Burk (2000), dass für Loyalität drei Aspekte von Bedeutung sind:

- Ein schneller, telefonischer Dank innerhalb von 24 Stunden erhöht bei einer Folgespende die gegebene Summe um 39 %. Eine schnelle und persönliche Reaktion der Nonprofit-Organisation auf die Gabe ist nicht nur eine Rückmeldung, dass die Spende angekommen ist, sondern auch, dass sie bemerkt worden ist. Sowohl die Rückmeldung als auch die Wahrnehmung des Förderers sind für den Aufbau einer Beziehung wichtige Aspekte, da sie dem Förderer zeigen, dass eine Beziehung und nicht nur Geld erwünscht ist.

- Informationen über Einsatz und Wirkung der Spende bestätigen dem Förderer, dass die Gabe „richtig" war, d. h., dass die mit der Spende angestrebten Ziele auch erreicht werden konnten (vgl. auch Sargeant 2001). Für Spender ist diese Rückmeldung notwendig, da sie selbst nicht den Impact ihrer Spende kontrollieren können und deshalb einen Vertrauensvorschuss gewähren. Über die Information erfahren die Förderer, dass ihr Vertrauen in die Organisation berechtigt war und dass die versprochenen Ziele auch erreicht wurden.

- Da Spenden immer freiwillige Leistungen sind, auf welche kein Anspruch besteht, ist die Erfahrung von Wertschätzung für Förderer ebenfalls ein wichtiger Aspekt. Neben dem Dank, in welchem auch schon Wertschätzung ausgedrückt wird, gehört hierzu die explizite Anerkennung der Gaben der Förderer, ohne deren Hilfe Projekte und Programme nicht hätten finanziert werden können. Je nach empfangener Gabe kann Wertschätzung unterschiedlich ausgedrückt werden. Burk (2000) schildert die Würdigung eines langjährigen Großspenders für ein Museum in Form der Benennung eines Raumes nach dem Spender in einem kleinen Festakt.[251]

251 Interessant ist in diesem Zusammenhang, dass die Benennung des Raumes nicht gegen eine „Spende" erfolgt ist. In diesem Fall wäre die Würdigung keine Gabe, sondern ein „Geschäft", da Sichtbarkeit/Reputation gegen eine – in der Regel größere – Spende getauscht worden wäre.

Auch dies kann ein Ausdruck von Anerkennung und Würdigung sein.

Sargeant (2001) weist darüber hinaus darauf hin, dass auch Einfluss und Kontrolle des Förderers hinsichtlich der Beziehung zur Nonprofit-Organisation die Spender-Loyalität beeinflussen: Können Förderer bestimmen, wann sie welche Informationen wünschen; können sie sich selbst als Akteure innerhalb der Beziehung wahrnehmen und sie aktiv mitgestalten, wird ihre Loyalität zur Nonprofit-Organisation stärker und die Beziehung zur Organisation wird dauerhafter (vgl. auch Fischer/Neumann 2003).

6.2.4 Rituale und Tradition

Häufiger sehen sich Förderer permanenten Spendenappellen ausgesetzt und dies nicht nur von einer, sondern von einer Vielzahl von Organisationen. Da Menschen, die bereit sind, auf einen Spendenappell zu reagieren, auch auf andere Appelle reagieren, führt dies[252] jedoch tendenziell zu einer psychischen Ermüdung der Förderer (vgl. Epstein, 2006: 54). Folglich reagieren sie mit fortschreitender Zeit immer schwächer auf Appelle. Oder sie spenden nur noch ritualisiert zu bestimmten Anlässen (z. B. zu Weihnachten).[253]

Ritualisierungen im Spendenverhalten dienen somit der Reduktion von Komplexität. Statt sich mit jedem einzelnen Spendenaufruf zu beschäftigen und jeweils immer wieder eine Entscheidung zu treffen, ob gespendet werden soll oder nicht, können alle Appelle mit dem Hinweis abgewehrt werden, dass nur zu bestimmten Anlässen oder zu bestimmten Zeiten gespendet wird. Ritualisierung kann sich

252 Knapp 20 % der Förderer spenden vier und mehr Organisationen (Deutscher Fundraising Verband o. J.). Die Zahlen basieren auf dem GfK Charity Scope 2005.

253 Weihnachten gilt nicht umsonst als Hauptphase im Fundraising. Viele Organisationen nehmen in den acht Wochen vor Weihnachten einen Großteil ihres Spendenumsatzes ein, so Roland Adler bei der Präsentation der Zahlen der GfK auf dem Fundraising-Forum Niedersachsen am 26. Mai 2011. Er konnte auch zeigen, dass über mehrere Jahre die Umsätze zum Jahresende zurückgegangen waren.

auch auf einzelne Organisationen beziehen. In diesen Fällen wird nur noch einer einzigen Organisation gegeben; alle Spendenappelle anderer Organisationen müssen dann nicht mehr beachtet werden.

Auch Geben aus Tradition kann als Spezialform der Ritualisierung des Spendens gesehen werden. Rituale, die über einen langen Zeitraum beibehalten werden, können zur Tradition werden. Spenden-Entscheidungen müssen dann nicht mehr hinterfragt oder begründet werden und gleichzeitig eröffnet sich die Chance einer langfristigen Beziehung zwischen Spender und Nonprofit-Organisation.

Was auf der Seite der Spender als Entlastung und Reduktion von Komplexität erscheint, ist auf der Seite der Nonprofit-Organisation ausgesprochen lukrativ: Mit zunehmender Ritualisierung wird der Aufwand auch für die Nonprofit-Organisation immer geringer: Statt aufwendig immer wieder neue Spenden zu werben, werden Aufwand und Umfang der Förderer-Kommunikation den Bedürfnissen der Förderer angepasst – und zum Teil auf Wunsch der Förderer sogar eingestellt.[254]

6.3 Crowding-out

Schließlich sind in der Literatur Situationen beschrieben worden, die Förderer veranlassen, ihre Unterstützung für einzelne Nonprofit-Organisationen einzustellen. Dieses Phänomen wird unter dem Begriff „Crowding-out“ diskutiert. Zwei Aspekte von Crowding-out – das Phänomen der „fiskalischen Transparenz“ und die Diskussion über Verwaltungs- und Fundraising-Kosten – werden im Folgenden erörtert.

254 Spenden-Siegel-Organisationen empfehlen Spendern, sich auf eine oder wenige Nonprofit-Organisationen als Empfänger ihrer Spenden zu beschränken. Als Gründe werden der geringere Aufwand für die Organisationen und die Abnahme der Zahl der Spendenbriefe genannt (Zewo o. J.)

6.3.1 Fiskalische Transparenz

Eckel et al. (2005) berichten von einem Laborexperiment, bei welchem ihnen ein fast vollständiges Crowding-out der Probanden gelungen ist. Grundlage des Experiments war ein Diktator-Game, bei welchem den Probanden ein Geldbetrag in Höhe von 20 US$ zur Verfügung gestellt wurde, welchen sie zwischen sich und einer – von ihnen zuvor aus einer Liste mit zehn Möglichkeiten ausgesuchten – Nonprofit-Organisationen verteilen konnten. Dabei war ein Teilbetrag schon fest für eine Nonprofit-Organisation auf der Liste vorgesehen: Entweder konnten die Probanden noch über 18 oder noch über 15 US$ frei verfügen. Die beiden Gruppen wurden wiederum unterteilt, sodass insgesamt vier Gruppen entstanden. Während zwei Teilgruppen frei entscheiden konnten, wurde den anderen beiden Teilgruppen mitgeteilt, dass der nicht mehr zur Verfügung stehende Teilbetrag zwangsweise – quasi als Steuer – schon vorab abgezogen und an eine Nonprofit-Organisation verteilt worden war. Die anderen beiden Gruppen bekamen keine weiteren Informationen.

Bei beiden Teilgruppen, die keine weiteren Informationen erhielten, gab es keine signifikanten Unterschiede. Im Durchschnitt spendeten diejenigen, die über 18 US$ verfügen konnten, 10,83 US$; diejenigen, die über 15 US$ verfügten, gaben im Durchschnitt 7,93 US$ an eine der Nonprofit-Organisationen. Die Differenz entspricht fast genau dem Unterschied der frei verfügbaren Summen. Ein Crowding-out durch den vorgenommenen Abzug konnte nicht festgestellt werden.

Ganz anders war das Verhalten der Probanden der anderen beiden Teilgruppen, denen vorab mitgeteilt worden war, dass sie quasi zwangsweise eine Steuer zu entrichten hätten, die man ihnen schon einmal von der verfügbaren Summe abgezogen hätte. Bei ihnen wurden signifikant niedrigere Spenden festgestellt, die die Experimentatoren als fast vollständiges Crowding-out interpretierten, welches eintritt, sobald den Probanden deutlich wird, dass ein Zwang auf sie ausgeübt wird und die Spende nicht mehr freiwillig erfolgt.

Eckel et al. (2005: 1556) interpretieren diesen Befund im Kontext von „fiscal illusions". Sie führen an, dass zwangsweise abgetretene Beträge erst dann zu Reaktionen führen, wenn sie den Probanden auch bewusst sind bzw. bewusst gemacht werden. Stehen die Beträge einfach nicht zur Verfügung, werden sie auch nicht wahrgenommen, ein Crowding-out findet nicht statt. Sie stellen ihre Interpretation in den Kontext von Steuerzahlungen, mit denen auch öffentliche Güter, wie sie Nonprofit-Organisationen erstellen, finanziert werden: Solange Steuerzahlern dieser Zusammenhang nicht bewusst ist, werden sie auch durch Spenden zur Finanzierung öffentlicher Güter beitragen. Das stünde jedoch infrage, wenn den Steuerzahlern bewusst wäre, dass sie mit ihren Steuern schon zwangsweise Beiträge an Nonprofit-Organisationen zur Finanzierung öffentlicher Güter abgeführt haben.

Die Befunde aus dem Experiment von Eckel et al. (2005) lassen sich auch im Kontext der Gabe-Theorie interpretieren: Wie oben ausgeführt, sind Gaben – obschon obligatorisch – immer freiwillig. Durch Zwang wird aus der Gabe eine Pflicht, die die Gabe und damit die Beziehung zusammenbrechen lässt. Gaben werden nicht unter Zwang gegeben (Godbout 2000). Erleben Spender Inszenierungen und Spendenbitten als Zwang, besteht eine gewisse Wahrscheinlichkeit, dass sie mit Crowding-out reagieren: Sie entziehen sich der Zumutung.[255]

Das Experiment lässt noch einen weiteren Schluss zu: Für Leistungen oder Produkte, für die bereits ein Dritter bezahlt hat, lassen sich kaum Spenden einwerben. Wenn nämlich bereits ein Beitrag geflossen ist, stellt sich immer die Frage, warum ein Spender für einen Restbetrag noch aufkommen sollte. Bezahlt beispielsweise eine Krankenkasse, welche hierfür Pflichtbeiträge einsetzt, zum größeren Teil bereits eine Therapie, ist Förderern kaum zu erklären, warum hierfür zusätzliche Mittel gegeben werden sollten. Damit entsteht das im Ex-

255 Allerdings verweisen Hibbert et al. (2007) auf Experimente, die zeigen, dass Spenden selbst dann noch gegeben werden, wenn Spender Manipulationen bezüglich ihrer Spendenentscheidung wahrnehmen bzw. die Situation als manipulativ interpretieren.

periment geschilderte Phänomen: Förderer reagieren mit Crowding-out und verweigern sich dem Ansinnen.

6.3.2 Fundraising- und Verwaltungskosten

Laut einer empirischen Studie von PricewaterhouseCoopers ist der häufigste Grund, nicht mehr zu spenden, die Sorge, dass die Spende ihr Ziel nicht erreichen könnte. Immerhin 75 % aller ehemaligen Spender nennen diesen Grund. Oder um es mit den drastischen Worten eines Interviewten auszudrücken: „Ich spende ja nicht dafür, dass der Herr Geschäftsführer ein dickes Gehalt kriegt" (vgl. PricewaterhouseCoopers 2008: 17 f.).

Fundraising- und Verwaltungskosten können folglich ein Grund für Crowding-out sein. Dabei ist die Kritik an Fundraising- und Verwaltungskosten zunächst rational wenig einsichtig: Dient doch Verwaltung der Planung und Kontrolle der Prozessabläufe und verhindert so Kosten durch geringe Effizienz, wie sie von Amateuren, die nicht über die notwendigen Fähigkeiten verfügen, verursacht werden können. Professionelle Werbung sorgt für effizienten und effektiven Zufluss finanzieller Mittel, die Nonprofit-Organisationen benötigen, um ihre Projekte und Programme umsetzen zu können (Pallotta 2008).

Versteht man allerdings Spenden als spezifische Form des Gabe-Handelns, lassen sich die negativen Einschätzungen der Fundraising- und Verwaltungskosten erklären: Kommt es im Alltag zu einer Notsituation und fordert eine Person andere auf zu helfen, dann unterstellen diejenigen, die aufgefordert wurden, dass auch der Auffordernde sich in gleichem Umfang an der Hilfe beteiligt. Sie konstruieren eine solidarische Gemeinschaft, die gemeinsam Unterstützung bzw. Hilfe leistet. Diese Konstruktion, die über Normen und Sanktionen abgesichert wird, ermöglicht die Exklusion von Free-Ridern, sodass Solidarität entsteht und Hilfe auch tatsächlich geleistet wird.

Problematisch wird diese Konstruktion im professionellen Kontext von Fundraising: Bei der Reaktion auf Solidaritätsappelle unterstellen Unterstützer und Förderer die Gültigkeit der Konstruktion einer Gruppe der Solidarischen, aus welcher sich der Bittende nicht zurückziehen kann, da er oder sie konstitutiver Bestandteil ist. Dies impliziert die Vorstellung, dass sich Nonprofit-Organisationen bzw. deren gegenüber den Unterstützern und Förderern auftretenden Repräsentanten in derselben Weise solidarisch verhalten wie die Förderer selbst. Mit anderen Worten: Es wird implizit erwartet, dass auch die Bittenden selbst einen solidarischen Beitrag leisten und sich nicht aus den solidarischen Gaben ihre Leistungen bezahlen lassen.[256] Dies wird implizit als Verstoß gegen geltende Normen verstanden und entsprechend sanktioniert. Da Nonprofit-Organisationen als Bittende nicht ausgeschlossen werden können, erfolgt partielles Crowding-out – die Förderer und Unterstützer ziehen sich zurück.[257]

Interessanterweise ist die Kritik an Fundraising- und Verwaltungskosten in den Bereichen des Dritten Sektors unterschiedlich: Jacobs und Marudas (2009) zeigen in ihrer differenzierten Analyse für die USA zunächst entsprechende Effekte für alle Nonprofit-Organisationen. Differenziert nach einzelnen Sektoren, ergibt sich ein komplexeres Bild: Die Höhe der Verwaltungskosten hat nur bei philanthropischen Organisationen einen signifikanten, negativen Effekt auf Spenden, nicht jedoch bei „Kultur“, „Gesundheit“, „Bildung“ und „Sozialem“. Auch Fundraisingkosten wirken zwar insgesamt negativ auf die Höhe von Spenden, aber auch hier gibt es Unterschiede: Signifikante negative Effekte sind nur in den Sektoren „Bildung“, „Gesundheit“

256 Hierin liegt auch der Grund dafür, dass immer wieder gefordert wird, dass Vorstände und Führungskräfte bzw. Mitglieder sich mit Spenden an der Finanzierung ihrer Nonprofit-Organisation beteiligen sollen (vgl. bspw. Schulz 2003). Sie sind andernfalls nicht Teil der Gruppe, die die Organisation finanziell trägt.

257 Dieser kognitive Prozess erfolgt häufig unbewusst im System 1 und ist deshalb in der Regel eine intuitive Reaktion. Bei einer rationalen Argumentation, die über System 2 abläuft, können die Inkonsistenzen deutlich gemacht werden. Es ist allerdings fraglich, dass diese rationalen Einsichten habitualisiert werden können, sodass sie gegenüber System 1 dominieren. Zu beiden kognitiven Systemen der Informationsverarbeitung vgl. Kahnemann (2012).

und „Soziales" feststellbar. Bei „Kultur" und „Philanthropie" können hingegen keine Effekte gezeigt werden (Jacobs/Marudas, 2009: 48).

Bisher sind die Gründe für diese empirischen Ergebnisse nicht geklärt. Es lässt sich aber mutmaßen, dass unterschiedliche Gebe-Logiken einen Einfluss auf die Einschätzung der Verwaltungs- und Fundraisingkosten haben, sind sie doch mit unterschiedlichen Formen von sozialen Beziehungen verknüpft: Während bei Solidaritätsappellen soziale Gruppen gebildet werden, die auf die Hilfe bezogen sind, stehen beispielsweise bei der Eliten-Philanthropie die In- und Exklusionsprozesse im Zentrum der Gebe-Logik. Für Gaben aus dieser Logik heraus spielen die Kosten des Fundraisings keine Rolle. Treten Förderer als soziale Investoren auf, stehen die Prozesse innerhalb der jeweiligen Organisation im Fokus. Zentral für die Entscheidungsfindung sind nicht Ausgaben oder Kosten, sondern Effizienz und Effektivität.[258]

Folglich kann das Problem der Fundraising- und Verwaltungskosten mit der Gebe-Logik, auf welche im Fundraising rekurriert wird, verknüpft sein. Beziehen sich Nonprofit-Organisationen in ihrem Fundraising beispielsweise auf Solidaritätsappelle, werden Beziehungen konstituiert, in welchen Verwaltungs- und Fundraisingkosten bei den Förderern eine große Rolle spielen. Wird im Fundraising hingegen auf eine andere Gebe-Logik rekurriert, spielen Fundraising- und Verwaltungskosten eine kleinere oder auch gar keine Rolle. Um den Zusammenhang von Gebe-Logiken und Verwaltungs- bzw. Fundraisingkosten weiter aufzuklären, sind empirische Untersuchungen notwendig, die den Einfluss der über die verschiedenen Gebe-Logiken vermittelten Beziehungen auf die Wahrnehmung und Einschätzung dieser Kosten betrachten.

Alle diese Aussagen bedeuten jedoch nicht, dass Förderer vor einer Spenden-Entscheidung zunächst Fundraising- und Verwaltungskos-

258 Ob auch unterschiedliche Erfahrungen mit Entscheidungen über Investitionen und Kosten aufgrund unterschiedlicher beruflicher Kontexte hier einen Einfluss haben, wurde bisher nicht untersucht, kann aber auch nicht ausgeschlossen werden.

ten der jeweiligen Nonprofit-Organisation eruieren und ihre Entscheidung von dem Ergebnis ihrer Untersuchung abhängig machen. Hope Consulting (2010) hat die Entscheidungsfindung in einer empirischen Untersuchung für die USA nachgezeichnet. Zunächst ist festzuhalten, dass der überwiegenden Mehrheit der Befragten die Höhe der Verwaltungs- und Fundraisingkosten sowie die Effizienz der Organisation und die Qualität der Führung wichtig sind (Hope Consulting 2010: 38).

Obwohl diese Aspekte von etwa 85 % der Befragten als wichtig eingeschätzt werden, recherchieren nur 35 % der Befragten vor jeder Spende die jeweilige Organisation. Nur 21 % der Befragten recherchieren auch die Daten zu Effizienz und Effektivität der jeweiligen Organisation. Am Ende macht nur ein sehr kleiner Teil – 3 % der Befragten – ihre Entscheidung von den Daten abhängig, die sie recherchiert haben, bzw. entscheidet auf der Basis der erhobenen Daten (Hope Consulting 2010: 42).

Damit lässt sich die Entscheidungsfindung der Förderer nachzeichnen: Fast alle Förderer reagieren auf eine Spendenbitte emotional und nicht rational. Sie geben der jeweiligen Nonprofit-Organisation einen Vertrauensvorschuss. Sie möchten auf möglichst einfachem Wege etwas Gutes tun. Dies entspricht einer Entscheidungsfindung mit System 1, welches Menschen nutzen, um intuitiv zu entscheiden. Werden Daten über die Organisation recherchiert, dienen sie in erster Linie dazu, die intuitiv getroffene Entscheidung zu rechtfertigen (Hope Consulting 2010: 41).

Die Situation kann durch einen Skandal kippen: Sobald die Höhe der Verwaltungs- und Fundraisingkosten einer Organisation thematisiert wird, sehen sich Förderer in ihrem Vertrauensvorschuss getäuscht und reagieren mit Crowding-out: Sie entziehen der jeweiligen Organisation ihre finanzielle Unterstützung.

Diese Situation ist für Nonprofit-Organisationen fragil: Solange ihre Kosten nicht thematisiert werden, genießen sie – häufig unabhängig von der tatsächlichen Höhe der Kosten – einen Vertrauensvorschuss. Sie leben aber immer unter der Drohung, dass das Vertrauen sofort entzogen werden könnte, wenn die Kosten in einem Skandal öffentlich thematisiert werden. Die implizite Drohung mit Crowding-out kann disziplinierend sein, ist sie doch mit einer möglichen Insolvenz verknüpft. Entsprechend besorgt sind Nonprofit-Organisationen über ihre Reputation in der Öffentlichkeit.

Für das Fundraising ist dies ebenfalls problematisch: Den Vertrauensvorschuss genießen auch Organisationen, die als „schwarze Schafe" Spendeneinnahmen nicht sozialen Projekten und Programmen zuführen, sondern sie abzweigen.[259] Solange deren Aktivitäten nicht zu öffentlichkeitswirksamen Skandalen führen, ist auch in diesen Fällen der Vertrauensvorschuss wirksam. Werden hingegen Skandale öffentlich thematisiert, sehen sich auch alle anderen Nonprofit-Organisationen hiervon betroffen, da vielfach Förderer nicht hinreichend zwischen verschiedenen Organisationen mit ähnlich klingenden Namen unterscheiden.

6.4 Legitimation des Nicht-Spendens

Die statistischen Daten zum Spendenverhalten zeigen, dass der größere Teil der deutschen Bevölkerung nicht spendet. Auch diese Menschen sehen sich den Spendenbitten und entsprechenden Anforderungen – z. B. sich solidarisch zu verhalten – ausgesetzt. Hinweise aus empirischen Studien legen den Schluss nahe, dass diejenigen, die nicht spenden, Entschuldigungen für ihr Verhalten finden.

In einem Laborexperiment fanden Andreoni und Rao (2011) Hinweise auf die entlastende Wirkung von Entschuldigungen. In einem Diktator-Game wurden Probanden gebeten, einen vorgegebenen Betrag zwischen sich und einer anderen Person zu teilen. Fanden die

259 Zum Problem des Spendenbetrugs vgl. die Spendenwarnungen des DZI (o. J.) bzw. die Sammlungsverbote durch den ADD Trier (o. J.).

Probanden eine Entschuldigung, fiel die Teilung zu ihren Gunsten aus. Anscheinend hatte die Entschuldigung eine entlastende Wirkung. Andreoni und Rao (2011: 517) führten die entlastende Wirkung auf eine Schuld-Aversion der Probanden zurück: Die unfaire Teilung beeinträchtige das Selbstbild – wer ist schon gern unfair? – und tangiere soziale Normen.

Entsprechende Rationalisierungen und Legitimationen lassen sich in der Praxis zeigen. Hibbert (2005) unterscheidet fünf unterschiedliche Typen von Rationalisierungen:

- Zurückweisung von Verantwortlichkeit
  Eine Person kann nicht geben, weil äußere Umstände die Unterstützung unmöglich machen: Eine Person hat bspw. nicht genügend Geld, um zu spenden.

- Negierung der Möglichkeit zu helfen
  „Für Afrika wurden in den letzten drei Jahrzehnten zig Mrd. Euro gespendet und trotzdem sterben immer noch Menschen an Hunger", ist eine typische Negierung der Möglichkeit zu helfen.

- Schuldzuschreibung an die Betroffenen
  Menschen werden für ihre Situation selbst verantwortlich gemacht. Ihnen wird zugeschrieben, dass sie sich selbst helfen könnten, wenn sie nur wollten. Eine Hilfe von Dritten ist deshalb nicht notwendig.

- Den Bittenden bitten
  Diejenigen, die um eine Spende bitten, werden aufgefordert, doch selbst zu geben und das Problem zu lösen.

- Berufung auf höhere Werte
  Auch die ausschließliche Hilfe für die eigene Familie kann eine Rechtfertigung für die Entscheidung gegen eine Spende sein.

Auch der Verweis auf hohe Verwaltungs- bzw. Fundraisingkosten kann als Rationalisierung entlastende Wirkung haben: In diesem Zusammenhang wird argumentiert, dass Spenden in der Verwaltung „versickern“ und niemals die Betroffenen erreichen. Legitimiert wird diese Sichtweise mit Hinweisen auf Spendenskandale und „schwarze Schafe“, die Spenden in die eigene Tasche stecken und nicht das Ziel haben, den Betroffenen zu helfen.

Schließlich gibt es zur Rationalisierung auch die Möglichkeit, die Seriosität der Organisation in Zweifel zu ziehen. Gerade demonstrativ eingesetztes Leid kann als unzulässige Druckausübung verstanden werden. Es wird argumentiert, dass in dieser Konstruktion emotionaler Druck nur zu dem Zweck aufgebaut werde, Menschen das Geld aus der Tasche zu ziehen. Die Organisation wird folglich für unseriös gehalten und der Gruppe der „schwarzen Schafe“ zugerechnet, die keine Spende erhalten sollten.

Solidaritätsappelle und implizite Schuldzuweisung können auch als Versuche der Manipulation interpretiert werden. In diesem Fall sehen sich die angesprochenen Personen einer emotionalen Situation ausgesetzt, die extra so konstruiert wurde, dass sie hierauf nur mit einer Spende reagieren können, wollen sie ihr eigenes Selbstbild nicht beschädigen.[260]

260 Zur Bedeutung des Selbstbildes und des Zwangs zu konsistenten Entscheidungen vgl. Cialdini (2007: 89 ff.).

6.5 Zur Rationalität der Spender-Entscheidung

Hinter den Entscheidungen zur Spende scheint eine eigen-sinnige Rationalität auf. Dies bedeutet aber nicht, dass diese den Spendern bewusst ist, noch dass sie wissen, warum sie gerade in diesem Moment spenden. Die Ausführungen haben gezeigt, dass das Spenderverhalten sowohl von psychischen Dispositionen – wie Empathie – und kulturellen Zuschreibungen und Stereotypen – etwa, wie sich Frauen oder Männer zu verhalten haben – als auch von verschiedenen sozioökonomischen Faktoren – wie Alter und vor allen Dingen Einkommen und Vermögen – abhängig ist.

Hinzu kommt, dass sich die Gebe-Logiken unterschiedlich auf verschiedene Spenden-Entscheidungen auswirken: Ärmere Menschen, die zur Bewältigung ihres Alltags stärker auf Solidarität und Hilfe angewiesen sind, sind selbst auch solidarischer und sind entsprechend auch eher bereit zu spenden. Vermögende Männer wiederum spenden tendenziell seltener, aber höher, um ihren sozialen Status zu markieren und über den Prozess der In- und Exklusion Zugänge in Netzwerke zu erlangen, die auch genutzt werden, um privilegiert Geschäfte untereinander machen zu können.

Damit verweisen die Spenden-Entscheidungen auf die grundlegenden Gebe-Logiken zurück – und über die Inszenierungen und Spendenbitten im Fundraising schließt sich der Kreis. Je nach Inszenierung und Beziehungsangebot können diejenigen als Spender gewonnen werden, die entsprechend ihrer eigenen Disposition reagieren. Mit der Ausführung der Spenden-Handlung wird dann wiederum das Sinnangebot genutzt und entsprechend Sinn generiert.

Auf Ebene der Kultur – verstanden als kollektiv geteilte Deutungsschemata, die den Akteuren in Interaktionen zur Verfügung stehen und von ihnen genutzt und damit aktualisiert werden – steht den Spendenden eine Reihe von sozial adäquaten Interpretationen zur Verfügung, welche sie nutzen können, um sich das eigene Handeln zu erklären. Anderen zu helfen, etwas Gutes tun oder auch der Gesellschaft etwas zurückzugeben, sind entsprechende Motive, die in Befragungen immer wieder genannt und mit denen das eigene Handeln begründet wird. Interessant ist in diesem Zusammenhang auch, welche Motive nicht genannt werden: Zugang zu Netzwerken sowie Status-, Prestige- und Reputationsgewinne können zwar inszeniert werden – man muss sich beispielsweise nur Förderer-Plaketten in Bauwerken anschauen, die allen Vorbeikommenden deutlich machen, wer hier – häufig auch in welchem Umfang – gegeben hat. Aber diese Motive werden nicht genutzt, um das eigene Verhalten zu erklären; sie gelten als egoistisch und zeigen eben auch an, dass spenden nicht immer altruistisch ist – ja, dass häufig gar nicht zu entscheiden ist, welche Motive denn überhaupt wirksam sind. Damit verweisen Spenden-Handlungen auf die oben diskutierte Unterscheidung zwischen funktionalen und strukturellen Aspekten der Gabe und deren Bedeutungen.

Deshalb kann man auch nicht aus Aussagen von Spendern umstandslos auf deren Motivation schließen. Die Aussagen sind immer kulturell vermittelt. Sie beziehen sich auf die kulturellen Standards, die zur Erklärung von Spenden-Handlungen zur Verfügung stehen.

Auch wenn Gebe-Logiken in vielen Kulturen anzutreffen sind, da mit ihnen soziale Beziehungen zwischen einzelnen Akteuren konstituiert sowie soziale Strukturen konstruiert werden, unterscheiden sie sich notwendigerweise sowohl in den einzelnen Praktiken als auch durch die in der jeweiligen Kultur zur Verfügung stehenden Muster zur Erklärung des eigenen Verhaltens. Exemplarisch deutlich wird dies in den Unterschieden des Spendenverhaltens von Frauen und Männern: Solange Frauen in Kulturen mit traditionellen, stereotypen Zuschreibungen leben, werden diese in ihrem Verhalten auch wirksam sein. Erst dann, wenn die Gleichberechtigung von Männern und Frauen voranschreitet, wenn Frauen über dasselbe Einkommen wie Männer verfügen und es auch einsetzen, um sozialen Status zu markieren bzw. Zugänge zu Netzwerken zu erhalten, gleichen sich die Verhaltensweisen beider Geschlechter einander an. Im unterschiedlichen Spendenverhalten von Männern und Frauen lassen sich eben auch Unterschiede im sozialen Verhalten der Geschlechter und in ihrem Umgang mit Sozialkapital – der in verschiedenen Kulturen eben durchaus unterschiedlich ist – aufzeigen.

Auch wenn die einzelne Spenden-Handlung nicht zweckrational ist und Spender nicht ihren eigenen Nutzen optimieren, sind diese Handlungen in die jeweilige Kultur einer Gesellschaft eingebunden, folgen den zur Verfügung stehenden Möglichkeiten der Verwendung von Sozialkapital und schaffen soziale Strukturen und Netzwerke, manchmal auch mit dysfunktionalen oder problematischen Folgeeffekten.[261] Insofern sind Spenden auch dann rational, wenn diese Rationalität in der Entscheidungssituation für den Spendenden nicht zugänglich ist und die Entscheidung für die Spende – ebenso wie die Entscheidung, nicht zu spenden – erst anschließend rationalisiert wird.

Hiermit schließt sich die in der Einleitung skizzierte Argumentation: Spenden lassen sich als Gabe-Handlungen verstehen. Aufgrund der Gabe-Handlungen inhärenten funktionalen und strukturellen Aspekte auf der einen Seite und der jeweiligen Bedeutungsrahmen auf der anderen Seite müssen sowohl die strukturellen und funktionalen Aspekte als auch die Bedeutungen, die Spender ihren Handlungen zuschreiben bzw. aus dem Blick nehmen, betrachtet werden. Beide Aspekte sind darüber hinaus durch Fundraising – verstanden als Praktik, die Nonprofit-Organisationen einsetzen, um Gaben zu erhalten – vermittelt. Mithilfe von Inszenierungen und Verstärkern werden beide Aspekte verbunden und wird Spendern erst die Möglichkeit gegeben, Beziehungen zu konstituieren, Sozialkapital zu schaffen und Sinnangebote zu nutzen, sodass implizit auch Zivilgesellschaft mit konstruiert wird.

261 Die beschriebenen Fehlallokationen oder auch Gaben im Kontext von Korruption sind zwei Beispiele unerwünschter Effekte des Spendens.

7. Rückschlüsse auf Theorie und Praxis

Die Auseinandersetzung mit Spenden und Fundraising sowie den hinter diesen sozialen Praktiken liegenden Prozessen erlaubt nun, Rückschlüsse auf Konzeptionen und Theorien zu ziehen. Neben der Auseinandersetzung mit der qualitativen Weiterentwicklung des Fundraisings ergeben sich auch Hinweise auf die Weiterentwicklung der Gabe-Theorie selbst sowie auf die Konstruktion von Austauschprozessen in den Wirtschaftswissenschaften. Abschließend lässt sich das Konstrukt der Zivilgesellschaft näher fassen und bestimmen sowie nach dem Erfolg von Nonprofit-Organisationen fragen.

7.1 Fundraising

Begonnen wurde mit dem Hinweis, dass Fundraising in Deutschland nicht nur quantitativ stagniert, sondern sich in den letzten Jahren auch qualitativ kaum weiterentwickelt hat. Versteht man Spenden als Gaben, lassen sich zwei zentrale Gründe hierfür aufzeigen:

- Ein instrumentelles Verständnis von Fundraising führt aufgrund eines behavioristischen Menschenbilds tendenziell zur „Überredung des Spenders" und kann mit Inszenierungen einhergehen, die die prinzipielle Freiwilligkeit des Spendens negieren. Dadurch wird das grundlegende Prinzip der Gabe ad absurdum geführt.

- Obwohl „Relationship-Fundraising" als zentrales Paradigma begriffen wird, ist der Beziehungsbegriff nicht in seiner notwendigen Differenzierung herausgearbeitet, sodass unterschiedliche Qualitäten von Beziehungen im Fundraising begrifflich nicht gefasst werden können und damit auch keine differenzierte Praxis entwickelt werden kann.

7.1.1 Teilweise Erosion des Gabe-Fundaments

Spenden wurden als spezifische Formen des Sozialkapitals rekonstruiert. Sozialkapital wird von Akteuren in soziale Beziehungen bzw. Netzwerke inkorporiert und steht als Gabe den am Netzwerk partizipierenden Akteuren zur Verfügung. Beim Spenden werden Gaben an Nonprofit-Organisationen gegeben und damit vielfach gleichzeitig – das hat die Auseinandersetzung mit den Gebe-Logiken gezeigt – soziale Netzwerke und Beziehungen konstituiert bzw. gestärkt, was häufig über Prozesse der In- und Exklusion vermittelt ist.

Die Auseinandersetzung mit Fundraising hat gezeigt, dass Nonprofit-Organisationen mit einem instrumentellen Fundraising-Verständnis sich auf den finanziellen Aspekt konzentrieren und entsprechende Inszenierungen vornehmen. Unter dem Verständnis von Fundraising als Beschaffungsmarketing kann es hierbei zu einer Transformation von Gabe-Handeln in Markt-Tausch und damit von Sozialkapital in ökonomisches Kapital kommen: Es werden diejenigen Inszenierungen instrumentell genutzt, die kurzfristige Spendeneinnahmen versprechen. Mit der Transformation geht allerdings der Aspekt der Beziehungen, die durch Gabe-Handeln vermittelt werden, verloren. Gerade in diesem Punkt unterscheidet sich – wie anhand der Literatur gezeigt werden konnte – Gabe-Handeln von Markt-Tausch.

Durch die Transformation verändert sich die Art der Beziehung. Beim Markt-Tausch bzw. beim instrumentellen Verständnis von Fundraising wird sie punktuell und beide Seiten können versuchen, ihren Nutzen zu optimieren: Nonprofit-Organisationen versuchen, möglichst viele Spenden einzuwerben; Förderer, ihre eigenen Gestaltungsinteressen oder Sinn-Generierungen durchzusetzen. Emotionale und soziale Faktoren, die auch mit dem Spenden verbunden sind, werden marginalisiert und treten zurück. Die sozialen Differenzierungsprozesse, die mit Spenden-Handlungen auch verbunden sind, können ebenfalls weniger wirksam werden. Allerdings bleibt ein gesellschaftlicher Bedarf hierfür bestehen. Und es schwindet notwendigerweise auch das Vertrauen in Nonprofit-Organisationen, da

Markt-Tausch zwar Vertrauen voraussetzt, dieses aber selbst nicht generieren kann.[262]

In der Praxis ist dies mit einem Phänomen verbunden, auf welches Hibbert et al. (2007) hinweisen. Sie zeigen, dass selbst die Wahrnehmung, manipuliert und in eine Spenden-Handlung gedrängt worden zu sein, nicht notwendigerweise zum Abbruch der Spenden-Handlung führt. Diese Beobachtung ist kontraintuitiv, würde man doch vermuten, dass durch wahrgenommene Manipulationen Vertrauen zerstört wird, welches für Spenden-Handlungen notwendig vorauszusetzen ist.

Erst die Beobachtung, dass Spenden-Handlungen auch in Markt-Tausch transformiert werden können, bietet einen Ansatz, dieses Phänomen zu erklären: Nicht mehr Vertrauen und bestehende Beziehungen sind Voraussetzungen für Spenden-Handlungen, sondern Nutzenkalküle auf beiden Seiten: Solange die Nonprofit-Organisation die Bedürfnisse des Spenders befriedigt – z. B. notleidende Kinder oder Hunde versorgt – wird gespendet.[263] Der Spender bedient sich der Nonprofit-Organisation, um seine Interessen verwirklichen zu können. Fehlende Beziehungen bedeuten jedoch auch, dass die Organisationen aus Sicht der Förderer grundsätzlich austauschbar werden.

Auf der anderen Seite bedeutet dies natürlich auch, dass alle potenziellen Spender, die Beziehungen konstituieren wollen, durch diese Transformation nicht mehr erreicht werden. Sie wenden sich ab. Dies wiederum ermöglicht es, den oben beschriebenen Zusammenhang von immer weniger Spendern in Deutschland und gleichzeitig steigenden Durchschnittsspenden zu erklären: Dominiert ein instrumentelles Fundraising-Verständnis und in dessen Folge die Transformation des Fundraisings in Markt-Tausch, wird nur noch ein Teil

262 Vergleiche hierzu die Ausführung über Gabe-Handeln und Markt-Tausch.

263 Hiermit lässt sich auch erklären, warum es immer wieder Organisationen gelingt, Spenden zu erhalten, die nicht einmal gemeinnützig sind, d. h., bei denen die Steuerbehörden entschieden haben, dass sie nicht den steuerrechtlichen Anforderungen genügen.

der Spender erreicht. Diejenigen, die Beziehungen auf Basis geteilter Normen voraussetzen, werden hingegen nicht oder immer weniger erreicht. Allenfalls in Notsituationen können kurzfristig zusätzliche Förderer mobilisiert werden. Dies kann zur Folge haben, dass die Zahl der Spender zurückgeht, da die Basis des Spendens in den sozialen Beziehungen nicht mehr hinreichend konstituiert ist. Bei Spendern hingegen, die weiterhin spenden, kann die instrumentelle Beziehung weiter optimiert werden: Je besser die Interessen der Förderer befriedigt werden, desto häufiger bzw. höher werden sie spenden.

Damit ergibt sich eine mögliche strategische Differenzierung zwischen den spendensammelnden Nonprofit-Organisationen: Da durch die Transformation von Gabe-Handeln in Markt-Tausch soziale und emotionale Bedürfnisse weniger befriedigt werden können, ergibt sich ein Handlungsfeld für Nonprofit-Organisationen, die einem Verständnis von „mission-based" Fundraising folgen: Hier besteht die Möglichkeit, eine auf geteilten Werten und Normen aufbauende Gemeinschaft zu konstruieren, in welcher Spenden nicht nur Nutzenkalkülen folgen, sondern auch die inhärenten sozialen und emotionalen Bedürfnisse der Spender befriedigen.

Die Beobachtung, dass vor allen Dingen regional tätige Nonprofit-Organisationen aufgrund ihrer stärkeren Verankerung in regionalen Netzwerken diese Felder nutzen und so ein eigenständiges Fundraising entwickeln können, lässt sich hierauf zurückführen:[264] Die sozialen Folgen ihrer Projekte und Programme sind in der Region sichtbar. Die Organisationen sind aufgrund ihrer Einbindung und der Einbindung ihrer Akteure in regionale Netzwerke stärkerer sozialer Kontrolle unterworfen. Und die Förderer können mit ihren Spenden besser soziale Strukturen und Netzwerke konstituieren (Fischer/Krause 2011; Fischer/Conta Gromberg 2009; Ripken 2013).

Auch die Konstruktion von Fundraising als Beschaffungsmarketing im Rahmen der Betriebswirtschaftslehre muss unter diesen Aspekten

264 Dies bedeutet nicht, dass nur regional tätige Organisationen einem mission-based Verständnis von Fundraising folgen können.

kritischer gesehen werden. Das Konzept stammt aus dem Marketing kommerzieller Unternehmen und impliziert ein Verständnis linearer Zusammenhänge: Ressourcen werden auf Märkten beschafft und im Produktionsprozess innerhalb der Organisation umgewandelt. Die entstandenen Produkte bzw. Leistungen werden anschließend auf Märkten verkauft. Unterlegt man ein entsprechendes Verständnis dem Fundraising, so reduziert sich der Prozess auf die Beschaffung notwendiger Ressourcen. Die Konstitution von Beziehungen und deren Bedeutung für den Gabeprozess geraten aus dem Blick.

7.1.2 Fundraising und Ethik

Alle nationalen Fundraising-Fachverbände haben umfangreiche Ethikregeln verabschiedet. Diese regeln insbesondere das Verhalten gegenüber den Förderern. Im Kern[265] wird hierin anerkannt, dass Fundraising immer eine Inszenierung ist und Spenden zur eigenen Organisation geleitet werden. Gleichzeitig scheint das Verhältnis zwischen Fundraisern bzw. Nonprofit-Organisationen auf der einen und Förderern auf der anderen Seite besonders regelungsbedürftig: Es soll vermieden werden, dass Förderer in psychische Dilemmata geführt werden, aus welchen sie sich scheinbar nur durch eine Spende befreien können.

Ohne hier im Einzelnen auf die Regelungen eingehen zu wollen, sind sie doch bemerkenswert. Die Notwendigkeit dieser Ethikregeln kann als Indiz dafür verstanden werden, dass durch die Transformation von Gabe-Handel in Markt-Tausch Beziehungen und Vertrauen verloren gehen, die für Fundraising als essenziell eingeschätzt werden. Können Nonprofit-Organisationen aufgrund dieser Transformation kein Vertrauen mehr generieren, werden an seiner Stelle Ethikregeln, Spenden-Siegel und Transparenzgebote benötigt. Und die Notwen-

265 Andere Regelungen betreffen das Verhältnis zwischen Fundraisern und Dienstleistern mit dem Verbot der Vorteilsnahme sowie das Verhältnis von Nonprofit-Organisationen untereinander (Verbot der Herabsetzung anderer Organisationen). Darüber hinaus existieren auch Gebote wie die Verpflichtung zur Fortbildung und zum Austausch (Deutscher Fundraisingverband 2008).

digkeit für deren Formulierung und formale Verabschiedung zeigt, dass tatsächlich Handlungen beobachtbar sind, die dazu beitragen, dass Vertrauen erodiert.

In diesem Zusammenhang gewinnt das Gebot, dass es keinen Zweck gibt, der unethische Methoden und Mittel rechtfertigt, Bedeutung: Als „unethisch" eingestuftes Verhalten lässt sich scheinbar mit dem dringenden Zweck der Organisation legitimieren. „Dringlichkeit" wiederum ist eine normative Konstruktion, die sich aus der Mission und der Beurteilung des Missstands ergibt. Werden in den ethischen Grundsätzen aber derartige Legitimationen zugelassen, können mit Hinweis auf „Dringlichkeit" Standards ausgehebelt werden, was insgesamt allen Fundraisern und Nonprofit-Organisationen schaden kann.

Denn Spendenskandale können durchaus ökonomische Brisanz haben: Der Vorwurf unethischen Verhaltens bzw. der Veruntreuung von Spenden führt nicht nur bei der betroffenen Organisation – sofern Medien diese in ihrer Berichterstattung aufgreifen – zu finanziellen Einbußen. Gleichzeitig eignen sich diese Vorwürfe auch als Legitimation für Nicht-Spender. Sie sehen ihre Vorurteile bestätigt, woraufhin diese sich weiter verfestigen. Das wiederum hat Auswirkungen auf das Fundraising aller Organisationen.

Die Wirksamkeit ethischer Standards hängt auch von den Sanktionsmöglichkeiten der jeweiligen Fachverbände ab. Hier ergeben sich in der Praxis größere Defizite. Fundraiser können als abhängig Beschäftigte für Handlungen von Organisationen kaum verantwortlich gemacht werden und im Einzelfall sind Abgrenzungen äußerst schwierig und kaum justiziabel. Da Sanktionen Reputationen beeinträchtigen und damit Auswirkungen auf das Einwerben von Spenden haben können, besteht immer die Drohung kostspieliger Gerichtsverfahren, deren Ausgang im Vorfeld kaum abgeschätzt werden kann.

Ein Ethikdiskurs, der die sozialen Rahmenbedingungen, unter denen er stattfindet, nicht mit reflektiert, kann zwar normative Forderungen aufstellen und handlungsleitend wirken. Was in diesem Diskurs jedoch fehlt, ist die Wahrnehmung des eigenen Verhaltens zur Reproduktion des Fundraisings selbst und damit der eigenen Instrumentalität.

7.1.3 Ausrichtung des Fundraisings an Gebe-Logiken

Mit den Gebe-Logiken wurde ein Konzept vorgestellt, welches eine theoretisch fundierte Differenzierung verschiedener Praktiken im Fundraising erlaubt. Die Differenzierung wird nicht mehr in unterschiedlichen Motivationen, sondern in strukturellen und funktionalen Aspekten angesiedelt. Fundraising wird somit zu einer sozialen Praktik, mit welcher Gesellschaft konstituiert wird – insbesondere in Form sozialer Netzwerke, von Institutionen und Organisationen der Zivilgesellschaft. Je nachdem, welche Zielsetzung bei den Gebenden dominiert, wird aus unterschiedlichen Logiken heraus gegeben.

Diese Differenzierung ermöglicht die Anpassung der Inszenierungen im Fundraising. Mit jeder erfolgreichen Inszenierung wird auf mindestens eine Gebe-Logik Bezug genommen. Damit können Spenden vom Gebenden als sinnvoll erfahren werden und Spender haben Anlässe, zu spenden. Somit besteht die Möglichkeit, bei der Auswahl der zu verfolgenden Strategie diese auch hinsichtlich der Gebe-Logiken zu differenzieren und damit potenzielle Spender differenzierter anzusprechen. Es ist zu erwarten, dass hierdurch nicht nur die Wahrscheinlichkeit des Erfolgs steigt, sondern auch Kosten reduziert werden, da die Ansprache zielgenauer durchgeführt werden kann.

„Gebe-Logiken“ sind wichtige Differenzierungsmerkmale im Fundraising. Sie können eingesetzt werden, um spezifische Maßnahmen für einzelne Spendergruppen zu inszenieren und ihnen entsprechende Angebote zu machen. Damit ergibt sich nicht nur die Möglichkeit, Fundraising und Inszenierungen qualitativ weiterzuentwickeln, sondern auch, Chancen und Risiken des Fundraisings zu bewerten und strategische Entscheidungen zu treffen. Grundsätzlich kann jede Organisation entscheiden, welche Gebe-Logiken sie ihrem Fundraising zugrunde legen will, wodurch wiederum Differenzierungen zwischen den Organisationen nach ihren Fundraising-Aktivitäten möglich werden.

7.1.4 Differenzierung des Beziehungsbegriffs

Schon in seinem einschlägigen Buch über Relationship-Fundraising weist Burnett (1992) auf die besondere Bedeutung von Beziehungen für Transaktionen im Fundraising hin und zeigt, dass diese sich erheblich von denen in der kommerziellen Wirtschaft unterscheiden. Allerdings ist „Beziehung“ bei ihm inhaltlich vollkommen unbestimmt, da mit jeder Transaktion Menschen in Beziehung zueinander treten, da sie sonst die Transaktion nicht durchführen könnten.

Aufgrund der unterschiedlichen Logiken werden durch Gabe-Handlungen und Markt-Transaktionen, wie oben gezeigt, unterschiedliche Muster von Beziehungen konstituiert: Während Markt-Transaktionen weitgehend von sozialen Beziehungen freigestellt worden sind und nur im Punkt der Transaktion stattfinden, zielen Gabe-Handlungen auf die Konstitution anhaltender und wechselseitiger sozialer Beziehungen und Netzwerke. Bei einem Beziehungsbegriff der sich aus Markt-Transaktionen ableitet, besteht „Beziehung“ in der Aneinanderreihung punktueller Transaktionen. Hingegen werden durch Spenden unter anderem auch soziale Netzwerke mit komplexen Prozessen der In- und Exklusion konstruiert, in denen sich auch Machtungleichgewichte abbilden bzw. konstruiert werden können.

Dies macht es notwendig, im Fundraising mit einem differenzierteren Beziehungsbegriff zu arbeiten. Durch Inszenierung unterschiedlicher Gebe-Logiken werden eben auch sehr unterschiedliche Beziehungen konstituiert bzw. werden diese auf differenzierte Weise im Fundraising genutzt. So wird unter Rückgriff auf Gabe-Handlungen deutlich, dass Spenden sowohl punktuelle Beziehungen konstituieren – wie bei Solidaritätsappellen – als auch, dass sich mit ihrer Hilfe Akteure in soziale Bewegungen oder Eliten inkludieren. Auch bestehende Netzwerke können im Fundraising genutzt und durch Gabe-Handlungen verstärkt werden.

Ein derartig differenzierter Beziehungsbegriff hat für die Praxis des Fundraisings eine große Bedeutung:

- Wo keine unmittelbaren Beziehungen existieren bzw. solche nur punktuell während des Austausches zustande kommen, ist es schwierig, langfristige Beziehungen aufzubauen, da diese im Handlungsverständnis des Gebenden weder angelegt noch intendiert sind. Sobald dies erkannt wird, kann der Ressourceneinsatz im Fundraising optimiert werden.

- Ist es hingegen strategische Absicht, Förderer zu binden und so den Life-Time-Value des Spenders zu erhöhen, stehen hierfür nur solche Gebe-Logiken zur Verfügung, in denen langfristige Beziehungen auch angelegt sind. Die strategische Entscheidung prädisponiert damit die Entscheidungsfindung für die Inszenierung der Gebe-Logik. Und es können nur die Förderer gewonnen werden, die auf diese Gebe-Logik und deren Inszenierung reagieren.

Auch die unterschiedliche Stärke sozialer Beziehungen ist in diesem Kontext von Relevanz; bildet die Höhe der Spenden doch auch die Stärke der Beziehung mit ab. Es kann davon ausgegangen werden, dass starke Beziehungen zu hohen Spenden führen und hohe Spenden wiederum soziale Beziehungen verstärken und darum eine stärker inkludierende bzw. exkludierende Wirkung haben können. Dies wird verstärkt über die im Fundraising eingesetzten Medien und Kommunikationskanäle, die ihrerseits unterschiedliche Grade von Verbindlichkeit besitzen. Durch eine strategische Auswahl kann so ebenfalls Einfluss auf die Beziehungen zu den Förderern genommen werden.

Die Konsequenz für das Fundraising zeigt sich beispielsweise in der Verwendung von Social Media im Fundraising bzw. in der Kommunikation von Nonprofit-Organisationen. Wie Kneidinger (2010) zeigen konnte, werden über Facebook vor allen Dingen schwache Beziehungen reproduziert. Facebook eignet sich deshalb hervorragend zur Distribution von Informationen – wie beim Einsatz in politischen Kampagnen. Für starke Beziehungen, die durch Gaben von Geld konstituiert werden, spielt Facebook hingegen eine untergeordnete Rolle. Geldspenden werden vielmehr in einem persönlichen Gespräch gegeben, womit erklärt werden kann, warum die Performance von Social Media im Fundraising hinter den Erwartungen zurückgeblieben ist: Hier werden schwache Beziehungen konstituiert, über welche Informationen ausgetauscht werden, aber keine Gaben wie Geld, die starke Beziehungen voraussetzen und diese durch die Gabe-Handlung auch reproduzieren.

7.1.5 Offene Fragen im Fundraising

Zwei theoretisch interessante Fragen müssen auch nach diesen Betrachtungen offen bleiben:

- Nicht hinreichend geklärt werden konnte die Frage, warum Akteure, die sich ehrenamtlich engagieren, zwar überdurchschnittlich viel spenden (Priller/Sommerfeld 2005), aber oft nicht für die Organisation, in welcher sie freiwillig arbeiten (Axelrod 2004).

- Nach wie vor ist Spenden hoch mit Alter korreliert: Je älter Menschen werden, desto größer ist die Wahrscheinlichkeit, dass sie spenden.

Spendenverhalten Freiwilliger

Das Spendenverhalten Freiwilliger ist kontraintuitiv: Wie Axelrod (2004) ausgeführt hat, kennen Ehrenamtliche die Organisation genau, für welche sie freiwillig arbeiten, sie wissen, wie geholfen wird und welche Wirkung die Arbeit auf Dritte bzw. die Gesellschaft erzielt. Damit wären sie prädestinierte Spender mit intimen Kenntnissen und einer positiven Beziehung. Dass sie trotzdem in der Regel nicht für diese Organisationen spenden, ist somit erklärungsbedürftig.

In Bezug auf die Gabe-Theorie ließe sich schließen, dass nicht nur die Handlungssequenz – geben, nehmen und erwidern – sondern auch die Gabe selbst – das was gegeben, genommen und erwidert wird – für die Beziehung von Bedeutung ist, bzw. dass über unterschiedliche Gaben die Beziehungen mit unterschiedlicher Bedeutung aufgeladen werden. Denn für den Spender macht es anscheinend einen Unterschied, wie persönlich die Gabe ist: Geld ist ein unpersönliches Medium, in welchem sich der Geber nicht vergegenständlichen kann. Eine Geldgabe kann vom Gebenden abgelöst werden und ist damit nicht mehr notwendigerweise Teil der Person. Anders ist dies, wenn Sachspenden oder Arbeit gegeben werden, die von der Person des Gebenden nicht abgelöst werden können – entweder weil sie von der Person selbst erbracht werden oder weil sie aus dem dinglichen Besitz des Gebenden stammen.

Wenn dem so ist, entsteht an dieser Stelle ein umfangreiches Forschungsfeld, zu welchem bisher keine Erkenntnisse vorliegen. Unterschiedliche Gaben sind in Hinblick auf ihre Bedeutung für Gabe-Handlungen und die dadurch konstituierten Beziehungen und Netzwerke zu analysieren. Ist die Bedeutung verschiedener Gaben für den Spender bekannt, können Strategien entwickelt werden, wer wann in welcher Form um welche Gaben gebeten werden kann und wie die verschiedenen Gabe-Handlungen aufeinander abgestimmt werden können.

Spenden und Alter

Für alle westlichen Länder gilt, dass das Spenden stark und signifikant mit Alter korreliert. Die meisten Spenden stammen von älteren Menschen und ihr Anteil an den Spendenden ist überproportional. Üblicherweise wird dies unter Rückgriff auf die Möglichkeit der freien Verfügung über ökonomische Mittel erklärt: Ältere und alte Menschen haben weniger Bedürfnisse und müssen weder eine Familie ernähren noch für die Ausübung eines Berufs Mittel investieren. Sie verfügen deshalb über mehr Geld als jüngere, über welches sie frei verfügen können und welches sie dann für Spenden einsetzen (Haibach 2006: 169 f.).

So intuitiv richtig diese Erklärung klingen mag, ist sie doch im Einzelfall schwierig, da auch andere soziale Gruppen über relativ große frei verfügbare Mittel verfügen. Kinder und Jugendliche gelten beispielsweise nicht zuletzt deshalb als attraktive Zielgruppen für eine Reihe von Produkten und Leistungen. Da lange nicht mehr alle Menschen mit hohem Einkommen Kinder bekommen und Familien gründen, müsste auch bei Kinderlosen mit hohem Einkommen die ökonomische These differenzierter betrachtet werden, auch wenn die Größe des Vermögens und die Höhe des Einkommens Einfluss auf das Spendenverhalten haben.

Weist man hingegen den Versuch einer ökonomischen Interpretation der empirischen Beobachtung zurück, dann erscheint auch hier ein bisher vollkommen unbearbeitetes Forschungsfeld: Es wäre zu untersuchen, ob Spenden- und Gabe-Handlungen und deren Bedeutung sich im Lebenszyklus verändern. So ist bekannt, dass Kinder und Jugendliche sich zwar zu bedanken haben, von der Erwiderung jedoch ausgenommen sind. Es ließe sich spekulieren, dass ab einem Alter von etwa 50 Jahren auch andere Rollensettings und Erwartungen als in jüngeren Jahren bestehen, die dann ebenfalls Grundlage für Spenden-Handlungen sein könnten. Denkbar wäre, dass dies an die Rollen von Großeltern oder Senioren geknüpft ist, die – und das ist reine Spekulation – Verantwortung für soziale Netzwerke übernehmen und deshalb mit Gabe- und Spenden-Handlungen soziale Netzwerke konstituieren und stabilisieren. Denkbar wäre auch – und das könnte mit diesen Rollen in Verbindung stehen –, dass mit zunehmendem Alter in stärkerem Maße Machtpositionen in sozialen Netzwerken eingenommen werden, wodurch sich Akteure vor Erwartungen gestellt sehen können, diese Positionen über Gabe- und Spenden-Handlungen zu stabilisieren und damit soziale Netzwerke und Systeme zu reproduzieren.

Ansätze der sozialwissenschaftlichen Biografieforschung könnten Hinweise über Zusammenhänge von Lebenszyklen und Rollensettings geben. Werden diese auf Gabe-Handlungen bezogen und wird der Kontext von Gaben und Konstitution sozialer Beziehungen berücksichtigt, dann ergeben sich hinreichende Ansätze zur empirischen Forschung und zur Aufklärung dieses Zusammenhangs.

7.2 Spenden-Handeln als Ausdruck personaler Identität

Sowohl Paliavin (2009) als auch Monroe (1994) schlagen in ihren Beiträgen vor, prosoziales Handeln im Kontext der Konstruktion personaler Identität zu betrachten. Dieser Vorschlag kann auch auf das Spenden-Handeln übertragen werden: In diesem Verständnis ist Spenden-Handeln auf der individuellen Ebene eng mit der jeweiligen Identität verknüpft. Die Spendenbitte wird an Akteure herangetragen und von diesen mit eigenen Vorstellungen über adäquates Rollenverhalten verknüpft. Das Rollenverhalten wird kontextabhängig aktualisiert und die resultierende Handlung trägt zur Konstruktion der eigenen Identität bei.

Die Wirksamkeit der Rückbindung von Spenden-Handeln an personale Identität soll an einigen empirischen, oben schon beschriebenen Beobachtungen gezeigt werden: Übernehmen Männer und Frauen geschlechtsspezifische Stereotype in ihrem Rollenverhalten und in der Konstruktion ihrer Identität, lassen sich Gender-Differenzierungen im Spendenverhalten zeigen: Frauen verhalten sich dann eher prosozial und spenden für soziale Themen. Männer interessieren sich eher für den Impact ihrer Spenden und geben für Umweltschutz. Werden bei der Konstruktion der Identität die klassischen Stereotype weniger berücksichtigt, verändern sich das Rollenverhalten und damit auch die Spenden-Handlungen. Damit ließe sich die beschriebene Uneinheitlichkeit der empirischen Beobachtungen zu Spenden und Gender erklären: Hierin spiegeln sich geschlechtsstereotype Identitätskonstrukte von Männern und Frauen.

Gehören Menschen zur gesellschaftlichen Oberschicht, ist damit ein spezifisches Spendenverhalten verbunden, das teilweise auch mit entsprechenden Rollenerwartungen und spezifischen persönlichen Identitätskonstruktionen zu erklären ist. Zur sozialen Inklusion in die Elite treten Spenden als Teil der Identität hinzu. Man gibt, weil man es sich leisten kann, weil alle anderen auch geben und weil man durch das Geben soziale Netzwerke und Beziehungen unter Gleichen konstituieren kann. Gleichzeitig ergeben sich Legitimationseffekte und Reputationsgewinne, wenn der Gesellschaft etwas vom persönlichen Reichtum zurückgegeben wird.

Der „politisch Aktive" gibt, um über seine Gaben Einfluss auf gesellschaftliche Prozesse zu nehmen und gesellschaftliche Veränderungen voranzubringen. Hier wird Identität über die Konstruktion sozialer Missstände hergestellt: Gesellschaft wird zumindest in Teilen als defizitär betrachtet und der eigenen Person gesellschaftsverändernde Wirkung zugeschrieben, die auch durch das Geben von Geld erreicht werden soll. In welcher Form Wirkung erzielt werden soll, ist wiederum rückgebunden an spezifische Gesellschaftsbilder.

Die Reihe dieser Beispiele ließe sich fortsetzen. Sie zeigen exemplarisch, dass eine Analyse von Spenden-Handlungen im Kontext sozialer Prozesse und der Konstruktion personaler Identität betrachtet werden kann und hier differenzierte Erkenntnisse gewonnen werden können. Offen bleiben hingegen zwei empirische Fragen:

- Wie sind Konstruktionen personaler Identität über Spenden-Handlungen an von der Gesellschaft zur Verfügung gestellte kulturelle Muster zurückgebunden? Denn die Deutungsschemata, die Akteure anwenden, um sich ihr eigenes Handeln und das ihrer Mitmenschen zu erklären, sind kollektive Konstrukte, die ihnen über Kultur zur Verfügung stehen und genutzt werden können. Dabei ist vermutlich zu berücksichtigen, dass aufgrund unterschiedlichen kulturellen Kapitals (Bourdieu 1982) nicht allen Akteuren die gleichen kulturellen Deutungsschemata zur Verfügung stehen und sich Verhalten und dessen Interpretationen auch hinsichtlich des unterschiedlichen Zugangs zu kulturellem Kapital unterscheiden dürften.

- Lassen sich typische Muster bzw. Typen und Konstrukte personaler Identität über Spenden-Handeln identifizieren? Wäre dies möglich, dann könnte es darauf hindeuten, dass sich innerhalb einer Gesellschaft spezifische Muster herausbilden. Diese könnten handlungsleitend sein, da sie Komplexität verringern und Akteuren so gestatten, sich über Prozesse sozialer Distinktion spezifischen „Typen" zuzuordnen und sich von anderen zu unterscheiden. Damit gäbe es empirisch die Möglichkeit, diese Typen zu identifizieren und international zu vergleichen. Dabei könnten Unterschiede im Spenden-Handeln zwischen verschiedenen Kulturen und Gesellschaften sichtbar werden.

7.3 Die Bitte in der Gabe-Theorie

Die Auseinandersetzung mit Spenden und Fundraising als spezifische Form des Gabe-Handelns wirkt auch auf die Gabe-Theorie selbst zurück. Der Dreischritt des Gabe-Handelns, wie er von Mauss (1968) beschrieben wurde, beginnt mit dem Geben als initialen Akt, aus welchem sich die Konstitution von Beziehungen und Netzwerken erklären lässt. Hieraus ergibt sich, wie unter Bezug auf Simmel (2009) thematisiert wurde, das Problem des Anfangs: Wenn alle Gaben eben auch Erwiderungen sind, muss es eine erste Gabe gegeben haben, die nicht nur freiwillig war und nicht als Erwiderung erfolgte, sondern die auch gegeben wurde, um einen Beziehungsaufbau initiieren zu können.

Die Auseinandersetzung mit Fundraising zeigt die Bedeutung der Bitte. Zwar erhalten Nonprofit-Organisationen auch Zuwendungen, ohne gebeten zu haben. In der Regel ist die Bitte jedoch die Voraussetzung dafür, eine Spende oder eine andere Zuwendung zu erhalten. Gleichzeitig zeigen sozialpsychologische Experimente, dass Bitten einen Einfluss auf die Höhe der gegebenen Spenden haben (Andreoni/Rao 2011).

Die Bedeutung der Bitte ist in der Gabe-Theorie bisher theoretisch kaum aufgearbeitet worden.[266] Dies verwundert, zeigt doch die soziale Praktik des Fundraisings, dass Bitten am Anfang der Beziehungen zu den Förderern stehen und über sie die sozialen Beziehungen initiiert werden.[267]

Augenscheinlich ist die Bitte selbst keine Gabe-Handlung, führt aber zu einer solchen, inklusive der Erwartung an eine Erwiderung, die den Bittenden verpflichten würde. Mit der Bitte wird folglich noch nicht in den Austausch eingetreten, jedoch schon die „Verschuldung“ vorweggenommen und die soziale Situation als Gabe-Handeln mit allen inkludierten Normen konstruiert. Wer auf eine Bitte hin gibt, kann sich auf diese Normen beziehen und berechtigterweise erwarten, dass die Gabe erwidert und damit die Beziehung konstituiert wird.[268]

---

266 Adloff/Mau (2005) weisen auf zwei französische Beiträge zur Bitte im Kontext der Gabe-Theorie hin.

267 Auf die religiösen Formen des Bittens kann an dieser Stelle nicht eingegangen werden. Auch hier sind Bitten in Form von Gebeten und Fürbitten bekannt. Zu einer Theologie der Gabe vgl. Hoffmann (2013) sowie die Ausführungen von Hénaff (2009).

268 Cialdini (2007: 62 f.) weist auf eine weitere Form der Bitte hin: So kann im Anschluss an eine Gabe mithilfe einer Bitte die Erwiderung „erzwungen“ werden. In diesem Fall gibt der Bittende vor, wie die „Verschuldung“ ausgeglichen werden soll.

Daraus würde folgen, dass Bitten am Anfang sozialer Beziehungen stehen. Durch die Bitte wird sowohl eine soziale Erwartung konkretisiert als auch – über die moralische „Verschuldung“ eine Beziehung in Aussicht gestellt. So kann die Bitte um eine Großspende mit dem Entree in ein Netzwerk sozialer Eliten verbunden sein. Nachdem der Bitte entsprochen und gegeben worden ist, besteht die Erwartung – zumindest partiell – der Inklusion, d. h. des Zugangs zum Netzwerk bzw. zur Elite.

Das heißt auf der anderen Seite aber auch, dass Bittende sich moralisch verpflichten. Sie haben – als Person, auch wenn sie für eine Organisation bitten – nicht nur zu garantieren, dass die Spenden entsprechend eingesetzt werden, sondern auch, dass die Erwiderung erfüllt wird: Anerkennung der freiwilligen Leistung, Wertschätzung und Rückmeldungen sind wichtige Erwartungen der Spender, damit sie ihren Spenden-Handlungen Sinn zuschreiben können.

Kulturelle Unterschiede dürfte es in zwischen verschiedenen Gesellschaften bei der Frage geben, wie deren Mitglieder mit dem Zusammenhang zwischen Bitte und Verschuldung umgehen. Das jeweilige Vorgehen hat Konsequenzen für die Nutzung der eigenen Netzwerke: Über Bitten und Verschuldungen können Beziehungen und Netzwerke gestärkt und stabilisiert, aber genauso auch geschwächt werden. Das Bitten von Freunden um eine Spende kann unter Umständen die bestehende Beziehung und das in dieser Beziehung inkorporierte Sozialkapital bzw. die Regeln für dessen Verwendung verändern.

Hier besteht allerdings noch Forschungsbedarf, um nicht nur die Funktion der Bitte für das Fundraising näher zu fassen, sondern auch, um die Gabe-Theorie um den Aspekt der Bitte zu erweitern. Dies könnte helfen, gerade den Startpunkt sozialer Beziehungen aufgrund des Gabe-Handelns näher zu fassen und die Konstitution sozialer Netzwerke besser in den Blick zu bekommen.

7.4 Austauschprozesse in den Wirtschaftswissenschaften

Wirtschaftswissenschaften konstituieren sich um die Theorie, dass Produkte und Leistungen über Märkte ausgetauscht werden, auf welchen die einzelnen Subjekte ihren jeweiligen Nutzen optimieren. Sie konstituieren hierüber lange Handlungsketten ohne zentrale Steuerung wodurch Wohlstand geschaffen und höhere Freiheitsgrade erreicht werden können. Kennzeichen von Märkten ist hierbei, dass soziale Beziehungen auf den unmittelbaren Austausch beschränkt werden, sodass soziale Aspekte im Austausch selbst unberücksichtigt bleiben können. Märkte können damit als systemische Steuerungsprozesse verstanden werden, welche von normativen – und damit moralischen und ethischen – Ansprüchen freigestellt worden sind (Thompson 1971). Dass dies nicht ohne Widersprüche gelingen kann und auch negative soziale Auswirkungen hat, soll an dieser Stelle nicht weiter vertieft werden.[269]

Für das Fundraising konnte nun – im Kontext der sozialanthropologischen Forschung – gezeigt werden, dass nicht alle Austauschprozesse über Märkte organisiert werden. Praktiken des Fundraisings basieren auf Gabe-Handlungen, die ihrerseits einer anderen Austauschlogik folgen.[270] Und der Austausch über Gabe-Handlungen ist nicht marginal: Einigen Nonprofit-Organisationen in Deutschland gelingt es jedes Jahr, achtstellige Beträge in Form von Spenden zu erhalten und sich damit über Gabe-Handlungen zu finanzieren.

Dies hat für die Wirtschaftswissenschaften die Konsequenz, dass die Austauschprozesse differenzierter zu betrachten sind und nicht davon ausgegangen werden kann, dass alle wirtschaftlich relevanten Prozesse über Märkte organisiert sind. Wie das Beispiel „Fundraising“ zeigt, muss dies nicht der Fall sein. Denkbar ist, dass auch in anderen Funktionsbereichen Gaben und Gabe-Handlungen eine größere Rolle spielen. So würde es sich lohnen zu untersuchen, in-

---

269 Verwiesen sein an dieser Stelle bspw. auf Crouch 2008.

270 Auf die unterschiedlichen Logiken von Gabe-Handlungen und Markt-Tausch wurde schon eingehend hingewiesen.

wieweit Austauschprozesse mit Mitarbeitern Gabe-Handlungen sind (Akerlof 1982) – schließlich legt schon die Benennung von „Arbeitgebern“ und „Arbeitnehmern“ eine entsprechende Sichtweise nahe.[271] Darüber hinaus erhalten einige Berufsgruppen für ihre Leistungen „Honorare“, in deren Wortstamm schon die Anerkennung für die Leistung enthalten ist, nicht jedoch die marktadäquate Vergütung (Hénaff 2009).

Es wurde auch schon darauf hingewiesen, dass durch Gabe-Handlungen Vertrauen generiert werden und so dem Problem begegnet werden kann, dass Märkte Vertrauen voraussetzen, es aber nicht selbst generieren können. Werden über Gabe-Handlungen zunächst Beziehungen und Vertrauen kreiert, können im Anschluss hierauf aufbauend Transaktionen durchgeführt werden. Die konstituierten Beziehungen schaffen die Grundlagen des Handelns und sorgen gleichzeitig für dessen normative Begrenzung. Die Akteure selbst sind sozial eingebunden und ihr Handlungsraum ist begrenzt.[272]

Diese Erkenntnisse stellen zwar nicht die grundlegenden Paradigmen der Wirtschaftswissenschaften infrage, sind aber ein Plädoyer für eine differenziertere Betrachtung der Austauschprozesse. Das Leitbild „Markt“ für alle diese Prozesse zu nutzen, ist empirisch nicht haltbar und führt, wenn es ein handlungsleitendes Bild ist, tendenziell zu Transformationen von Gabe-Handlungen in Markt-Transaktionen – mit den entsprechenden Implikationen, die sich als Widersprüche und Dysfunktionalitäten bemerkbar machen können.

271 Es ist auch nicht ausgeschlossen, dass einige Dysfunktionalitäten, die wie Burnout und innere Kündigung eine Erklärung in Transformationsprozessen von Gabe-Handeln in Markt-Tausch finden könnten.

272 Das oben zitierte Beispiel von Coleman (1988) über die Diamantenhändler zeigt diesen Zusammenhang deutlich.

7.5 Zivilgesellschaft als soziale Arena

Ohne an dieser Stelle die Diskussion über „Zivilgesellschaft" nachzeichnen zu können[273], lassen die vorgestellten Ergebnisse doch einige Schlüsse auf deren Konstruktion zu. Zivilgesellschaft erscheint hier als soziale Arena, in welcher Nonprofit-Organisationen als kollektive Akteure miteinander um knappe finanzielle Ressourcen sowie um Werte und Normen in Konkurrenz stehen. Diese prinzipielle und funktional notwendige Konkurrenz schließt nicht aus, dass Nonprofit-Organisationen auf inhaltlicher Ebene zusammenarbeiten und gemeinsam soziale Innovationen voranbringen.

Neben einer diskursiven Lösung sozialer Aufgaben und Herausforderungen bedeutet dies aber immer auch, dass unterschiedliche Akteure, die unterschiedliche Werte und Normen vertreten, versuchen können, diese konfliktär zu lösen. Dann dominieren strategisches Verhalten und strategische Kommunikation, mit deren Hilfe Akteure versuchen, sich Vorteile im öffentlichen Diskurs zu sichern.

Impliziert ist dabei auch, dass Chancen und Möglichkeiten, eigene Werte und Normen durchzusetzen, nicht gleichmäßig verteilt sind. Know-how, effiziente und effektive Strukturen, sowie – beides voraussetzend – die Ausstattung mit finanziellen Mitteln, die notwendig sind, entsprechende Leistungen zu kaufen und einzusetzen, stehen den einzelnen Organisationen in unterschiedlichem Maße und unterschiedlicher Form zur Verfügung. Nonprofit-Organisationen, die über entsprechende Mittel verfügen bzw. sich diese beschaffen können, haben eine größere Chance, ihre Werte und Normen zu kommunizieren und durchzusetzen.[274]

Dieses Bild von Zivilgesellschaft hat wiederum Auswirkungen auf die Frage, wie Zivilgesellschaft selbst sozial konstruiert wird. Die Idee, es

273 Einen Überblick liefert Adloff 2005.

274 Dies ist teilweise auch abhängig von Ereignissen, die nicht beeinflusst werden können, wie am Beispiel der Reaktorkatastrophe in Fukushima gezeigt werden kann: Die Energiewende war anschließend politisch opportun.

gäbe so etwas wie ein überindividuelles „Gemeinwohl“, auf welches sich kollektive Akteure verpflichten ließen, erweist sich als problematisch. Wenn Nonprofit-Organisationen als normative, kollektive Akteure miteinander um Normen und Werte konkurrieren, gibt es keinen externen Standpunkt, von welchem aus „Gemeinwohl“ definiert werden könnte. Vielmehr ist dies eine Konstruktion, die kulturell eingebettet ist und diskursiv erzeugt und bestätigt wird. Gleichzeitig wird „Gemeinwohl“ als Fiktion genutzt, um eigene Werte und Normen zu legitimieren. Normen und Werte können eher Geltung beanspruchen, wenn auch für Dritte erkennbar ist, dass nicht nur Partikularinteressen verfolgt werden. Im Rahmen von Inszenierungen wird es also immer darum gehen, die Werte und Normen des jeweiligen kollektiven Akteurs als Gemeinwohl darzustellen.

Neben dem Bezug auf „Gemeinwohl“ können die Normen und Werte auch über Verweise auf Unterstützer und Förderer legitimiert werden. Durch die – insbesondere finanzielle – Unterstützung finanzieren Förderer nicht nur die Organisation und ermöglichen damit die Umsetzung der Mission, sondern erkennen gleichzeitig die zugrunde liegenden Werte und Normen an. Sie unterstützen die Mission und verleihen damit den Werten und Normen Legitimation. Zumindest können sich die Organisationen auf ihre Unterstützerbasis berufen, wenn Dritte die Geltung der von ihnen vertretenen Werte und Normen infrage stellen.

Die Ergebnisse zeigen aber auch, dass die Umsetzung der eigenen Werte und Normen im Zweifelsfall gar keiner Legitimation bedarf. Verfügen Nonprofit-Organisationen über hinreichende finanzielle Ressourcen, können sie ihre Projekte und Programme umsetzen und bedürfen hierzu – dies ist den bürgerlichen Freiheitsgrundsätzen geschuldet – weder einer Legitimation noch einer Erlaubnis. Dies hat im Kontext der von Nonprofit-Organisationen erbrachten Leistungen eine große Bedeutung. Es werden Leistungen erstellt, die eben nicht nur Bedürfnisse von Kunden erfüllen und einen sozialen Impact haben, sondern die gleichzeitig normativ eingebunden sind. Mit den Leistungen werden immer auch Normen und Werte verfolgt und somit Leitbilder eines „guten Lebens“ reproduziert und zur gesellschaftlichen Praxis – ohne dass über die Werte und Normen bzw. Leitbilder diskursiv eine Übereinkunft erzielt werden muss.

Damit gehören dann auch die „dunklen Seiten“ (Roth 2004) der Zivilgesellschaft zwingend mit dazu; sie sind deren integraler Bestandteil. Auch Organisationen, die selbst Zivilität und die gewaltlosen Muster der Konfliktaustragung ablehnen, sind ihrerseits Teil der Zivilgesellschaft und unterliegen denselben grundlegenden Prinzipien. Auch sie können ihre Werte und Normen nur so lange vertreten, wie es ihnen gelingt, hinreichend Unterstützer und Förderer zu finden. Die Existenz bzw. Bedeutung dieser Organisationen kann mithin ein Zeichen für Probleme gesellschaftlicher Integration sein.[275]

Zivilgesellschaft ist darüber hinaus nicht notwendigerweise egalitär, sondern über die sozialen Praktiken, wie das Spenden, wird auch soziale Ungleichheit konstituiert und reproduziert. Über beschreibbare Prozesse der In- und Exklusion, aber auch der Selbstselektion, werden Zugänge zu Netzwerken reglementiert und damit wird soziale Ausdifferenzierung ermöglicht. Verfügung über Vermögen, welches für entsprechende Zwecke gegeben werden kann, generiert nicht nur Reputation, sondern fungiert auch als Indikator dafür, dass jemand Zugang zu den entsprechenden Netzwerken erhalten kann.

Die von Bourdieu (1987) beschriebenen Prozesse der „feinen Unterschiede“ lassen sich auch in der Zivilgesellschaft zeigen: Netzwerke organisieren sich auch um ökonomisches Kapital und geteilte Werten und Normen sowie um die Verfügung über kulturelles Kapital, welches sich in den praktizierten Umgangsformen ausdifferenziert.

Auch wenn die Zivilgesellschaft sozial hochgradig ausdifferenziert ist und verschiedene Gruppen unterschiedliche Möglichkeiten und Chancen haben, ihren Werten und Normen Geltung zu verschaffen, lassen sich auf der anderen Seite auch egalitäre Strukturen entde-

275 Vgl. zum Thema „Integration und Zivilgesellschaft“ die Aufsätze im Sammelband von Klein et al. (2004).

cken, die es ermöglichen, soziale Gegensätze zu überbrücken. Beides besteht nebeneinander und ermöglicht jeweils andere Formen sozialer Integration und Abgrenzung.

Der Blick auf das Gabe-Handeln und den Austausch von Ressourcen ermöglicht es schließlich auch, den Zusammenhang zwischen Netzwerken und Vertrauen, wie ihn Putnam (1993; 2000) postuliert hat[276], zu präzisieren: Durch das Geben von Ressourcen wie Zeit, Geld, Know-how und anderem konstituieren die Akteure die sozialen Beziehungen, welche sich zu Netzwerken verknüpfen. Über die Norm der Reziprozität bzw. der obligatorischen und doch freiwilligen Erwiderung wird Vertrauen in den Beziehungen konstruiert, durch das die sozialen Beziehungen emotional stabilisiert werden können.

Vertrauen ist somit an die konstituierten Netzwerke mit ihren direkten Interaktionen gebunden. Eine Generalisierung, wie sie beispielsweise Putnam (2000) im Anschluss an de Tocqueville postuliert, ist somit nicht zwangsläufig, werden doch Beziehungen zwischen kollektiven Akteuren auch durch Konkurrenz konstituiert. Konkurrenz wiederum setzt Vertrauen weder voraus noch wird es durch sie notwendigerweise konstruiert.

Zivilgesellschaft ist damit schließlich neben Markt und Staat ein eigenes Subsystem, welches über die Logik des Gabe-Handelns konstituiert wird (Adloff 2004). Hierin unterscheidet sich Zivilgesellschaft von den anderen Subsystemen, die über Logiken von Markt bzw. Macht koordiniert werden.

276 Zu dem Zusammenhang von Sozialkapital und Vertrauen vgl. u. a. auch Kern (2004).

7.6 Erfolge von Nonprofit-Organisationen

Schwenkt man den Fokus von der Definition von Zivilgesellschaft zurück auf die Nonprofit-Organisationen als zentrale Akteure in diesem Subsystem, stellt sich die Frage, wie der Handlungserfolg dieser Akteure bestimmt werden kann. Auch wenn man Erfolg als Erreichung der von der Organisation selbst gesteckten Ziele definiert, bleibt die Frage, auf welcher Ebene Ziele gesteckt und somit auch erreicht werden können.

Als gesellschaftliche Akteure im Subsystem „Zivilgesellschaft" erstellen fast alle Nonprofit-Organisationen Leistungen[277], mit denen sie in die Gesellschaft hinein wirken und die auf ihrer Mission beruhen. Dabei kann man, folgt man der Taxonomie von Phineo (o. J.), mindestens drei Ebenen der Zielerreichung unterscheiden:

- Unter „Outcome" werden quantitative Faktoren zusammengefasst, also – um ein Beispiel aus dem Bildungsbereich zu nennen – wie viele Studenten unterrichtet, wie viele Masterarbeiten und Dissertationen betreut oder wie viele Veröffentlichungen publiziert wurden.

- Mit „Output" sollen Effekte auf Menschen und Umwelt bestimmt werden, die durch die Leistungen entstanden sind. In dem Beispiel aus dem Bildungsbereich lassen sich hierunter Effekte wie der Lernerfolg der Studenten, Erleichterung des Übergangs in den Beruf und anderes fassen.

- Mit „Social Impact" sollen die Auswirkungen der Leistungen auf die Gesellschaft bezeichnet werden. In dem Beispiel gehören hierzu die Werte, die die Studenten in ihre spätere Arbeit einfließen lassen, die Innovationen, die von Absolventen entwickelt werden und anderes. Erst auf dieser Ebene gibt es einen Rückbezug auf die Mission.

277 Produkte werden häufiger in Werkstätten für Behinderte oder Integrationsbetrieben hergestellt.

Abgesehen von den Schwierigkeiten, Output und Social Impact zu operationalisieren und empirisch zu erfassen, sind Leistungen nur ein Bereich, in denen Nonprofit-Organisationen für die Gesellschaft aktiv sind. Als Missions-angetriebene zivilgesellschaftliche Akteure haben sie mindestens vier weitere Aufgaben, die für die Gesellschaft mindestens ebenso wichtig sind und deshalb bei der Frage nach dem Erfolg berücksichtigt werden müssten:

- Sie nutzen nicht nur, sondern sie generieren Sozialkapital. Sie sind in Netzwerken und Beziehungen – sowohl untereinander als auch mit Förderern und anderen Anspruchsgruppen – aktiv und konstituieren durch ihre Handlungen diese Netzwerke mit. Durch Gabe-Handlungen, die der Konstitution von Netzwerken zugrunde liegen, wird immer auch in diesen Netzwerken Sozialkapital erzeugt, das Nonprofit-Organisationen nutzen und anderen zugänglich machen können.

- Da jede Mission auf Werten und Normen basiert, stehen Nonprofit-Organisationen nicht nur um Ressourcen, sondern auch in Bezug auf die von ihnen vertretenen Werte und Normen in Konkurrenz zueinander (Saxton/Guild 2010). Damit initiiert ihr Handeln einen gesellschaftlichen Diskurs um die Geltung von Werten und Normen, die sich in der Unterstützung der jeweiligen Organisation ausdrückt: Je besser es gelingt, Unterstützer, Förderer und Freiwillige zu finden, desto besser ist nicht nur die Ausstattung mit Ressourcen und die Wirksamkeit der Organisation auf Ebene der Dienstleistungen, sondern desto größer ist auch die Anerkennung der Werte und Normen, die über Gaben eben auch ausgedrückt wird, und desto größer ist die Wahrscheinlichkeit, den Werten und Normen Geltung verschaffen zu können.

- Nonprofit-Organisationen ermöglichen ihren Unterstützern, Förderern und Freiwilligen die Generierung von Sinn und bieten Anschlüsse zur Konstruktion personaler Identität. Auch hierfür sind Gabe-Handlungen auf Basis der Mission konstitutionell, da über

Gaben nicht nur Zustimmung ausgedrückt werden kann, sondern auch Selbst-Attributionen möglich sind.

- Schließlich kommt als vierter Punkt hinzu, dass Nonprofit-Organisationen als Akteure im Kontext der beschriebenen Gebe-Logiken auch soziale Distinktionsprozesse sowie Formen von In- und Exklusion ermöglichen, auch wenn dies von den Organisationen selbst nicht intendiert sein muss. Wenn im Rahmen von Eliten-Philanthropie Großspenden genutzt werden, um sozialen Status zu markieren sowie In- und Exklusionen vorzunehmen, erfüllen die nehmenden Nonprofit-Organisationen eine wichtige soziale Aufgabe.

Alle diese Punkte zeigen – und darauf kommt es an dieser Stelle an – dass von Nonprofit-Organisationen nicht nur Leistungen erstellt werden. Nur in der vorgestellten Komplexität können Erfolge von Nonprofit-Organisationen sinnvoll beurteilt werden. Dieses könnte analog zum Beurteilungsmodell von Phineo vorgenommen werden:

- Outcome im Fundraising sind die eingeworbenen Spenden oder anderen Ressourcen, die quantifiziert und ökonomisch beurteilt werden können.

- Der Output im Fundraising ließe sich nicht nur an der Zufriedenheit, sondern auch an der Sinn-Produktion der Förderer festmachen.

- Schließlich besteht der Social Impact des Fundraisings in der Generierung von Sozialkapital, dem Anstoß von gesellschaftlichen Diskursen und der Generierung von Geltung für Werte und Normen sowie in sozialen Distinktionsprozessen.[278]

Es kann allerdings nicht garantiert werden, dass Leistungserstellung und zivilgesellschaftliche Leistungen konfliktfrei aufeinander bezo-

278 Dies entspricht im Wesentlichen auch den oben beschriebenen unterschiedlichen Verständnissen von Fundraising.

gen werden können: So kann eine effiziente und effektive Leistungserstellung bedeuten, dass intern Prozesse effizient umgesetzt werden. Hierfür bietet die Betriebswirtschaft eine Reihe von Strategien und Maßnahmen an. Allerdings können hierbei durch die Transformation von Gabe-Handeln in Markt-Tausch genau jene Aspekte verloren gehen, die für die zivilgesellschaftlichen Leistungen essenziell sind:

- Förderer erleben Nonprofit-Organisationen als Unternehmen und spenden dann nicht mehr, weil sie aus ihrem Gabe-Handeln keinen Sinn mehr generieren können.
- Mitarbeitende erfahren sich als Akteure, die Nutzenkalkülen unterworfen werden. Sie können dann aus ihrer Arbeit ebenfalls weniger Sinn generieren.
- So, wie auf Märkten agierende Unternehmen Schwierigkeiten haben, Vertrauen zu generieren, erleben auch Nonprofit-Organisationen, wie das Vertrauen in sie schwindet.

Hieraus ergeben sich wiederum zwei Schlussfolgerungen: Zum einen greift eine Bewertung der Leistungen von Nonprofit-Organisationen, die nur auf die der materiellen Effekte abstellt, zu kurz. Sie berücksichtigt nicht die Leistungen, die Nonprofit-Organisationen für die Zivilgesellschaft erbringen. Hinzu kommt, dass die ausschließliche Ausrichtung auf Effizienz und Effektivität der Dienstleistungen zu Fehlsteuerungen im Management von Nonprofit-Organisationen führen kann. Schwindendes Vertrauen, geringere Resonanz bei Unterstützern, Förderern und Freiwilligen sowie zurückgehende gesellschaftliche Bedeutung können hierin begründet sein.

Zum anderen eröffnet sich dem Management von Nonprofit-Organisationen gleichzeitig ein Handlungs- und Entscheidungsspielraum, den sie strategisch nutzen können: Sie können entscheiden, in welchem Umfang sie den verschiedenen Ansprüchen nachkommen wollen und wie sie den Erfolg ihrer Organisation definieren. Neben den Erfolgsmerkmalen in Bezug auf die Erstellung der materiellen

Leistungen können eben auch Erfolgsmerkmale in Bezug auf die zivilgesellschaftlichen Komponenten definiert werden. „Erfolg" ist damit eindeutig ein komplexes Konstrukt, welches strategisch – auch im Zusammenhang mit verschiedenen Anspruchsgruppen – ausgehandelt und umgesetzt werden muss.

8. Warum Menschen *nicht* spenden

Fragt man nach den Gründen, warum Menschen spenden, wird deutlich, dass Spenden-Handlungen auf der einen Seite gesellschaftliche Solidarität und gleichzeitig auf der anderen Seite soziale Differenzierungsprozesse ermöglichen. Als solidarische Handlungen sind Spenden – als spezifische Formen prosozialen Handelns und des Sozialkapitals – eine wichtige gesellschaftliche Ressource. In konkreten Notsituationen werden über Spenden die Existenzen Einzelner gesichert. Trotz aller notwendigen staatlichen Unterstützungsmaßnahmen entstehen augenscheinlich an den Randbereichen staatlichen Handelns immer wieder Bedürfnisse nach gesellschaftlicher Solidarität, die durch staatliches Handeln nicht befriedigt werden können. Durch Spendenaufrufe können in diesen Fällen individuelle Notlagen, wenn auch nicht immer gelöst, so doch gemindert werden. Entsprechend spiegelt sich die Bedeutung gesellschaftlicher Solidarität in allen Weltreligionen wider. Alle verweisen auf die Norm der Solidarität auch Dritten gegenüber, die der eigenen Primärgruppe nicht angehören.

Als spezifische Form gesellschaftlicher Solidarität ergänzen Spendenaufrufe von Nonprofit-Organisationen das staatliche Handeln. Es kann jedoch nicht ausgeschlossen werden, dass zwischen Nonprofit-Organisationen und staatlichen Akteuren der Disput um die Definition von Bedürfnissen, die solidarisch durch Einzelne oder den Staat befriedigt werden sollen, konfliktär ausgetragen wird. Denn prinzipiell lassen sich immer wieder neue Notsituationen und Bedürfnisse definieren und kreieren, zu deren Lösung Nonprofit-Organisationen dann antreten.

Gleichzeitig ermöglichen Spenden-Handlungen vielfältige Formen sozialer Differenzierung. Schon im solidarischen Akt ist dies angelegt: Derjenige, der gibt, zeigt hiermit, dass er oder sie über die ökonomische Potenz zum Geben verfügt. Wird darüber hinaus die Erwiderung ausgeschlossen, entsteht über die Gabe ein Machtsystem: Die Gebenden gewinnen soziale Anerkennung und Reputation durch ihr

Geben, die Nehmenden können sich strategisch verhalten, um in den Genuss der Spenden zu kommen. Dies wiederum unterläuft tendenziell die großzügige Geste des Gebens.

Damit verbunden können Spenden auch eingesetzt werden, um über Prozesse der In- und Exklusion Mitgliedschaften in sozialen Gruppen – wie sozialen Eliten und Netzwerken – zu regeln. Wer gibt, anerkennt nicht nur Werte, sondern auch die Normen der jeweiligen Gruppe. Zu den sozialen Differenzierungen tritt die normativ-pluralistische Differenzierung: Je nach den vertretenen Werten unterstützen Spender unterschiedliche Nonprofit-Organisationen. Diese stehen damit nicht nur in Konkurrenz um Ressourcen, sondern auch um Werte und Normen. Dies wiederum ist Grundlage eines gesellschaftlichen Diskurses um die Geltung von Werten und Normen: Auch über Spenden-Handlungen wird deren Geltung konstituiert.

Schließlich können Spenden auch genutzt werden, um bestehende soziale Netzwerke zu stärken: Geschenke, die in Spenden transferiert werden oder Spenden, die gegeben werden, um soziale Beziehungen auszudrücken, sind hierfür Beispiele. Insgesamt sind Spenden-Handlungen auf verschiedene Weise mit sozialen Prozessen verbunden bzw. werden diese über Spenden-Handlungen konstituiert und reproduziert.

Entsprechend unterschiedlich sind die Gebe-Logiken, die jeweils mit spezifischen Mustern sozialer Beziehungen assoziiert sind. Mit einer Spende kann an die Mission einer Nonprofit-Organisation genauso angeknüpft werden, wie damit als Erwiderung soziale Beziehungen beendet werden können. Mit welcher Gebe-Logik welche Beziehung konstituiert werden soll, ist im Einzelfall empirisch zu entscheiden. Ein entsprechender theoretischer Ansatz ist in dieser Arbeit entwickelt worden.

Um Spenden-Handlungen zu erklären, reicht es jedoch nicht aus, die zugrunde liegenden sozialen Prozesse zu erklären. Es kommt regelmäßig nur dann zu Spenden-Handlungen, wenn die Förderer hierum explizit gebeten werden. Die Bitten um Spenden setzen auf den Gebe-Logiken auf; in ihnen machen die Nonprofit-Organisationen spezifische Beziehungsangebote und sie folgen spezifischen Inszenierungsregeln, die sich wahrnehmungsphysiologisch und -psychologisch beschreiben lassen. Ohne spezifische Inszenierungen – die unterschiedliche Form haben können – gibt es zwar Gabe-Handlungen, die auch aus dem Alltag jenseits des Spendens bekannt sind, selten jedoch Spenden für Nonprofit-Organisationen.

Nonprofit-Organisationen bitten um Spenden, weil sie hierüber ihre Projekte und Programme finanzieren können. Fundraising als soziale Technik, um Spenden zu bitten, ist eine Form, in welcher Nonprofit-Organisationen sich Ressourcen beschaffen können. Fundraising ist damit auf der einen Seite immer an organisationale Rationalität und Kalküle zurückgebunden. Auf der anderen Seite werden hierüber, da auf die Gebe-Logiken aufgesetzt wird, gleichzeitig soziale Prozesse ermöglicht und gefördert. Die hieraus entstehende Spannung aufzulösen, ist eine zentrale Aufgabe des Fundraising-Managements. Auf unterschiedliche Verständnisse von Fundraising, die auf unterschiedliche Möglichkeiten verweisen, hiermit umzugehen, wurde hingewiesen.

Schließlich spenden Förderer nicht nur, weil sie mit ihrer Spende die sozialen Prozesse nutzen, um sich Zugang zu Netzwerken zu verschaffen und soziale Beziehungen konstituieren bzw. stabilisieren zu können. Ihre Spenden-Handlungen können Förderer auch nutzen, um zumindest teilweise ihre personale Identität zu konstruieren: Zum einen besteht die Möglichkeit, sich der kollektiven Identität der Nonprofit-Organisation als Förderer anzuschließen und sie sich – auch nur in Teilen – zu eigen zu machen und in die eigene Identität zu integrieren. Beispielsweise gelingt dies, indem der eigenen Spenden-Handlung Sinn zugeschrieben wird und/oder die Werte und Normen, die in der Nonprofit-Organisation inkorporiert sind, anerkannt werden. Hinzu kommt, dass Spenden-Handlungen physiologisch mit positiven Gefühlen verknüpft sind, sodass bei der

Handlung selbst positive Gefühle erlebt und deshalb Spenden-Handlungen mit positiven Gefühlen verbunden werden.[279]

Damit lässt sich eine Reihe von Gründen finden, warum Menschen spenden. Sie erleben sich positiv, können Sinn generieren und an sozialen Prozessen partizipieren, die über Spenden-Handlungen vermittelt sind. Nonprofit-Organisationen haben ihrerseits ökonomische Interessen daran, um Spenden zu bitten. Je erfolgreicher sie in ihrem Fundraising sind, desto umfangreicher generieren sie Ressourcen und Anerkennung für ihre Werte und Normen. Trotzdem spendet in Deutschland bald nur noch jeder Dritte.

Dieses soziale Phänomen erscheint auf der Folie der komplexen Verschränkungen von Spenden-Handlungen und sozialen, ökonomischen und psychischen Prozessen als erklärungsbedürftig. Denn Spenden-Handlungen verschaffen Akteuren zahlreiche Möglichkeiten, sich in gesellschaftliche Prozesse einzubinden. Auf die Frage, warum viele dies nicht nutzen, ist eine Antwort notwendig. Allerdings kann hier keine befriedigende Antwort darauf gegeben werden, da diese Fragestellung eine neue Studie erfordern würde, was hier nicht geleistet werden kann.

Aber es können einige Hinweise auf eine mögliche Antwort aus dieser Arbeit destilliert werden. Die Erklärungsbedürftigkeit des Nicht-Spendens zeigt sich auch in der sozialen Praxis. Das beobachtbare Bedürfnis sozialer Akteure, Nicht-Spenden zu legitimieren, verweist geradezu auf diese Akzentsetzung: Spenden ist eine sozial notwendige und erwünschte Handlung; sich zu entziehen, erzeugt scheinbar die Notwendigkeit einer Legitimation. Akteure erklären, warum sie nicht spenden.

279 Interessant wäre zu untersuchen, inwieweit diese emotionale Reaktion des Spenders von Handlungen der Nonprofit-Organisation tangiert wird. Denkbar wäre, dass sich bei fehlender Rückmeldung über den Spendeneingang das positive Gefühl nicht einstellt und Förderer eher mit Frustration reagieren.

Damit rücken die Gründe für das Nicht-Spenden in das Zentrum der Forschung. Bisher liegen hierzu erst vereinzelte Erkenntnisse vor.[280] In einigen Aspekten, die in dieser Arbeit vorgestellt wurden, lassen sich allerdings Hinweise für die Beantwortung der Frage finden.

Zunächst einmal – das zeigen die Forschungen von Andreoni und Payne (2003; 2011) – ist die Antwort auf diese Frage extrem profan: Menschen spenden nicht, wenn sie nicht um eine Spende gebeten werden. Nonprofit-Organisationen reduzieren ihre Fundraising-Ausgaben, wenn sie öffentliche Zuwendungen erhalten. Hieraus lässt sich der Rückgang der Spenden erklären.

Dies zeigt noch einmal die große Bedeutung, die der Bitte um eine Spende zukommt. Sobald Nonprofit-Organisationen Fundraising reduzieren, gehen ihnen Förderer verloren. Und Nonprofit-Organisationen reduzieren ihr Fundraising, wenn sie ihre Projekte und Programme finanziert haben. Im Gegensatz zu Unternehmen sind sie in der Regel keine Maximierer; ihnen geht es um die Durchführung ihrer Projekte und Programme und nicht um möglichst hohe Einnahmen (Andreoni/Payne 2011). Deutlich wird hieran auch, dass Fundraising für Nonprofit-Organisationen kein Selbstzweck ist, sondern immer an die Finanzierung der Projekte und Programme zurückgebunden wird.

Weitere Faktoren lassen sich in der Kommunikation der Nonprofit-Organisationen mit ihren Förderern ausmachen. Eckel et al. (2005) weisen auf faktischen Zwang als Ursache von Crowding-out hin. Wie oben schon erörtert wurde, erreichten sie in ihrem Experiment ein vollständiges Crowding-out, wenn schon zwangsweise ein Teilbetrag als „Steuer" an eine Nonprofit-Organisation abgeführt wurde. Sie verweisen in diesem Zusammenhang auf die Aufdeckung einer fiskali-

280 Burk (2000) hat in Kanada empirische Forschungen zum Ausstieg von Spendern gemacht. Hibbert (2005) berichtet von Studienergebnissen aus Großbritannien. Für den deutschsprachigen Raum hat Hunziker (2013) eine erste empirische Arbeit vorgelegt, die sich ausschließlich diesem Thema widmet. Aufgrund der verwendeten Methodik werden darin vor allen Dingen Legitimationsmuster rekonstruiert, nicht aber die Gründe für die Verweigerung des Spendens aufgedeckt.

schen Illusion. Werden Spenden hingegen als spezifische Formen von Gaben verstanden, verweist dies auf die prinzipielle Freiwilligkeit von Gaben. Sobald Gaben nicht mehr freiwillig gegeben werden – unabhängig davon, ob die Freiwilligkeit auf einer Illusion basiert oder nicht – bricht das Gabe-Handeln zusammen. „Freiwilligkeit" ist damit eines der Grundprinzipien von Gabe- und Spenden-Handeln.

Die Problematik „Zwang" wurde auch im Zusammenhang mit den beschriebenen „Sponsoring-Läufen" von Schülern deutlich: Werden Spender in eine Situation hineintaktiert, die sie als Zwang erleben, geben sie zwar unter Umständen noch, können aber verärgert reagieren. Ob es in so einer Situation dann zum Crowding-out kommt, ist vermutlich von einer Reihe von Faktoren abhängig, die noch differenzierter erforscht werden müssen. Zumindest steht in einigen Fällen die Beziehung zur jeweiligen Nonprofit-Organisation infrage.

Meier (2007) verweist im Zusammenhang mit Matching Funds auf die Beobachtung, dass langfristig – d. h. in den Folgeperioden nach Abschluss des Matching Fund – das Spendenaufkommen sinken kann. Auch wenn diese Beobachtung nicht in jedem Fall bestätigt werden konnte, scheint sie doch darauf hinzudeuten, dass beim Einsatz von Matching Funds extrinsische Motive für das Spenden dominant werden und die intrinsischen Motive schwächen oder verdrängen. Fehlen dann in den Folgeperioden die externen Stimuli, kann es zum Crowding-out kommen.

Hinzu können Fehler bei der Inszenierung kommen. Es wurde anhand einer Reihe von Beispielen diskutiert, welche Faktoren bei Inszenierungen im Fundraising eine Rolle spielen. Auch wenn diese aus wahrnehmungspsychologischen Studien abgeleitet werden können, lässt sich hieraus noch lange nicht schließen, dass jede Spendenbitte optimal inszeniert ist.

Schließlich zeigen die Arbeiten von Burk (2000) die Bedeutung der Spender-Kommunikation im Anschluss an die Spende. Sie verweist darauf, dass regelmäßige Informationen über die Wirkung der Spende, schneller Dank und das Zeigen von Wertschätzung für Folgespenden und damit für den Aufbau von Beziehungen zu den Förderern essenziell sind.

Die weitere Erforschung dieser Fragestellung ist notwendig, denn nur wenn es Nonprofit-Organisationen gelingt zu verstehen, warum Menschen nicht spenden, können Strategien und Maßnahmen entwickelt werden, mit denen Hindernissen und Restriktionen begegnet werden kann. Erst dann wird es gelingen, gesellschaftliches Sozialkapital zu generieren, Förderern Sinn- und Distinktionsangebote zu machen und die notwendigen Ressourcen zu beschaffen, die Nonprofit-Organisationen benötigen, um ihre Projekte und Programme zu finanzieren. Dafür ist es allerdings notwendig, die in der Einleitung skizzierten kulturellen Adaptionsprozesse zu erforschen und zu gestalten. Das Gelingen der mehrfachen Adaption ist am Ende die Voraussetzung dafür, dass Fundraising gelingt und dessen emanzipatorische Potenziale hierin zum Tragen kommen. Denn schließlich kann Nicht-Spenden ein Indiz für – und eine Reaktion auf – nicht vollständig geglückte Adaptionen sein.

Literatur

Adam, Thomas (2009a): Buying Respectability. Philanthropy and Urban Society in Transnational Perspective, 1840s to 1930s. Bloomington.

Adam, Thomas (2009b): Philanthropie und Wohnungsreform in der transatlantischen Welt, 1840–1914. In: Adam, Thomas/Lässig, Simone/Lingelbach, Gabriele (Hg.): Stifter, Spender und Mäzene. USA und Deutschland im historischen Vergleich. Stuttgart, S. 41–66.

ADD Trier – Aufsichts- und Dienstleistungsdirektion Rheinland-Pfalz (o. J.): Pressemitteilungen zum Sammlungsrecht.
http://www.add.rlp.de/Kommunale-und-hoheitliche-Aufgaben,-Soziales/Ordnungswesen,-Hoheitsangelegenheiten/Sammlungsrecht/Aktuelles/ (Abruf: 09.02.2013).

Adler, Roland (2011): Zur Entwicklung des Spendenmarktes: Wettbewerb um Spender/-innen. Vortrag auf dem Fundraising-Forum Niedersachsen am 25.05.2011 in Hannover.

Adloff, Frank (2005): Zivilgesellschaft. Theorie und politische Praxis. Frankfurt/Main, New York.

Adloff, Frank (2007): Marcell Mauss – Durkheimien oder eigenständiger Klassiker der französischen Soziologie?. In: Berliner Journal für Soziologie, Heft 2/2007, S. 231–251.

Adloff, Frank (2010): Philanthropisches Handeln. Eine historische Soziologie des Stiftens in Deutschland und den USA. Frankfurt/Main.

Adloff, Frank/Mau, Steffen (2005): Zur Theorie der Gabe und Reziprozität. In: Adloff, Frank/Mau, Steffen (Hg.): Vom Geben und Nehmen. Zur Soziologie der Reziprozität. Frankfurt/Main, S. 9–57.

Adloff, Frank/Schwertmann, Philipp/Sprengel, Rainer/Strachwitz, Rupert Graf (2004): Visions and Roles of Foundations in Europe. Country Report Germany. Berlin.

Akerlof, George A. (1982): Labor Contracts as Partial Gift Exchange. In: The Quarterly Journal of Economics, MIT Press, Vol. 97, No. 4, S. 543–569.

Aldrich, Tobin (2004) Do-it-yourself DRTV: a practical guide to making direct response television advertising work for charities. In: International Journal of Nonprofit & Voluntary Sector Marketing, Vol. 9, No. 2, S. 135–144.

Algazi, Gadi (2003): Introduction: Doing Things with Gifts. In: Algazi, Gadi/Groebner, Valentin/Jussen, Bernhard (Ed.): Negotiating the Gift. Pre-Modern Figurations of Exchange. Göttingen, S. 9–27.

Althammer, Beate (2013): Bettler und Vaganten in der Neuzeit (1500–1933): Eine kommentierte Quellenedition. Essen.

Andreoni, James (2006): Philanthropy. In: Kolm, Serge-Christophe / Mercier, Jean (Ed.): Handbook of Giving, Reciprocity, and Altruism. Amsterdam, S. 1201–1269. (Zitiert nach: http://econ.ucsd.edu/~jandreon/WorkingPapers/Philanthropy.pdf; Abruf: 11.01.2013).

Andreoni, James / Payne, Abigail (2003): Do Government Grants to Private Charities Crowd Out Giving or Fundraising? In: American Economic Review, Vol. 93, No. 3, S. 792–812.

Andreoni, James / Payne, Abigail (2011): Is crowding out due entirely to fundraising? Evidence from a panel of charities. In: Journal of Public Economics. Vol. 95, S. 334–343. http://econ.ucsd.edu/~jandreon/Publications/JPubE2011AndreoniPayne.pdf (Abruf: 03.01.2013).

Andreoni, James / Rao, Justin M. (2011): The power of asking: How communication affects selfishness, empathy, and altruism. In: Journal of Public Economics Vol. 95, S. 513–520.
http://econ.ucsd.edu/~jandreon/Publications/JPubE2011AndreoniRao.pdf (Abruf: 03.01.2013).

Andrews, Claudia (2011): Fundraising interdisziplinär: Ein Beitrag zur Erneuerung der Kultur gemeinwohlbezogenen Gebens. Berlin.

Anheier, Helmut K (1998): Der Dritte Sektor in Zahlen. In: Anheier, Helmut K. / Priller, Eckhard, Seibel, Wolfgang / Zimmer, Annette (Hg.): Der Dritte Sektor in Deutschland. Organisationen zwischen Staat und Markt im gesellschaftlichen Wandel. 2. Aufl., Berlin. S. 29–74.

Anik, Lalin / Aknin, Lara B. / Norton, Michale I. / Dunn, Elisabeth W. (2011): Feeling Good about Giving. The Benefits (and Costs) of Self-interested Charitable Behavior. In: Oppenheimer, Daniel M. / Olivola, Christopher Y. (Ed.): The Science of Giving. Experimental Approaches to the Study of Charity. New York, S. 3–14.

Ariely, Dan (2008): Denken hilft zwar, nützt aber nichts. München

Ariely, Dan (2010): The Upside of Irrationality. The unexpected Benefits of defying Logic at Work and at Home. London.

Aristoteles (2009): Nikomachische Ethik. Köln.

Armstrong, Karen (2008): Der große Umbruch. Vom Ursprung der Weltreligionen. München.

Aronson, Elliot / Wilson, Timothy / Akert, Robert (2004): Sozialpsychologie. München.

Ärzte ohne Grenzen (2005): Fragen und Antworten. Umwidmung von Tsunami-Spenden zugunsten anderer Einsätze von Ärzte ohne Grenzen.
http://www.aerzte-ohne-grenzen.at/fileadmin/data/img/db/msfmedia-2537.pdf (Abruf: 15.07.2010).

Auten, Gerald E. / Sieg, Holger / Clotfelter, Charles T. (2002): Charitable Giving, Income, and Taxes: An Analysis of Data. In: American Economic Review, Vol. 92, S. 371–382.

Axelrod, Terry (2004): Raising More Money: A Step-by-Step Guide to Building Lifelong Donors. 3. Aufl., Seattle.

Axelrod, Terry (2005): The Point of Entry Handbook. Seattle.

Barrett, Louise / Dunbar, Robin / Lycett, John (2002): Human Evolutionary Psychology. Princeton.

Batson, C. Daniel (2011): Altruism in Humans. New York.

Bayertz, Kurt (1998): Begriff und Problem der Solidarität. In: Bayertz, Kurt (Hg.): Solidarität. Begriff und Problem. Frankfurt/Main, S. 11–53.

Becker, Fred G. (2010): Mitarbeiterbindung: Ein Einblick in ein schwieriges Objekt und den Status quo der Diskussion. In: Bruhn, Manfred / Stauss, Bernd (Hg.): Serviceorientierung im Unternehmen. Wiesbaden, S. 229–252.

Becker, Gary S. (1974): A Theory of Social Interactions. In: Journal of Political Economy, Vol. 82, S. 1063–1093.

Becker, Markus (2002): Geld für Flutopfer: Viele Spenden, wenig Kontrolle. In: Spiegel online vom 27.08.2002.
http://www.spiegel.de/panorama/geld-fuer-flutopfer-viele-spenden-wenig-kontrolle-a-211067.html (Abruf 03.02.2013).

Beckert, Jens (2007): Die soziale Ordnung von Märkten. MPIfG Discussion Paper 07 / 6. Köln.

Bennett, Roger. (1996): Effects of horrific fear appeals on public attitudes towards AIDS. In: International Journal of Advertising, Vol. 15, S. 183–202.

Berger, Peter L. / Luckmann, Thomas (2012): Die gesellschaftliche Konstruktion der Wirklichkeit: Eine Theorie der Wissenssoziologie. 24. Aufl., Frankfurt/Main.

Bergloh, Sarah (2008): What Drives Giving in Extensive Welfare States? The Case of Germany. Zentrum für Europäische Wirtschaftsforschung GmbH, Discussion Paper No. 08-123.
ftp://ftp.zew.de/pub/zew-docs/dp/dp08123.pdf (Abruf: 12.01.2013).

Bergstrom, Theodore / Blume, Lawrence / Varian, Hal (1986): On the Private Provision of Public Goods. In: Journal of Public Economics, Vol. 29, S. 25–49.
http://www.econ.ucsb.edu/~tedb/Courses/UCSBpf/readings/privprov.pdf (Abruf: 25.01.2013).

Berking, Helmuth (1996): Schenken. Zur Anthropologie des Gebens. Frankfurt/Main.

Bierhoff, Hans-Werner (2010): Psychologie prosozialen Verhaltens. Warum wir anderen helfen. 2. Aufl., Stuttgart.

Bishop, Matthew / Green, Michael (2010): Philanthrocapitalism: How Giving Can Save the World. London.

Blanke, Helmut (2007): Exkurs: Dank im neuen Testament. In: Reuter, Susanne (Hg.): Erbschaftsfundraising. Mit Herzblut und Fingerspitzengefühl. Düsseldorf, S. 169–183.

Blau, Peter M. (2005): Sozialer Austausch. In: Adloff, Frank / Mau, Steffen (Hg.): Vom Geben und Nehmen. Zur Soziologie der Reziprozität. Frankfurt/Main, S. 125–137.

Bloch, Maurice / Parry, Jonathan (1989): Introduction: Money and the morality of exchange. In: Parry, Jonathan / Bloch, Maurice (Ed.): Money and the morality of exchange. Cambridge, S. 1–32.

Bogumil, Jörg / Klie, Thomas / Holtkamp, Lars / Roß, Paul-Stefan (2003): Öffentliche Förderungen von Organisationen des Dritten Sektors im Sozial- und Kulturbereich. In: Enquete-Kommission des Deutschen Bundestags (Hg.): Politik des Bürgerschaftlichen Engagements in den Bundesländern. Opladen, S. 155–244.

Bohlken, Eike (2011): Die Verantwortung der Eliten. Frankfurt/Main.

Boltanski, Luc / Chiapello, Ève (2003): Der neue Geist des Kapitalismus. Konstanz.

Bolton, Gary E. / Katok, Elena (1995): An experimental test for gender differences in beneficent behavior. In: Economics Letters, Vol.: 48, S. 287–292.
http://www.utdallas.edu/~emk120030/science4.pdf (Abruf 24.02.2012).

Borcherding, Jan / Stute, Maya (2011): 17 Jahre Deutscher Spendenmonitor. Fakten und Trends im Zeitverlauf.
http://www.tns-infratest.com/branchen_und_maerkte/pdf/social_marketing/ 17_Jahre_Deutscher_Spendenmonitor_2011.pdf (Abruf: 20.05.2012).

Bornstein, David (2004): How to Change the World. Social Entrepreneurs and the Power of new Ideas. Oxford.

Bornstein, David (2005): The Price of a Dream: The Story of the Grameen Bank. Oxford.

Bornstein, David (2009): Die Welt verändern: Social Entrepreneurs und die Kraft neuer Ideen. Stuttgart.

Bortoluzzi-Dubach, Elisa / Frey, Hansrudolf (2011): Sponsoring. Der Leitfaden für die Praxis. Bern.

Boster Franklin / Fediuk, Thomas / Kotowski, Michael Ryan (2001): The effectiveness of an altruistic appeal in the presence and absence of favors. In: Communication Monographs Vol. 68, No. 4, S. 340–346.

Böttcher, Jens Uwe (2011): Wer den Anfängen nicht wehrt ... http://www.buergerengagement.uni-bremen.de/2011/05/wer-den-anfaengen-nicht-wehrt/#more-1619 (Abruf: 17.10.2011).

Bourdieu, Pierre (1982): Ökonomisches Kapital, kulturelles Kapital, soziales Kapital. In: Kreckel, Reinhard (Hg.): Soziale Ungleichheiten. Soziale Welt. Sonderband 2, S. 183–198

Bourdieu, Pierre (1987): Die feinen Unterschiede. Frankfurt/Main.

Bourdieu, Pierre (1998): Praktische Vernunft. Zur Theorie des Handelns. Frankfurt/Main.

Bourdieu, Pierre (2005): Die Ökonomie der symbolischen Güter. In: Adloff, Frank / Mau, Steffen (Hg.): Vom Geben und Nehmen. Zur Soziologie der Reziprozität. Frankfurt/Main, S. 139–155.

Bozic, Kristina (2007): Africa. Africans see Poverty: Foreigners see Resources and Wealth. James Shikwati as Interviewed by Kristina Bozic. Nairobi, Kenya.

Bracken, Christopher (1997): The potlatch papers: a colonial case history. Chicago

Brafman Ori / Brafman, Rom (2009): Sway. The Irresistible Pull of Irrational Behavior. London.

Breidenbach, Joana (2010): Fundraising Web 2.0. In: Adlofff, Frank / Priller, Eckhard / Strachwitz, Rupert Graf (Hg.): Prosoziales Verhalten. Spenden in interdisziplinärer Perspektive. Stuttgart, S. 152–160.

Breman, Anna (2008): When government grants crowd out private donations. https://sites.google.com/site/annabreman/Crowding_Out_2008_10.pdf (Abruf: 11.01.2013).

Brennholdt-Thomsen, Veronika (2010): Geld oder Leben. Was uns wirklich reich macht. München.

Brewer, Marilynn B. / Gardner, Wendi (1996): Who is this „We"? Levels of Collective Identity and Self Representations. In: Journal of Personality and Social Psychology, Vol. 71, No. 1, S. 83–93.

Bronfman, Charles / Solomon, Jeffrey (2010): The Art of Giving. Where the Soul Meets a Business Plan. San Francisco.

Bruce, Ian (1998): Successful Charity Marketing. Hempstead.

Bruhn, Manfred (2009): Sponsoring: Systematische Planung und integrativer Einsatz. Wiesbaden.

Buchna, Johannes / Seeger, Andreas / Brox, Wilhelm (2010): Gemeinnützigkeit im Steuerrecht: Die steuerlichen Begünstigungen für Vereine, Stiftungen und andere Körperschaften – steuerliche Spendenbehandlung. Achim.

Budde, Christian (2005): Traumfänger-Auktionen der unbezahlbaren Gelegenheiten. In: Fischer, Kai / Hohn, Bettina / Kreuzer, Thomas (Hg.): Fundraising Praxis – aus erfolgreichen Beispielen lernen. Norderstedt, S. 11–30.

Bundesverband Deutscher Tafeln e. V. (2007): Die Deutschen Tafeln nach Zahlen. Ergebnisse der Tafel-Umfrage 2007. http://www.tafel.de/fileadmin/pdf/Tafel-Umfrage/Tafel-Umfrage_2007_Auswertung.pdf (Abruf: 14.08.2011).

Burk, Penelope (2000): Thanks! A Guide to Donor-Centered Fundraising. Burlington.

Burk, Penelope (2003): Donor-centered Fundraising. How to hold on your donors and raise much more money. Chicago.

Burnett, Ken (1992): Relationship Fundraising: A Donor Based Approach to the Business of Raising Money. London.

Burnett: Ken (2006): The Zen of Fundraising: 89 Timeless Ideas to Strengthen and Develop Your Donor Relationships. London.

Burnstein, Eugene; Crandall, Christian; Kitayama, Shinobu (1994): Some neo-Darwinian decision rules for altruism: Weighing cues for inclusive fitness as a function of the biological importance of the decision. In: Journal of Personality and Social Psychology, Vol. 67, No. 5, S. 773–789.

Burt, Ronald S. (1992): Structural Holes. The Social Structure of Competition. Cambridge, MA.

Burt, Ronald S. (2000): The Network Structure of Social Capital. In: Research in Organizational Behavior, Vol. 22, S. 345–423. http://faculty.chicagobooth.edu/ronald.burt/research/nssc.pdf (Abruf: 29.10.2010).

Caillé, Alain (2000): Gift and Association. In: Vandevelde, Antoon (Ed.): Gifts and Interests. Leuven, S. 47–55.

Caillé, Alain (2006): Weder methodologischer Holismus noch methodologischer Individualismus – Marcel Mauss und das Paradigma der Gabe. In: Moebius, Stephan / Papilloud, Christian (Hg.): Gift – Marcel Mauss' Sozialtheorie der Gabe. Wiesbaden, S. 161–214.

Caillé, Alain (2008): Anthropologie der Gabe. Frankfurt/Main.

Calender Girls (o. J.): Some Ladies will do anything for a good Cause. http://www.calendargirls.tv/home.html (Abruf: 02.11.2012).

Carrier, James (1991): Gifts, Commodities, and Social Relations. A Maussian View of Exchange. In: Sociological Forum, Vol. 6, No.1, S. 119–136.

cbm (Christoffel Blindenmission) (2009): Auf Wiedersehen, Mama. Plakat 2009 http://www.cbm.de (Abruf: 29.12.2009).

cbm (Christoffel Blindenmission) (o. J.): Grauer Star ist heilbar – bei allen anderen gibt es ein Zuspät. Fünf häufige Ursachen von Blindheit. http://www.cbm.de/artikel/Fuenf-haeufige-Formen-von-Blindheit-167019.html (Abruf: 27.07.2013).

Charities Aid Foundation (2012): World giving index 2012. A global view of giving trends. https://www.cafonline.org/PDF/WorldGivingIndex2012WEB.pdf (Abruf: 21.01.2013).

Cialdini, Robert (2007): Die Psychologie des Überzeugens. Ein Lehrbuch für alle, die ihren Mitmenschen und sich selbst auf die Schliche kommen wollen. 5. Aufl., Bern.

Cialdini, Robert B. / Kenrick, Douglas T. (1976): Altruism as hedonism: A social development perspective on the relationship of negative mood state and helping. In: Journal of Personality and Social Psychology, Vol. 34, No. 5, S. 907–914.

Cialdini, Robert B. / Schaller, Mark / Houlihan, Donald / Arps, Kevin / Fultz, Jim / Beaman, Arthur L. (1987): Empathy-based helping: Is it selflessly or selfishly motivated? In: Journal of Personality and Social Psychology, Vol. 52, No.4, S. 749–758.

Cohen, Ben / Warwick, Mal (2006): Value-driven Business. How to Change the World, make Money, and have Fun. San Francisco.

Coleman, James Samuel (1988): Social Capital in the Creation of Human Capital. In: American Journal of Sociology, Vol. 94, Supplement: Organizations and Institutions: Sociological and Economic Approaches to the Analysis of Social Structure, S. S95–S120.

Coleman, James Samuel (1990): Foundation of Social Theory. Cambridge, MA.

Conner, Alana / Epstein, Keith (2007): Harnessing Purity and Pragmatism. In: Stanford Social Innovation Review, Vol. 5, No. 4, S. 60–65.

Conta Gromberg, Ehrenfried (2006): Handbuch Sozial-Marketing: Strategie, Praxis, Trends – Durch zielgerichtete Kommunikation zum Erfolg. Stuttgart.

Conta Gromberg, Ehrenfried (2007): Die Neuen Sachspenden: Wie eine unbemerkte Revolution das Fundraising verändert. Jesteburg.

Conta Gromberg, Ehrenfried (2008a): Die Spring Fundraising Campaign 2008. In: Fundraising innovativ Mai 2008. http://www.spendwerk.de/wp/2008/05/die-spring-fundraising-campaign-2008/ (Abruf: 14.10.2011).

Conta Gromberg, Ehrenfried (2008b): Folk alley.com. We do this strictly online. Interview mit Linda Fahey. In: Fundraising innovativ Mai 2008. http://www.spendwerk.de/wp/2008/05/folk-alley-com-we-do-this-strictly-online/ (Abruf: 14.10.2011).

Corson-Finnerty, Adam / Blanchard, Laura (1998): Fundraising und Friend-Raising on the Web. Chicago.

Crole: Barbara (2006): Der Spender ist weiblich! Wie Mailings bei Frauen wirken. In: Fundraiser Magazin. Heft 2/06. S. 16–17.

Crouch, Colin (2008): Postdemokratie. Frankfurt/Main.

Därmann, Iris (2005): Fremde Monde der Vernunft. Die ethnologische Provokation der Philosophie. München.

Därmann, Iris (2010): Theorien der Gabe. Zur Einführung. Hamburg.

Dees, Gregory (1998): The Meaning of Social Entrepreneurship. http://www.redalmarza.cl/ing/pdf/TheMeaningofsocialEntrepreneurship.pdf (Abruf: 23.08.2013).

Deimel, Claus (Hg.) (2011) The power of giving: gifts in the Kwakwa ka 'wakw Big House from the Canadian Northwest Coast and the Saxon Rulers' Court in Dresden. Berlin.

Delany, Colin (2009): Learning from Obama: Lessons for Online-Communicators in 2009 and Beyond. http://www.epolitics.com/learning-from-obama.pdf. (Abruf: 23.10.2013).

Derrida, Jacques (1993): Falschgeld – Zeit geben I. München.

Deutscher Fundraising Verband (2008): 19 Grundregeln für eine gute, ethische Fundraising-Praxis. http://www.fundraisingverband.de/verband/ethische-grundsaetze/19-grundregeln.html (Abruf: 02.11.2012).

Deutscher Fundraising Verband (o. J.): Die Organisationen in Deutschland mit dem höchsten Spendenaufkommen 2007. http://www.fundraisingverband.de/index.php?id=266 (Abruf: 12.02.2012).

Deutscher Fundraising Verband (o. J.): Für wie viele Organisationen wird parallel gesammelt? http://www.fundraisingverband.de/assets/verband/Zahlen%20und%20Fakten/Wie%20werden%20Spender%20f%C3%BCrs%20Spenden%20geworben.pdf (Abruf: 08.02.2013).

Deutscher Fundraising Verband (2011): Kultur des Gebens nimmt derzeit riesigen Schaden. Pressemitteilung vom 22.12.2011. http://www.fundraisingverband.de/index.php?id=12&backPID=1&tt_news=3046 (Abruf: 09.02.2012).

Diekmann, Andreas / Voss, Thomas (2003): Theorie rationalen Handelns. Stand und Perspektiven. In: Diekmann, Andreas / Voss, Thomas (Hg.): Rational Choice Theorie in den Sozialwissenschaften. Probleme und Perspektiven. München, S.13–29. http://www.uni-leipzig.de/~sozio/mitarbeiter/m27/content/eigene_site/prof.voss.public_2003b.pdf (Abruf: 23.06.2013).

Dinges, Martin (2002): Neues in der Forschung zur spätmittelalterlichen und frühneuzeitlichen Armut? In: Gilomen, Hans-Georg / Guex, Sébastien / Studer, Brigitte (Hg.): Von der Barmherzigkeit zur Sozialversicherung. Umbrüche und Kontinuitäten vom Spätmittelalter bis zum 20. Jahrhundert. Zürich, S. 21–43.

Dobkin Hall, Peter (2009): Philanthropie, Wohlfahrtsstaat und die Transformation der öffentlichen Institutionen in den USA, 1945–2000. In: Adam, Thomas / Lässig, Simone / Lingelbach, Gabriele (Hg.): Stifter, Spender und Mäzene. USA und Deutschland im historischen Vergleich. Stuttgart, S. 69–99.

Douglas, Mary (1990): Foreword: No Free Gifts. In: Mauss, Marcel: The Gift. New York/London.

Durham, Sarah (2010): Brandraising. How Nonprofits raise visibility and money through smart communications. San Francisco.

Durkheim, Emile (1988): Über soziale Arbeitsteilung. Studien über die Organisation höherer Gesellschaften. 2. Aufl., Frankfurt/Main (Original 1895).

DZI – Deutsches Zentralinstitut für soziale Fragen (o. J.): Die DZI Spenderberatung warnt. http://www.dzi.de/spenderberatung/das-dzi-rat-ab/das-dzi-warnt/ (Abruf: 09.02.2013).

DZI (Deutsches Institut für soziale Fragen) (2006): Werbe- und Verwaltungsausgaben spendensammelnder Organisationen. Berlin. http://www.dzi.de/wp-content/pdfs_DZI/Verwaltungskostenkonzept.pdf (Abruf: 26.07.2013).

Eagly, Alice H. / Crowley, Maureen (1986): Gender and Helping Behavior: A Meta-Analytical Review of the Social Psychology Literature. In: Psychological Bulleting, Vol. 100, No. 3, S. 283–308. http://psy.haifa.ac.il/~ep/Students_Post/Projects/Project_2/2009-10/gender%20and%20helping%20behavior.pdf (Abruf: 02.07.2013).

Easterly, William (2006): Wir retten die Welt zu Tode. Für ein professionelleres Management im Kampf gegen die Armut. Frankfurt/Main, New York.

Eckel, Catherine C. / Grossman Philip J. (2003): Rebate versus Matching: Does how we subsidize charitable contributions matter? In: Journal of Public Economics. Vol. 87, S. 681–701.
http://harbaugh.uoregon.edu/Readings/Altruism,%20fairness/Eckel%202002%20 JPubE,%20Rebates.pdf (Abruf: 3.01.2013).

Eckel, Catherine C. / Grossman, Philip J. (2008): Encouraging Giving: Subsidies in the Field. Paper.
http://cbees.utdallas.edu/papers/Eckel_Grossman_Encouraging_Giving.pdf (Abruf: 03.01.2013).

Eckel, Catherine C. / Grossman, Philip J. / Johnston, Rachel B. (2005): An experimental test of the crowding out hypothesis. In: Journal of Public Economics. Vol. 89, S. 1543–1560.
http://www.utdallas.edu/~emk120030/science2.pdf (Abruf: 03.01.2013).

Edwards, Michael (2010): Small Changes. Why Business won't save the World. San Francisco.

Ehrenstein, Claudia (2013): Weniger Flut-Spenden. „Die Gesellschaft ist klüger geworden". In: Welt online vom 12.06.2013.
http://www.welt.de/vermischtes/article117040249/Die-Gesellschaft-ist-klueger-geworden.html (Abruf: 03.08.2013).

Emerson, Jed (2000): Social Return On Investment. In: Making Waves. Vol. 11, No. 2, S. 10–14. http://hdl.handle.net/2149/1028 (Abruf: 14.08.2011).

Enquete-Kommission „Zukunft des bürgerschaftlichen Engagements" (2002): Bericht: Bürgerschaftliches Engagement: auf dem Weg in eine zukunftsfähige Bürgergesellschaft. Drucksache 14/8900 des Deutschen Bundestags vom 03.06.2002.
http://dipbt.bundestag.de/dip21/btd/14/089/1408900.pdf (Abruf: 09.02.2012).

Epstein, Keith (2006): Crisis Mentality. Why sudden emergencies attract more funds than do chronic conditions, and how nonprofits can change it. In: Stanford Social Innovation Review. Vol. 4, Issue 1, S. 48–57.

Falk, Armin (2007): Gift-Exchange in the Field. In: Econometrica. Vol. 75, No. 5, S. 1501–1511.
(Zitiert nach: http://www.ucl.ac.uk/~uctpshu/falk.pdf.) (Abruf: 03.01.2013).

Felix, Gerlinde (o. J.): Erblindung / Amaurose / Blindheit. In: SpringerMedizin
http://www.springergesundheit.de/kooperation/content-232443.html (Abruf 27.07.2013).

Fenzl, Thomas (2009): Die Massenpsychologie der Finanzmarktkrise. US-Immobilienblase, Subprime Desaster, Schulden-Bubble und ihre Auswirkungen. Wien.

Fink, Klaus-J. (2008): Empfehlungsmarketing: Königsweg der Neukundengewinnung. Wiesbaden.

Fischer, Kai (2005): Online-Fundraising im Wahlkampf – Segen für gebeutelte Parteienfinanzen? In: http://politik-digtal.de/edemocracy/wahlkampf/bundestagswahl05/fundraisingimwahlkampf050630.shtml (Abruf: 07.09.2011).

Fischer, Kai (2006): Strategische Planung im Fundraising. In: Fundraising Akademie (Hg.): Fundraising. Handbuch für Grundlagen, Strategien und Methoden. Wiesbaden, S. 211–224.

Fischer, Kai (2007a): Einführung in das Fundraising. Lehrbrief für die Universität Rostock. Rostock.

Fischer, Kai (2007b): Männer und Spenden – Der weiße Fleck auf der Landkarte des Fundraisings? In: Fundraiser-Magazin, Heft 1/07 S. 26–27.

Fischer, Kai (2008): ... und wo bleibt die Moral? – Überlegungen zum Zusammenhang von Fundraising und Werten. In: Hahn, Udo / Kreuzer, Thomas / Schenk, Susanne / Schneider-Ludorff, Gury (Hg.): Geben und Gestalten. Brauchen wir eine neue Kultur der Gabe? Münster, S. 155–166.

Fischer, Kai (2010a): Wo bleiben die Migranten? In: Fundraising innovativ, Jan. 2010 http://www.spendwerk.de/wp/2010/01/wo-bleiben-die-migranten/ (Abruf: 04.02.2012).

Fischer, Kai (2010b): SocialMedia-Fundraising: Ein Hype im Web 2.0? In: Newsletter Wegweiser Bürgergesellschaft 2/2010 vom 05.02.2010. http://www.buergergesellschaft.de/fileadmin/pdf/gastbeitrag_fischer_100122.pdf (Abruf: 10.05.2011).

Fischer, Kai (2011): Selbsterwirtschaftete Einnahmen. In: Arbeitshandbuch Finanzen für den sozialen Bereich, Kap. 4.1. Hamburg.

Fischer, Kai (2012a): Anlass-Spenden – ein traditioneller Klassiker im neuen Gewand. In: Birnkraut, Gesa / Lisowski, Rainer / Wesselmann, Stefanie / Wortmann, Rolf (Hg.): Jahrbuch für Management in Nonprofit-Organisationen 2012. Berlin, S. 99–111.

Fischer, Kai (2012b): Gebe-Logiken im Gesundheitswesen. In: Steiner, Oliver / Fischer, Martin (Hg.): Fundraising im Gesundheitswesen. Leitfaden für die professionelle Mittelbeschaffung. Stuttgart, S. 152–160.

Fischer, Kai / Conta-Gromberg, Ehrenfried (2009): Die 10 Mythen im Fundraising: Warum regionale Fundraiser nicht alles glauben sollten. Jesteburg.

Fischer, Kai / Krause, Annette (2011): Fundraising regionaler Organisationen – Langfristige Beziehungen schaffen und gemeinsam vor Ort die Welt verändern. In: Arbeitshandbuch Finanzen für den sozialen Bereich, Kap. 6.12.2.

Fischer, Kai / Kulschewski, Kai / Stöcker, Jürgen (2012): Mission-Based Fundraising. Warum die Zeit reif ist für einen neuen Fundraising-Ansatz. Hamburg. http://mission-based-consulting.de/publikationen/items/weissbuch-mission-based-fundraising.html?file=tl_files/data/pages/publikationen/texte/WP%20Mission-based-Fundraising.pdf (Abruf: 08.09.2012).

Fischer, Kai / Neumann, André (2003): Multi-Channel-Fundraising – clever kommunizieren, mehr Spender gewinnen. Wiesbaden.

Fischer, Thomas (1979): Städtische Armut und Armenfürsorge im 15. und 16. Jahrhundert. Sozialgeschichtliche Untersuchungen am Beispiel der Städte Basel, Freiburg i. Br. und Straßburg. Göttingen.

Fischer, Wolfram (1982): Armut in der Geschichte. Erscheinungsformen und Lösungsversuche der „Sozialen Frage“ in Europa seit dem Mittelalter. Göttingen.

Flanagan, Joan (2002): Successful Fundraising. A Complete Handbook for Volunteers and Professionals. New York.

Foster, William Landes / Kim, Peter / Christiansen, Barbara (2009): Ten Nonprofit Funding Models. In: Stanford Social Innovation Review, Spring 2009. http://www.ssireview.org/articles/entry/ten_nonprofit_funding_models (Abruf: 15.02.2012).

French, John P. R., jr. / Raven, Bertram (1960): The bases of social power. In: Cartwright, Dorwin / Zander, Alvin (Ed.), Group dynamics. New York, S. 607–623. http://www.communicationcache.com/uploads/1/0/8/8/10887248/the_bases_of_social_power_-_chapter_20.pdf (Abruf: 25.10.2013).

Frey, Manuel (1999): Macht und Moral des Schenkens. Staat und bürgerliche Mäzene vom späten 18. Jahrhundert bis zur Gegenwart. Berlin.

Gahrmann, Christian (2011): Strategisches Fundraising. Wiesbaden.

Gamson, William A. (1992): Talking Politics. Cambridge, USA.

Gerhard, Kurt (2010): Warum die Helfer in Afrika versagen. In: Spiegel online vom 23.05.2010. http://www.spiegel.de/politik/ausland/0,1518,694057-2,00.html (Abruf: 23.05.2010).

Gintis, Herbert (2003): Solving the Puzzle of Prosociality. In: Rationality and Society, Vol. 15, S. 155–187. Zitiert nach: http://time.dufe.edu.cn/wencong/gintis/puzzle.pdf (Abruf: 23.06.2013).

Giving USA (2012) The Annual Report on Philanthropy for the Year 2011. Executive Summary. Chicago. http://www.alysterling.com/documents/GUSA2012ExecutiveSummary.pdf (Abruf: 20.01.2013).

Giving USA Foundation (2011): Giving USA 2011. The Annual Report on Philanthropy for the Year 2010. Chicago.
http://www.givingusareports.org/ (Abruf: 05.07.2012).

Gladwell, Malcolm (2009): Überflieger. Warum manche Menschen erfolgreich sind und andere nicht. Frankfurt/Main.

Glocker Melanie L. / Langleben, Daniel D. / Ruparel, Kosha / Loughead / James W. / Valdez, Jeffrey N. / Griffin, Mark D. / Sachser, Norbert / Gur, Ruben C. (2009): Baby schema modulates the brain reward system in nulliparous women. In: PNAS Vol. 106, No. 22, S. 9115–9119.
http://www.pnas.org/content/106/22/9115 (Abruf: 16.07.2010).

Godbout, Jacques T. (2000): Homo Donator vs. Home Oeconomicus. In: Vandevelde, Antoon (Ed.): Gifts and Interests. Leuven, S. 23–46.

Godbout, Jacques T. mit Caillé, Alain (1998): The World of the Gift. Québec.

Godelier, Maurice (1999): Das Rätsel der Gabe. Geld, Geschenke, heilige Objekte. München.

Gouldner, Alvin Ward (1984): Etwas gegen nichts. Reziprozität und Asymmetrie. In: Gouldner, Alvin Ward: Reziprozität und Autonomie. Ausgewählte Aufsätze. Frankfurt/ Main, S. 118–164.

Graeber, David (2012): Schulden. Die ersten 5000 Jahre. Stuttgart.

Granovetter, Mark (1973): The Strength of Weak Ties. In: American Journal of Sociology, Vol. 78, S. 1360–1380.

Granovetter, Mark (1985): Economic Action and Social Structure: The Problem of Embeddedness. In: The American Journal of Sociology, Vol. 91, No. 3 (Nov. 1985), S. 481–510.

Graves, Ellington T. / Tech, Virginia (2006): Theorizing Collective Identity: Structural and Moral Narratives. Conference Papers. American Sociological Association. 101st Annual Meeting, Montreal, Quebec, Canada.

Green, Corliss L. / Webb, Deborah J. (2008): Factors Influencing Monetary Donations to Charitable Organizations. In: Journal of Nonprofit & Public Sector Marketing, Vol. 5: No. 3, S. 19–40.
http://dx.doi.org/10.1300/J054v05n03_03 (Abruf: 14.09.2012).

Gries. Martin (2005): Zeit voller Geschichten – Prominente lesen für den guten Zweck. In: Fischer, Kai / Hohn, Bettina / Kreuzer, Thomas (Hg.): Fundraising Praxis – aus erfolgreichen Beispielen lernen. Norderstedt, S. 31–52.

Groh, Kathrin (2004): Selbstschutz der Verfassung gegen Religionsgemeinschaften : Vom Religionsprivileg des Vereinsgesetzes zum Vereinigungsverbot. Berlin.

Gurin, Patricia / Townsend, Aloen (1986): Properties of Gender Identity and their Implications for Gender Consciousness. In: British Journal of Social Psychology, Vol. 25, S.139–148.

Hagemann, Michael (2006): Rechnungswesen gemeinnütziger Organisationen. In: Fundraising-Akademie (Hg.): Fundraising. Handbuch für Grundlagen, Strategien und Methoden. Wiesbaden, S. 151–168.

Haibach, Marita (2006): Handbuch Fundraising. Spenden, Sponsoring, Stiftungen in der Praxis. Frankfurt/Main, New York.

Haibach, Marita (2008): Hochschul-Fundraising. Ein Handbuch für die Praxis. Frankfurt/Main.

Hall, Holly (2004): Gender differences in giving: Going, going, gone? In: New Directions for Philanthropic Fundraising, Vol. 43, S. 71–81.

Hamm, Bernd (2008): „Zeitliche Güter gegen himmlische eintauschen" – Vom Sinn spätmittelalterlicher Stiftungen. In: Hahn, Udo / Kreuzer, Thomas / Schenk, Susanne / Schneider-Ludorff, Gury (Hg.): Geben und Gestalten. Brauchen wir eine neue Kultur der Gabe? Berlin, S. 51–65.

Haunert, Friedrich (o. J.): Fundraising und Spendenwerbung. In: Arbeitshandbuch Finanzen für den sozialen Bereich 1. Aufl., Nr. 6/1.1.

Heath, Chip / Heath, Dan (2008) Was bleibt. Wie die richtige Story Ihre Werbung unwiderstehlich macht. München.

Heidbüchel, Andreas (2000): Psychologie des Spendenverhaltens: Analyse eines theoriegeleiteten Prozessmodells. Frankfurt/Main.

Heifer international (o. J.): Gift Catalog.
https://secure1.heifer.org/gift-catalog (Abruf: 02.11.2012).

Heil, Klaus (2006): Anlassspende. In: Fundraising Akademie (Hg.): Fundraising. Handbuch für Grundlagen, Strategien und Methoden. 3. Aufl., Wiesbaden, S. 323–324.

Hénaff, Marcel (2009): Der Preis der Wahrheit: Gabe, Geld und Philosophie. Frankfurt/Main.

Hennig, Marina (2010): Soziales Kapital und seine Funktionsweise. In: Stegbauer, Christian, Häußling, Roger (Hrsg.) Handbuch Netzwerkforschung. Wiesbaden, S. 177–189.

Hermann, Rainer (2003): Die historische Stadt Bam gibt es nicht mehr. In: FAZ online vom 27.12.2003.
http://www.faz.net/aktuell/politik/ausland/erdbeben-die-historische-stadt-bam-gibt-es-nicht-mehr-1131642.html (Abruf: 03.02.2013).

Hessinger, Philipp (2010): Es gibt kein Netzwerk im Falschen. Ein Versuch über Patronage und Post-Demokratie und die jüngere Entwicklung des postindustriellen Kapitalismus. In: Binczek, Natalie / Stanitzek, Georg (Hg.): Strong ties / Weak ties. Freundschaftssemantik und Netzwerktheorie. Heidelberg, S. 331–363.

Hessischer Rechnungshof (2003): Zwölfter zusammenfassender Bericht 2003, dreiundachtzigste vergleichende Prüfung „Museen".
http://www.rechnungshof-hessen.de/index.php?seite=inhalt1.php&year=2003&K1=10&selected=25 (Abruf: 12.07.2011).

Heutel, Garth (2012): Crowding Out and Crowding In of Private Donations and Government Grants. In: Public Finance Review 1091142112447525, first published on May 30, 2012 as doi: 10.1177/1091142112447525. (Zitiert nach: http://www.uncg.edu/bae/people/heutel/Papers/Heutel_CrowdOut.pdf (Abruf: 03.01.2013).

Hibbert, Sally (2005): Why do people give to charity – and why don't others? In: ESRC Charitable Giving Brochure. Swindon, UK.
http://www.ncvo-vol.org.uk/sites/default/files/UploadedFiles/NCVO/Publications/Publications_Catalogue/Sector_Research/Charitable_giving_and_donor_motivation.pdf (Abruf: 22.10.2013).

Hibbert, Sally / Smith, Andrew / Davies, Andrea / Ireland, Fiona (2007): Guilt Appeals: Persuasion Knowledge and Charitable Giving. In: Psychology & Marketing, Vol. 24(8): 723–742.

Hillebrandt, Frank (2009): Praktiken des Tauschens. Zur Soziologie symbolischer Formen der Reziprozität. Wiesbaden.

Hochman, Harold M. / Rogers, James D. (1969): Pareto Optimal Redistribution. In: American Economic Review, Vol. 59, S. 542–557.
http://darp.lse.ac.uk/papersdb/Hochman-Rogers_%28AER_69%29.pdf (Abruf: 25.01.2013).

Hoffmann, Veronika (2013): Skizzen zu einer Theologie der Gabe: Rechtfertigung – Opfer – Eucharistie – Gottes- und Nächstenliebe. Freiburg.

Hohn, Bettina (2001): Internet-Marketing und -Fundraising für Nonprofit-Organisationen. Wiesbaden.

Homans, George C. (1950) The Human Group. New York.

Hönsch, Andrea (o. J.): Wie alles anfing.
http://www.greenpeace.de/ueber_uns/25_jahre_greenpeace_deutschland/wie_alles_anfing/ (Abruf: 01.07.2013).

Hope Consulting (2010): Money for Good. The US Market for Impact Investments and Charitable Gifts from Individual Donors and Investors.
http://www.hopeconsulting.us/pdf/Money%20for%20Good_Final.pdf (Abruf: 14.08.2011).

Horak, Christian / Speckbacher, Gerhard (2013): Ziele und Strategien. In: Simsa, Ruth / Meyer, Michael / Badelt, Christoph (Hg.): Handbuch der Nonprofit-Organisation. Strukturen und Management. 5. Aufl., Stuttgart, S. 159–182.

Hörmann, L. von (1909): Tiroler Volksleben. Ein Beitrag zur deutschen Volks-und Sittenkunde. Stuttgart.

Horstkötter, Dirk (1998): Oderhochwasser. Der Fluch des Geldes. In: Focus Magazin Nr. 51.
http://www.focus.de/politik/deutschland/oderhochwasser-der-fluch-des-geldes_aid_173596.html (Abruf: 05.07.2012).

Huber, Frank / Meyer, Frederik / Vogel, Johannes / Zimmermann, Julia (2009): Co-Branding als Konzept zur Stärkung von Marken. Eine empirische Analyse im Konsumgütermarkt. Köln.

Hudson, Mike (2005): Managing at the Leading Edge: New Challenges in Managing Nonprofit-Organisazations. San Francisso.

Huismann, Wilfried (2011): Der Pakt mit dem Panda. Was uns der WWF verschweigt. Fernseh-Reportage, gesendet am 22.06.2011 im WDR. http://www.ardmediathek.de/ard/servlet/content/3517136?documentId=7495082 (Abruf: 07.07.2011).

Huismann, Wilfried (2012): Schwarzbuch WWF: Dunkle Geschäfte im Zeichen des Panda. Gütersloh.

Hunziker, Beat (2011): Professionalisierung im Fundraising – Auswirkungen des Ökonomisierungsdrucks und mögliche Auswege. In: Langer, Andreas / Schröer, Andreas (Hrsg.), Professionalisierung im Nonprofit Management. Wiesbaden, S. 273–291.

Hunziker, Beat (2013): Abwanderungsverhalten von Spendern. Eine Analyse der Abwanderungsprozesse und der Rückgewinnungsmöglichkeiten. Wiesbaden.

Ilchman, Warren F. / Katz, Stanley N. / Queen, Edward L. (Ed.): (1998): Philanthropy in the World's Traditions. Bloomington.

Israel, Joachim (1990): Der Begriff Entfremdung. Zur Verdinglichung des Menschen in der bürokratischen Gesellschaft. Reinbek bei Hamburg.

Jackisch, Samuel (2009): Greenwashing. Das Märchen vom grünen Riesen. In: Spiegel online vom 19.12.2009. http://www.spiegel.de/wirtschaft/unternehmen/0,1518,666984,00.html (Abruf: 18.02.2011).

Jacobi, Robert (2009): Die Goodwill-Gesellschaft. Die unsichtbare Welt der Stifter, Spender und Mäzene. Hamburg.

Jacobs, Fred A. / Marudas, Nicholas P. (2009): The Combined Effect of Donation Price and Administrative Inefficiency on Donations to US Nonprofit Organizations. In: Financial Accountability & Management, Vol. 25, No. 1, S. 33–53.

Jay, Elaine (2001): The rise and fall of face-to-face-fundraising in the United Kingdom. In: New Directions for Philanthropic Fundraising, Vol. 33, S. 83–94.

John, Rob (2006): Venture Philanthropy: The Evolution of Hgh Engagement Philanthropy in Europe. Working Paper. Skoll Centre for Social Entrepreneurship. Port Saïd Business School.
http://evpa.eu.com/wp-content/uploads/2010/10/Skoll-Centre-VP-Venture-Philanthropy-The-Evolution-of-High-Engagement-Philanthropy-in-Europe.pdf (Abruf: 02.08.2013).

Jordan, Lisa / van Tuijl, Peter (2006): Rights and Responsibilities in the Political Landscape of NGO Accountability: Introduction and Overview. In: Jordan, Lisa / van Tuijl, Peter (Ed.): NGO Accountability. Politics, Principles and Innovations. London, S. 3–20.

Kahnemann, Daniel (2012): Schnelles Denken, langsames Denken. München.

Kan, Sergei (1989): Symbolic immortality: The Tlingit potlatch of the nineteeth century. Washington.

Karlan Dean / List, John (2007): Does Price Matter in Charitable Giving? Evidence from a Large-Scale Natural Field Experiment. In: American Economic Review, Vol. 97, No. 5, S. 1174–1193.

Karlan, Dean / List, John A. / Shafir, Eldar (2010): Small Matches in Charitable Giving: Evidence from a Natural Field Experiment. In: Journal of Public Economics, Vol. 95(5–6),
S. 344–350.
zitiert nach: http://karlan.yale.edu/p/SmallerMatches_jpube.pdf (Abruf: 03.01.2013).

Keller, Raphaela (2008) Wann wirken Spendenbriefe?. Der Einfluss von Bildauswahl und Argumentationsstruktur. München.

Kern, Kristine (2004): Sozialkapital, Netzwerke und Demokratie. In: Klein, Ansgar / Kern, Kristine / Geißel, Brigitte / Berger, Maria (Hg.): Zivilgesellschaft und Sozialkapital. Wiesbaden, S. 109–130.

KGSt (Kommunale Gemeinschaftsstelle für Verwaltungsvereinfachung) (1993): Das Neue Steuerungsmodell. Begründung, Konturen, Umsetzung. KGSt-Bericht Nr. 5/1993. Köln.
http://www.tvoed.info/kgst_nsm_1993.pdf (Abruf: 01.07.2013).

Kienzle, Stephanie / Rennhack, Carsten (2009): Cause-related Marketing. Reutlinger Diskussionsbeiträge zu Marketing & Management. Reutlingen.
http://www.esb-business-school.de/fileadmin/_research/dokumente/Workingpaper/WP_2009-04_Cause-Related_Marketing.pdf (Abruf: 12.06.2012).

Kilz, Hans Werner / Preuss, Joachim (1987): Flick. Die gekaufte Republik. Reinbek.

Klandermans, Bert (1997): The Social Psychology of Protest. Oxford, UK.

Klandermans, Bert (1999): Identität und Protest. Ein sozialpsychologischer Ansatz. In: Klein, Ansgar / Nullmeier, Frank (Hg.): Masse – Macht – Emotionen. Zu einer politischen Soziologie der Emotionen. Wiesbaden, S. 260–270.

Klawitter, Nils (2006): Public Relations: Meister der Verdrehung. In: Spiegel online vom 31.07.2006.
http://www.spiegel.de/spiegel/print/d-48046168.html (Abruf: 05.09.2011).

Klawitter, Nils (2010): Greenwashing-Vorwurf: Verbraucherschützer überziehen Konzerne mit Abmahnungen. In: Spiegel online vom 28.05.2010.
http://www.spiegel.de/wirtschaft/service/0,1518,693684,00.html (Abruf: 05.09.2011).

Klein, Ansgar / Kern, Kristine / Geißel, Brigitte / Berger, Maria (Hg.) (2004): Zivilgesellschaft und Sozialkapital. Wiesbaden.

Knaup, Horand (1996): Hilfe, die Helfer kommen. Karitative Organisationen im Wettbewerb um Spenden und Katastrophen. München.

Kneidinger, Bernadette (2010): Facebook und Co: Eine soziologische Analyse von Interaktionsformen in Online Social Networks. Wiesbaden.

Knutson, Brian / Adams, Charles / Fong, Grace / Hommer, Daniel (2001): Anticipation on Increasing Monetary Reward Selectively Recruits Nucleus Accumbens. In: Journal of Neuroscience, Vol. 21, S. 1–5.

Koch, Nina (2005): Die FFH-Richtlinie im Spannungsfeld ökologischer und nicht-ökologischer Belange – Schutzregime und Vorhabenszulassung unter besonderer Berücksichtigung der DA-Erweiterung in Hamburg-Finkenwerder. Münster.

Kogut, Tehila / Ritov, Ilana (2005): The singularity of indentified victims in separate and joint evaluations. In: Organizational Behavior and Human Decision Process, Vol. 97,
S. 106–116.

Kolm, Serge-Christoph (1969): The Optimal Production of Social Justice. In: Margolis, Julius / Guitton, Henri (Ed.): Public Economics. An Analysis of Public Production and Consumption and their Relationship to the Private Sector. London, S. 145–200.

Komter, Aafke E. (2005): Social Solidarity and the Gift. Cambridge.

Kotler, Philip / Andreasen, Alan R. (1996): Strategic Marketing for NonProfit Organizations. Upper Saddle River.

Kotler, Philip / Keller, Kevin Lane / Bliemel, Friedhelm (2007): Marketing-Management. Strategien für wertschaffendes Handeln. 12. Aufl., München.

Kotler, Philip / Zaltman Gerald (1972): Social Marketing: An Approach to Planned Social Change. In: Journal of Marketing, Vol. 35, No. 3, S. 3–12.

Kreßner, Tino (2010): Crowdfunding – gemeinschaftliche Projektfinanzierung. In: Krause, Peter (Hg.): Anders Bd. II: Alternativen schaffen. Ideen, Menschen, Firmen für das notwendig Mögliche. Herdecke. S. 74–82.

Krimmer, Holger / Priemer, Jana (2013): ZiviZ Survey 2013. Instrumente und erste Ergebnisse. Berlin. http://my.page2flip.de/1289164/1331587/1331588/pdf/ZIVIZSURVEY2012.pdf (Abruf 25.10.2013).

Kröselberg, Mathias (2006a): Matching Funds. In: Fundraising Akademie (Hg.): Fundraising. Handbuch für Grundlagen, Strategien und Methoden. 3. Aufl., Wiesbaden, S. 335.

Kröselberg, Mathias (2006b): Payroll-Giving. In: Fundraising Akademie (Hg.): Fundraising. Handbuch für Grundlagen, Strategien und Methoden. 3. Aufl., Wiesbaden, S. 348–350.

Kuwabara, Ko (2009): Reputation: Signals or incentives? Paper presented at the annual meeting of the American Sociological Association, Atlanta.

Landry, Craig E. / Lange, Andreas / List, John A. / Price, Michael K. / Rupp, Nicholas G. (2008): Is a Donor in Hand better than two in the Bush? Evidence from a Natural Field Experiment. NBER Working Paper No. 14319. Issued in September 2008. http://www.nber.org/papers/w14319 (Abruf: 03.01.2013).

Langreiter, Nikola (2000): Seelzelten und Gotelpack. Patengeschenke zu Allerseelen in ländlichen Lebenswelten Österreichs. In: Dressel, Gert / Hopf, Gudrun (Hg.): Von Geschenken und anderen Gaben. Annäherungen an eine historische Anthropologie des Gebens. Frankfurt/Main, S. 53–72.

Le Bon, Gustave (2009): Psychologie der Massen. Hamburg (zuerst 1895).

Lévi-Strauss, Claude (1992): Die elementaren Strukturen der Verwandtschaft. 3. Aufl., Frankfurt/Main. (Zuerst 1949).

Liebensohn, Harry (2011): The Return of the Gift. European History of a Global Idea. New York.

Lin, Nan (2001): Social Capital. A Theory of Social Structure and Action. Cambridge, UK.

Lingelbach, Gabriele (2009): Spenden und Sammeln: Der westdeutsche Spendenmarkt bis in die 1980er-Jahre. Götttingen.

Lingelbach, Gabriele (2010): Spenden als prosoziales Verhalten aus geschichtswissenschaftlicher Sicht. In: Adlofff, Frank / Priller, Eckhard / Strachwitz, Rupert Graf (Hg.): Prosoziales Verhalten. Spenden in interdisziplinärer Perspektive. Stuttgart, S. 28–40.

List, John A. (2011): The Market for Charitable Giving. In: Journal of Economic Perspectives, Vol. 25, No. 2, S. 157–180.
http://home.uchicago.edu/~jlist/papers/The%20Market%20for%20Charitable%20Giving.pdf (Abruf: 11.01.2013).

Livine, Robert V. / Norenzayan, Ara / Philbrick, Karen (2001): Cross-cultural differences in helping strangers. In: Journal of Cross-Cultural Psychology, Vol. 32, No.5, S. 543–560.
http://www2.psych.ubc.ca/~anlab/Manuscripts/Levine%20et%20al%20helping.pdf (Abruf: 23.06.2013).

Lo, Chu-Ping / Tashiro, Sanae (2012): Are Woman more generous than men? Evidence from the US Consumer Expenditure Survey. In: Journal of Gender Studies, S. 1–15.

Lubove, Seth / Staley, Oliver (2011): College gifts now coming with strings attached. In: Washington Post vom 14.05.2011.
http://www.washingtonpost.com/business/college-gifts-now-coming-with-strings-attached/2011/05/08/AF9TEf3G_story.html (Abruf: 17.10.2011).

Luhmann, Niklas (1988): Arbeitsteilung und Moral. Durkheims Theorie. In: Durkheim, Emile: Über soziale Arbeitsteilung. Studien über die Organisation höherer Gesellschaften. Frankfurt/Main, S. 19–38.

Luhmann, Niklas (2000): Vertrauen. 4. Aufl., Stuttgart (zuerst 1968).

Luthe, Detlef (1997) Fundraising als beziehungsorientiertes Marketing. Augsburg.

Martin, Richard / Randal, John (2011): How Social Norms, Price and Scrutiny Influence Donation Behavior. Evidence from four Natural Field Experiments. In: Oppenheimer, Daniel M. / Olivola, Christopher Y. (Ed.): The Science of Giving. Experimental Approaches to the Study of Charity. New York, London, S. 81–131.

Matthews, Karen A. / Batson, C. Daniel / Horn, Joseph / Rosenman, Ray H. (1981): Principles in his Nature which interest him in the fortune of others...: The heritability of empathic concern for others. In: Journal of Personality, Vol. 29, S. 237–247.

Mauss, Marcel (1968): Die Gabe. Form und Funktion des Austauschs in archaischen Gesellschaften. Frankfurt/Main (zuerst 1925).

Mauss, Marcel (2006): Gift-Gift. In: Moebius, Stephan, Papilloud, Christian (Hg.): Gift – Marcel Mauss' Sozialtheorie der Gabe. Wiesbaden, S. 13–20.

Meffert, Heribert / Burmann, Christoph / Kirchgeorg, Manfred (2012): Marketing. Grundlagen marktorientierter Unternehmensführung. 11. Aufl., Wiesbaden.

Meffert, Heribert / Burmann, Christoph / Koers, Martin (Hg.) (2005): Markenmanagement: Identitätsorientierte Markenführung und praktische Umsetzung. Wiesbaden.

Meier, Stephan (2007): Do Subsidies Increase Charitable Giving in the Long Run? Matching Donations in a Field Experiment. Working Papers, Federal Reserve Bank of Boston No. 06-18.
http://www.bos.frb.org/economic/wp/wp2006/wp0618.pdf (s. auch: Journal of the European Economic Association. Vol. 5, No. 6, S. 1203–1222). (Abruf: 03.01.2013).

Mellenthin, Ira v. / Zand-Vakili, André (2001): Spendenbetrug: Razzia bei „Kinder in Not". In: Welt online vom 04.05.2001.
http://www.welt.de/print-welt/article448964/Spendenbetrug_Razzia_bei_Kinder_in_Not.html (Abruf: 17.07.2011).

Melucci, Alberto (1995): The Process of Collective Identity. In: Johnston, Hank / Klandermans, Bert (Ed.): Social Movement and Culture. Minnesota, S. 41–63.

Menke, Birger / Verbeet, Markus (2009): Schwarz-grünes Hamburg: Schulkampf mit allen Schikanen. In: Spiegel online vom 11.11.2009
http://www.spiegel.de/schulspiegel/wissen/0,1518,660235,00.html (Abruf: 07.09.2011).

Mesch, Debra J. / Brown, Melissa S. / Moore, Zachary I. / Hayat, Amir Daniel (2011): Gender differences in charitable giving. In: International Journal of Nonprofit and Voluntary Sector Marketing, Vol. 16, S. 342–355.

Mesch, Debra J. / Rooney, Patrick M. / Steinberg, Kathryn S. / Denton, Brian (2006): The Effects of Race, Gender, and Marital Status on Giving and Volunteering in Indiana. In: Nonprofit and Voluntary Sector Quarterly, Vol. 35, S. 565–587.

Meyer, Michael / Simsa, Ruth (2013): NPOs: Abgrenzungen, Definitionen, Forschungszugänge. In: Simsa, Ruth / Meyer, Michael / Badelt, Christoph (Hg.): Handbuch der Nonprofit-Organisation. Strukturen und Management. 5. Aufl., Stuttgart, S. 3–14.

Meyer-Odewald, Jens (2012): VIP-Tickets. Hamburgs Arenen bangen um Einnahmequelle. In: Hamburger Abendblatt vom 30.07.2012.
http://www.abendblatt.de/hamburg/article2353951/Hamburgs-Arenen-bangen-um-Einnahmequelle.html (Abruf: 03.08.2012).

Milgram, Stanley (1970): The experience of living in cities. In: Science, Vol. 167, S. 1461–1468.
http://www.cl.cam.ac.uk/~dq209/others/experience.pdf (Abruf: 23.06.2013).

Moebius, Stephan (2006): Die Gabe – ein neues Paradigma der Soziologie? Eine kritische Betrachtung der M.A.U.S.S.-Gruppe. In: Berliner Journal für Soziologie, Heft 3/2006, S. 335–370.

Moebius, Stephan (2009): Die elementaren (Fremd-)Erfahrungen der Gabe. Sozialtheoretische Implikationen von Marcel Mauss' Kultursoziologie der Besessenheit und des „radikalen Durkheimismus" des Collège de Sociologie. In: Berliner Journal für Soziologie. Vol. 19, No. 1, S. 104–126.

Moll, Jorge / Krueger, Frank / Zahn, Roland / Pardini, Mateo / Oliviera-Souza, Ricardo de / Grafman, Jordan (2006): Human fonto-mesolimbic networks guide decision about charitable donations. In: Proceedings of the National Academy of Science, Vol. 103, S. 15623–15628.
http://www.stonybrook.edu/bioethics/Artlicle%20Moll%20et%20al.%20CharitableDonationBrainPathways1.pdf (Abruf: 25.06.2013).

Monroe, Kristen Renwick (1994): A Fat Lady in a Corset: Altruism and Social Theory. In: American Journal of Political Science, Vol. 38, No. 4, S. 861–893.

Moorstedt, Tobias (2008): Jeffersons Erben. Wie die digitalen Medien die Politik verändern. Frankfurt/Main.

Moss, Christoph (2009): Die Sprache der Wirtschaft. Wiesbaden.

Moyo, Dembisa (2011): Dead Aid: Warum Entwicklungshilfe nicht funktioniert und was Afrika besser machen kann. Hamburg.

Müller, Marina (1993): Armut als verdrängte Wirklichkeit. Der Wandel einer gesellschaftlichen Austauschbeziehung. Münster, Hamburg.

Müller, Oliver (2005): Vom Almosen zum Spendenmarkt. Sozialethische Aspekte christlicher Spendenkultur. Freiburg/Breisgau.

Müllerleile, Christoph (2005): Spendensendungen und Spendenabwicklungspraxis der öffentlich-rechtlichen Rundfunkanstalten in Deutschland. Macenata Institut, Opusculum 16.
http://www.institut.maecenata.eu/resources/2005_Opusculum16.pdf (Abruf: 02.04.2013).

Müllerleile, Christoph (o. J.): Deutscher Fundraising Verband – Die ersten zehn Jahre 1993–2003.
http://www.fundraising-buero.de/fundraising-buero/fundraising-buero/dfrv-historie.html (Abruf: 01.07.2013).

Naskrent, Julia (2010): Verhaltenswissenschaftliche Determinanten der Spenderbindung. Eine empirische Untersuchung und Implikationen über das Spenderbindungsmanagement. Frankfurt/Main.

Network for Good / TrueSense Marketing (2010): The Online Giving Study. A Call to Reinvent Donor Relationships.
http://www.fundraising123.org/files/Community/Online_Giving_Study_2010R.pdf (Abruf: 23.05.2011).

o. V. (2008): Geschäftsbericht 2007. Unicef verliert 38.000 Fördermitglieder. In: Frankfurter Rundschau vom 24.06.2008. http://www.fr-online.de/unicef/unicef-verliert-38-000-foerdermitglieder,1477342,2727340.html (Abruf: 03.08.2012).

o. V. (2009): Die „Calendar Girls" haben es noch einmal getan. http://talk.excite.de/die-calendar-girls-haben-es-noch-einmal-getan-N28666.html (Abruf: 02.11.2012).

o. V. (2010): Vorwurf der Käuflichkeit. Rüttgers-CDU entschuldigt sich für Parteitags-Sponsoring http://www.spiegel.de/politik/deutschland/vorwurf-der-kaeuflichkeit-ruettgers-cdu-entschuldigt-sich-fuer-parteitags-sponsoring-a-679346.html (Abruf: 03.08.2012).

o. V. (2012): Bundespräsident unter Druck. Wie Wulff in die Krise strauchelte. http://www.sueddeutsche.de/politik/bundespraesident-unter-druck-wie-wulff-durch-die-krise-schlingert-1.1286397 (Abruf: 03.08.2012).

o. V. (2012): Sparda-Bank setzt Zeichen: 5.000 Euro für die DRF Luftrettung in Rendsburg. In: Hamburg im Blick. Informative Stadtrundschau, 6. Jg., April 2012, S. 18.

o. V. (o. J.) (a): Calender Girls 2004. http://www.chasingthefrog.com/reelfaces/calendargirls.php (Abruf 02.11.2012).

o. V. (o. J.) (b): Ein Panda, der die Welt retten will – Die Geschichte des WWF. http://www.wwf.de/ueber-uns/geschichte-des-wwf/1-teil-die-gruenderjahre/ (Abruf 01.07.2013).

o. V. (o. J.) (c): RDEF's SROI Approach: Key Concepts and Fiancial Tools. http://www.redf.org/system/files/%285%29+SROI+Methodology+Paper+-+Chap+2+-+REDF%27s+SROI+Approach.pdf (Abruf: 14.08.2011).

O'Neil, Cherie J. / Steinberg, Richard S. / Thompson, G. Rodney (1996): Reassessing the Tax-Favored Status of the Charitable Deduction for Gifts and Appreciated Assets. In: National Tax Journal, Vol. 49, S. 215–231. http://ntj.tax.org/wwtax/ntjrec.nsf/0/492c8ca66a5d5ab685256863004b1f39/$FILE/v49n2215.pdf (Abruf: 25.01.2013).

Oberfinanzdirektion Niedersachsen (2013): Merkblatt zur Gemeinnützigkeit und zum Steuerrecht. Stand April 2013. http://www.ofd.niedersachsen.de/portal/live.php?navigation_id=17514&article_id=67744&_psmand=110 (Abruf: `01.09.2013).

Ostrower, Francie (1997): Why the Wealthy Give. The Culture of Elite Philanthropy. Princeton.

Ostrower, Francie (2002): Trustees of Culture: Power, Wealth, and Status on Elite Arts Boards. Chicago.

Ostrower, Francie (2009): Philanthropische Aktivitäten New Yorker Eliten in den 1980er-Jahren. In: Adam, Thomas / Lässig, Simone / Lingelbach, Gabriele (Hg.): Stifter, Spender und Mäzene. USA und Deutschland im historischen Vergleich. Stuttgart, S. 135–162.

Oxfam (2011): Geschafft! – Oxfam Deutschland Trailwalker 2011.
http://www.oxfam.de/mitmachen/trailwalker-2011 (Abruf: 09.09.2012).

Pallotta, Dan (2008): Uncharitable: How Restraints on Nonprofits Undermine their Potential. Lebanon.

Pelzmann, Linda (2002): Triumph der Massenpsychologie. Rahmenbedingungen und Regeln. In: m.o.m.-Letter 11/02, S. 183–200.

Penner, Louis A. / Dovidio, John F. / Piliavin, Jane A. / Schroeder, David A. (2005): Prosocial Behavior: Multilevel Perspectives. In: Annual Review of Psychology, Vol. 56, S. 365–392.

Phineo (2011): Im Notfall besser helfen. Ratgeber zum Spenden bei Naturkatastrophen. Berlin.
https://www.allianz.com/v_1339677752000/media/responsibility/documents/phineo_ratgeber_katastrophenhilfe_de.pdf (Abruf: 17.11.2012).

Phineo (o. J.): Wie Phineo Wirkung versteht.
http://www.phineo.org/wirkung/was-ist-wirkung/ (Abruf: 04.08.2013).

Piliavin, Jane Allyn (2009): Altruism and Helping: The Evolution of a Field. The 2008 Cooley-Mead-Presentation. In: Social Psychology Quarterly, Vol. 72, No. 3, S. 209–225.
http://spq.sagepub.com/content/72/3/209.full.pdf+html (Abruf 19.05.2013).

Pindyck, Robert / Rubinfeld, Daniel (2009) Mikroökonomie. 7. Aufl., München.

Piper, Greg / Schnepf, Sylke V. (2007): Gender Differences in Charitable Giving. Discussion Paper, Forschungsinstitut zur Zukunft der Arbeit, IZA DP No. 3242.
http://ftp.iza.org/dp3242.pdf (Abruf: 24.02.2013).

Plan International (2012): Plan sagt Danke.
http://www.plan-deutschland.de/mitmachen/plan-sagt-danke/ (Abruf: 25.10.2012).

Plan International (o. J.): Die Welt braucht gute Nachrichten.
https://www.plan-deutschland.de/mitmachen/anzeigen/ (Abruf: 25.10.2012).

Plehwe, Kerstin (2009a): Von der Botschaft zur Bewegung. Die 10 Erfolgsstrategien des Barack Obama. Hamburg.

Plehwe, Kerstin (2009b): Post von Barack Obama. Visuelle Kommunikation in der US-Wahlkampf-Mail 2008. Berlin.

Plouffe, David (2009): The Audacity to Win: The Inside Story and Lessons of Barack Obama's Historic Victory. New York.

Polanyi, Karl (1978): The Great Transformation. Politische und ökonomische Ursprünge von Gesellschaften und Wirtschaftssystemen. Frankfurt/Main. (Zuerst 1944).

Polman, Linda (2010): Die Mitleidsindustrie. Hinter den Kulissen internationaler Hilfsorganisationen. Frankfurt/Main.

Poschmann, Bernhard (1948): Der Ablass im Lichte der Bußgeschichte. Bonn.

Pötsch, Olga (2012): Geburten in Deutschland, Ausgabe 2012. Statistisches Bundesamt. Wiesbaden.
https://www.destatis.de/DE/Publikationen/Thematisch/Bevoelkerung/Bevoelkerungsbewegung/BroschuereGeburtenDeutschland0120007129004.pdf?__blob=publicationFile (Abruf: 20.01.2013).

PricewaterhouseCoopers (2008): Informationsbedarf und Vertrauen privater Spender. Eine Befragung von 500 privaten Spendern in Deutschland zu ihrem Spendenverhalten, ihrem Vertrauen in Spendenorganisationen und ihren Motiven zu spenden – oder auch nicht. Düsseldorf.
https://pwcplus.pwc.de/fileserver/RepositoryItem/Studie_Private%20Spender_2008.pdf?itemId=7873228 (Abruf: 22.10.2013).

Priller, Eckhard, Sommerfeld, Jana (2005): Wer spendet in Deutschland? Eine sozialstrukturelle Analyse. WZB-Discussion Paper SP I 2005-202. Berlin.
http://www.stiftungsforum.info/media/pdf/Downloads/Wer-spendet-in-Deutschland.pdf (Abruf: 20.01.2013).

Priller, Eckhard / Sommerfeld, Jana (2010): Spenden in Deutschland: Analysen – Konzepte – Perspektiven. Münster.

Putnam, Robert (1993): Making Democracy Work: Civic Traditions in Modern Italy. Princeton, NJ.

Putnam, Robert (2000): Bowling Alone. The Collapse and Revival of American Community. New York.

Radtke, Katrin (2007): Ein Trend zu transnationaler Solidarität? Die Entwicklung des Spendenaufkommens in der Not- und Entwicklungshilfe. WZB-Discussion Paper SP IV 2007-304.

Randolph, William C. (1995): Dynamic Income, Progressive Taxes, and the Timing of Charitable Contributions. In: Journal of Political Economy, Vol: 103, S. 709–738. (Zitiert nach: http://www.treasury.gov/resource-center/tax-policy/tax-analysis/Documents/ota69.pdf (Abruf: 25.01.2013).

Rautenberg, Hanno (2003): Waschbeton mit Goldrand. In: Die Zeit, Nr. 22 vom 22.05.2003.
http://www.zeit.de/2003/22/Greve-M_8azen. (Abruf: 12.05.2010).

Rawls, John (2006): Gerechtigkeit als Fairneß. Ein Neuentwurf. Frankfurt/Main.

Ripken, Alexandra (2011): Das persönliche Gespräch: Wie regionales Fundraising die Weichen für unsere Zukunft stellt. Georgenthal.

Ripken, Alexandra (2013): Der regionale Fundraiser: Eine Systematik zum strategischen Netzwerken in der Region. Georgenthal.

Roloff, Jürgen (1984): Arbeitsbuch zum Neuen Testament. Berlin.

Rorty, Richard (1989): Kontingenz, Ironie und Solidarität. Frankfurt/Main.

Roth, Roland (2004): Die dunklen Seiten der Zivilgesellschaft. Grenzen einer zivilgesellschaftlichen Fundierung von Demokratie. In: Klein, Ansgar / Kern, Kristine / Geißel, Brigitte / Berger, Maria (Hg.): Zivilgesellschaft und Sozialkapital. Wiesbaden, S. 41–64.

Rüger, Willi (1932): Mittelalterliches Almosenwesen. Die Almosenordnung der Reichsstadt Nürnberg. Nürnberg.

Sachße, Christoph (2002): Traditionslinien bürgerschaftlichen Engagements in Deutschland. In: Aus Politik und Zeitgeschichte, B9/2002, S.3–5. http://www.bpb.de/apuz/27061/traditionslinien-buergerschaftlichen-engagements-in-deutschland (Abruf: 03.07.2013).

Sachße, Christoph / Tennstedt, Florian (1998) Geschichte der Armenfürsorge in Deutschland, Bd.1, Vom Spätmittelalter bis zum 1. Weltkrieg. Stuttgart.

Salamon, Lester M. / Anheier, Helmut K. (1996): The Emerging Nonprofit Sector. An Overview. Manchester, UK.

Sargeant, Adrian (2001): Relationship Fundraising: How to keep Donors loyal. In: Nonprofit Management & Leadership, Vol. 12, No. 2; S. 177–192.

Sargeant, Adrian (2009): Marketing Management for Nonprofit Organizations. Oxford.

Sargeant, Adrian / Jay, Elaine (2004): Building Donor Loyalty. The Fundraiser's Guide to increasing Lifetime Value. San Francisco.

Sargeant, Adrian / Jay, Elaine / Lee, Stephen (2006): Benchmarking Charity Performance: Returns from Direct Marketing in Fundraising. In: Journal of Nonprofit & Public Sector Marketing, Vol. 16(1/2) 2006, S. 77–94.

Sargeant, Adrian / Woodliffe, Lucy (2007): Gift giving: an interdisciplinary Review. In: International Journal of Nonprofit and Voluntary Marketing. Vol. 12, S. 275–307.

Saunders, Claire (2008): Double-edged swords? Collective identity and solidarity in the environment movement. In: The British Journal of Sociology, Vol. 59, Issue 2, S. 227–253. http://onlinelibrary.wiley.com/doi/10.1111/j.1468-4446.2008.00191.x/pdf (Abruf: 31.10.2013).

Saxton, Joe (2002): Polishing the Diamond. values, image and brand as a source of strength for charities. nfpSynergy Paper. http://www.institute-of-fundraising.org.uk/library/polishing-the-diamond/ (Abruf: 01.02.2013).

Saxton, Joe / Guild, Mhairi (2010): It's competition, but not as we know it. 2. Ed. nfpSynergy. http://nfpsynergy.net/its-competition-not-we-know-it-october-2010 (Abruf: 26.08.2012).

Scheunpflug, Annette (2005): Die öffentliche Darstellung von Kinderpatenschaften. Eine kritische Bestandsaufnahme aus entwicklungspädagogischer Sicht. Friedrich-Alexander-Universität, Erlangen-Nürnberg. http://www.presse.uni-erlangen.de/infocenter/presse/ pressemitteilungen/forschung_2005/06_05/Kinderpatenschaften.pdf (Abruf: 21.09.2012).

Schneider, Willy (1996): Die Akquisition von Spenden als Herausforderung für das Marketing. Berlin.

Schneider-Ludorff, Gury (2008): Protestantisches Stiften nach der Reformation. In: Hahn, Udo / Kreuzer, Thomas / Schenk, Susanne / Schneider-Ludorff, Gury (Hg.): Geben und Gestalten. Brauchen wir eine neue Kultur der Gabe? Berlin, S. 79–89.

Scholz, Sally (2008): Political Solidarity. Pennsylvania State University.

Schriefer, Gerd / Hermann, Frank (2005): Eine Aktie für den Kranich-Schutz am Schaalsee. In: Fischer, Kai / Hohn, Bettina / Kreuzer, Thomas (Hg.): Fundraising Praxis – aus erfolgreichen Beispielen lernen. Norderstedt, S. 73–90.

Schröder, Michael (2004): Sponsoring-Verwaltungsvorschrift des Bundes. In: Tag, Brigitte / Taupitz, Jochen / Tröger, Jochen (Hg.): Drittmitteleinwerbung – Strafbare Dienstpflicht? Berlin, Heidelberg, S. 277–286.

Schulz von Thun, Friedemann (1981): Miteinander reden Bd. 1. Störungen und Klärungen. Allgemeine Psychologie der Kommunikation. Reinbek bei Hamburg.

Schulz, Lothar (2003): Spenderbindung. In: Fundraising-Akademie (Hg.): Fundraising. Handbuch für Grundlagen, Strategien und Instrumente. 2. Aufl., Wiesbaden, S. 249–257.

Schüttpelz, Erhard (2010): Die Löcher im Netz. In: Binczek, Natalie / Stanitzek, Georg (Hg.): Strong ties / Weak ties. Freundschaftssemantik und Netzwerktheorie. Heidelberg, S. 267–277.

Schwalbach, Joachim (2004): Reputation. http://www.ub.uni-koeln.de/ssg-bwl/archiv1/2008/47854_reputation.pdf (Abruf: 27.10.2013).

Schwarz, Peter (1996): Management in Nonprofit Organisationen: Eine Führungs-, Organisations- und Planungslehre für Verbände, Sozialwerke, Vereine, Kirchen, Parteien usw. Bern.

Seiler, Timothy (2001): Developing Your Case for Support. San Francisco 2001.

Selke, Stefan (2010): Kritik der Tafeln in Deutschland. Ein systematischer Blick auf ein umstrittenes gesellschaftliches Problem. In: Selke, Stefan (Hg.): Kritik an Tafeln in Deutschland. Standortbestimmungen zu einem ambivalenten sozialen Phänomen. Wiesbaden, S. 11–56.

Sigmund, Steffen (2000): Grenzgänge: Stiften zwischen zivilgesellschaftlichem Engagement und symbolischer Anerkennung. In: Berliner Journal für Soziologie, Heft 3/2000,
S. 333–348.

Silver, Ira (1997): Constructing "Social Change" through Philanthropy: Boundary Framing and the Articulation of Vocabularies of Motives for Social Movement Participation. In: Sociological Inquiry, Vol. 67, No. 4, S. 488–503.

Simmel, Georg (2005): Exkurs über Treue und Dankbarkeit. In: Adloff, Frank / Mau, Steffen (Hg.): Vom Geben und Nehmen. Zur Soziologie der Reziprozität. Frankfurt/Main, S. 95–123 (zuerst 1908).

Simmel, Georg (2009): Die Philosophie des Geldes. Köln (zuerst: 1900).

Simmons, Annette (2007): Whoever Tells the Best Story Wins: How to Use Your Own Stories to Communicate with Power and Impact.

Slovic, Paul (2007): „If I look at the mass I will never act“: Psychic numbing and genocide. In: Judgment and Decision Making, Vol. 2, No. 2, April 2007, S. 79–95. http://journal.sjdm.org/7303a/jdm7303a.htm (Abruf: 29.06.2010).

Slovic, Paul / Finucane, Melissa L. / Peters, Ellen M. / MacGregor, Donald G. (2004): Risk as Analysis and Risk as Feelings: Some Thoughts about Affect, Reason, Risk, and Rationality. In: Risk Analysis, Vol. 24, Issue 2, S. 311–322.

Small, Deborah A, / Loewenstein, George (2003): **Helping "A" victim or helping "THE" victim: Altruism and Identifiability**. In: *Journal of Risk and Uncertainty*, Vol. 26 , No.1, S. 5–16.
https://marketing.wharton.upenn.edu/files/?whdmsaction=public:main.file&fileID=632 (Abruf: 21.09.2012).

Small, Deborah A. / Loewenstein, George / Slovic, Paul (2007): Sympathy and callousness: The impact of deliberative thought on donation to identifiable and statistical victims. In: Organizational Behavior and Human Decision Processes, 102, S. 143–153.

Smith, Adam (2007). *An Inquiry into the Nature and Causes of the Wealth of Nations.* Edited by Sálvio M. Soares. MetaLibri (zuerst 1776).
http://www.ibiblio.org/ml/libri/s/SmithA_WealthNations_p.pdf (Abruf: 17.08.2012).

Spendenrat / GFK (2012): Bilanz des Helfens. http://www.spendenrat.de/filearchive/51f5cc7df589a49c7a7e07dcc149b13d.pdf (Abruf: 20.01.2013).

Spieker, Manfred (1997): Subsidiarität. In: Andersen, Uwe / Woyke, Wichard (Hg.): Handwörterbuch des politischen Systems der Bundesrepublik Deutschland. 3. Aufl., Bonn, S. 548–549.

Sprengel, Rainer / Graf Strachwitz, Rupert / Rindt, Susanne / Walker, Sabine / Ahrendt, Carolin (2003): Die Verwaltungskosten von Nonprofit-Organisationen. Ein Problemaufriss anhand einer Analyse von Förderstiftungen. Maecenata Institut: Opusculum 11, Berlin. http://www.maecenata.eu/media/pdf/public/Institut-Publikationen/Opuscula/2003_Opusculum11.pdf, (Abruf: 26.06.2010).

Sprinkle Grace, Kay (2005): Beyond Fundraising: New Strategies for Nonprofit Innovation and Investment. San Francisco.

Stauber-Klein, Brigitta (2010): Volksentscheid: Schulkampf in Hamburg mit harten Bandagen. In: der Westen vom 16.07.2010. http://www.derwesten.de/nachrichten/politik/Schulkampf-in-Hamburg-mit-harten-Bandagen-id3389673.html (Abruf: 07.09.2011).

Steele, Victoria / Elder, Stephen D. (2000): Becoming a Fundraiser. The Principles and Practice of Library Development. Second Edition. Chicago.

Stegbauer, Christian (2002): Reziprozität: Einführung in soziale Formen der Gegenseitigkeit. Wiesbaden.

Stegbauer, Christian (2009): Wikipedia: Das Rätsel der Kooperation. Wiesbaden.

Stegbauer, Christian (2010): Freundschaft als Beziehungsform: Von der formalen Soziologie zu Harrison White. In: Binczek, Natalie / Stanitzek, Georg (Hg.): Strong ties / Weak ties. Freundschaftssemantik und Netzwerktheorie. Heidelberg, S. 311–329.

Steinvorth, Ulrich (1998): Kann Solidarität erzwingbar sein? In: Bayertz, Kurt (Hg.): Solidarität. Begriff und Problem. Frankfurt/Main, S. 54–85.

Steinvorth, Ulrich (1999): Gleiche Freiheit: Politische Philosophie und Verteilungsgerechtigkeit. Berlin.

Stellar, Jennifer E. / Manzo, Vida M. / Kraus, Michael W. / Keltner, Dacher (2012): Class and Compassion: Socioeconomic Factors Predict Responses to Suffering. In: Emotion 2012, Vol. 12, No. 3, S. 449–459. http://www.apa.org/pubs/journals/releases/emo-12-3-449.pdf (Abruf: 20.01.2013).

Stierle, Steffen (2010): Reichtum & Armut: eine Verteilungsfrage: Von Ungleichheiten in Deutschland, Europa und der Welt. Hamburg.

Strack, Hermann L. / Billerbeck Paul (1986): Kommentar zum Neuen Testament aus Talmud und Midrasch. Band 1: Das Evangelium nach Matthäus erläutert aus Talmud und Midrasch. 9. Aufl., München.

Strehle, Samuel (2009): Jenseits des Tausches. Karl Marx und die Soziologie der Gabe. In: Berliner Journal für Soziologie, Vol. 19, S. 127–151.

Sutton, Mark (2007): How Individual Supporters Use Online Fundraising Pages to Make a Difference. In: Hart, Ted / Greenfield, James M. / Haji, Sheeraz D. (Ed.): People to People Fundraising. Social Networking and the Web 2.0 for Charities, San Francisco, S. 117–137.

Swaan, Abram de (1993): Der sorgende Staat : Wohlfahrt, Gesundheit und Bildung in Europa und den USA der Neuzeit. Frankfurt/Main.

Tankersley, Dharol / Stowe, C. Jill / Huettel, Scott A. (2007): Altruism is Associated with an Increased Natural Response to Agency. In: Nature Neuroscience, Vol. 10, S. 150–151.
http://www.biac.duke.edu/library/papers/2007_NatNeurosci_Tankersley.pdf (Abruf: 25.06.2013).

Thompson, E.P. (1971): The Moral Economy of the English Crowd in the Eighteenth Century. In: Past and Present, Vol. 50, S. 76–136.

Timmer, Karsten (2005): Stiften in Deutschland: Die Ergebnisse der StifterStudie. Gütersloh.

Titmuss, Richard Morris (1978): Die Blutspende oder die Ökonomie des Schenkens. In: Duve, Freimut (Hg.): Die Zukunft der Ökonomie 1. Technologie und Politik 12. Reinbek, S. 205–223.

Titmuss, Richard Morris (1997): The Gift Relationship. From Human Blood to Social Policy. New York (zuerst 1970).

tns infratest (2009): 15 Jahre Deutscher Spendenmonitor. Fakten und Trends im Zeitverlauf.
http://www.tns-infratest.com/branchen_und_maerkte/pdf/social_marketing/ 15_Jahre_Deutscher_Spendenmonitor.pdf (Abruf: 17.07.2010).

Tönnies, Ferdinand (1991): Gemeinschaft und Gesellschaft: Grundbegriffe der reinen Soziologie. Darmstadt (Nachdruck der 8. Aufl. von 1935, Original 1887).

Transparency International Deutschland (2009): Arbeitspapier der AG „Transparenz im Nonprofit-Sektor". http://www.transparency.de/fileadmin/pdfs/Themen/Nonprofit/Arbeitspapier_2009-04-25.pdf (Abruf: 17.07.2010).

Trebing, Lars (2007): Krombacher-WWF-»Regenwaldprojekt«.
http://www.ltrebing.de/misc/krombacher-wwf/ (Abruf: 07.07.2011).

Uekermann, Jan (2010): Fundraising-Grundlagen. Wie Sie Freunde und Spenden für Ihre Gute Sache gewinnen. Dresden.

Urselmann, Michael (1998): Erfolgsfaktoren im Fundraising von Nonprofit-Organisationen. Wiesbaden.

Urselmann, Michael (2000): Zunehmender Verdrängungswettbewerb auf stagnierendem Spendenmarkt. In: bsm-Newsletter, Heft 4/2000, S. 12 ff.

Urselmann, Michael (2011): Professionelle Mittelbeschaffung für steuerbegünstigte Organisationen. 5. Aufl., Bern.

van Stekelenburg, Jacquelien / Klandermans, Bert / van Dijk, Wilko W. (2009): Context Matters: Explaining How and Why Mobilizing Context Influences Motivational Dynamics. In: Journal of Social Issues, Vol. 65, No. 4, S. 815–838.

Vandevelde, Antoon (2000): Towards a Conceptual Map of Gift Practices. In: Vandevelde, Antoon (Ed.): Gifts and Interests. Leuven, S. 1–20.

Veblen, Thorstein (1986): Theorie der feinen Leute. Eine ökonomische Untersuchung der Institutionen. Frankfurt/Main (zuerst 1899).

Verhezen, Peter (2009): Gifts, Corruption, Philanthropy. The Ambiguity of Gift Practices in Business. Bern.

Veyne, Paul (1988): Brot und Spiele. Gesellschaftliche Macht und politische Herrschaft in der Antike. Frankfurt/Main.

Vilain, Michael (2006): Finanzierungslehre für Nonprofit-Organisationen. Zwischen Auftrag und ökonomischer Notwendigkeit. Wiesbaden.

Vögele, Siegfried (2002): Das Verkaufsgespräch per Brief und Antwortkarte. 12. Aufl., Heidelberg.

Vogt, Ludgera (2009): Geschlossene Gesellschaft. Zur exklusiven Wirkung des Sozialkapitals am Beispiel einer deutschen Bürgerstiftung. In: Forschungsjournal NSB, Jg. 22, Heft 3, S. 66–75.

Volz, Fritz-Rüdiger (2006): Sozialanthropologische und ethische Grundlagen des Gabehandelns. In. Fundraising-Akademie (Hg.): Fundraising. Handbuch für Grundlagen, Strategien und Methoden. Wiesbaden, S. 30–55.

Warwick, Mal (1999): The Five Strategies for Fundraising Success: A Mission-Based Guide to Achieving Your Goals. San Francisco.

Warwick, Mal (2008): Wow to Write Successful Fundraising Letters. Second Edition. San Francisco.

Watenphul, Jens (2006): Fundraising in einer säkularisierten und ritualisierten Welt – Konfrontative und korrektive Kommunikationsstrategien in einer Kombination aus Videoclips und direktem Dialog am Beispiel eines dreijährigen Pilotprojektes von Greenpeace Deutschland. Dissertation, Universität Duisburg-Essen. http://duepublico.uni-duisburg-essen.de/servlets/DerivateServlet/Derivate-15035/Diss_watenphul.pdf (Abruf: 03.08.2013).

Weber, Klaus (2009): „Wohlfahrt", „Philanthropie" und „Caritas": Deutschland, Frankreich und Großbritannien im begriffsgeschichtlichen Vergleich. In: Liedtke, Rainer / Weber, Klaus (Hg.): Religion und Philanthropie in den europäischen Zivilgesellschaften. Entwicklungen im 19. und 20. Jahrhundert. Paderborn, S. 9–18.

Weber, Max (1980): Wirtschaft und Gesellschaft. Grundriß der verstehenden Soziologie, 1. Halbband, Tübingen (zuerst 1921).

Weber, Max (2009): Die protestantische Ethik und der Geist des Kapitalismus. Köln.

Wedekind, Claus / Braithwaite, Victoria A. (2002): The Long-Term Benefits of Human Generosity in Indirect Reciprocity. In: Current Biology, Vol. 12, S. 1012–1015. http://www.thereadgroup.net/wp-content/uploads/Wedekind_Braithwaite.pdf (Abruf: 23.06.2013).

Weiner, Annette (1992): Inalienable Possessions: The Paradox of Keeping-While-Giving. Berkeley.

Welthungerhilfe (o. J.): Prominente. http://www.welthungerhilfe.de/prominente.html (Abruf 25.10.2012).

West, Clara Margarete (2011): Bestandsaufnahme der Bedeutung verschiedener Motivgruppen bei Spendern. Dissertation, Martin-Luther-Universität Halle-Wittenberg. http://sozialmarketing.de/wp-content/uploads/2012/02/Bestandsaufnahme-der-Bedeutung-verschiedener-Motivgruppen-bei-Spendern.pdf (Abruf: 18.07.2012).

Weyler, Rex (2004): Greenpeace – How a Group of Ecologists, Journalists, and Visionaries Changed the World. London.

White, Harrison C. (1992): Identity and Control. A Structural Theory of Social Action. Princeton.

White, Harrison C. (2008): Identity and Control. How Social Formations Emerge. Second Edition. Princeton.

Wiepking, Pamela / Bekkers, René (2012): Who Gives? A Literature Review of Predictors of Charitable Giving, Part Two: Gender, Marital Status, Income, and Wealth. In: Voluntary Sector Review, Vol. 3, No. 2, S. 217–245.

Wikimedia (2011): Spenden. https://spenden.wikimedia.de/spenden/list.php?piwik_campaign=Spendenseite&piwik_kwd=tickerbox (Abruf: 10.07.2011).

Wild, Andreas (1998): Solidarität – Begriffsgeschichte und Definition heute. In: Bayertz, Kurt (Hg.): Solidarität. Begriff und Problem. Frankfurt/Main, S. 202–216.

Wit, Arjen de / Bekkers, René (2012): Explaining Gender Differences in Charitable Giving: the Dutch Case. Paper to be presented at the ARNOVA 2012 Annual Conference November 15, Indianapolis (USA).
http://renebekkers.files.wordpress.com/2011/10/dewit_bekkers_arnova2012_rb2.pdf (Abruf: 24.02.2013)

Woman's Philanthropy Institute (2012): Woman Give 2012: New Research about Women and Giving. August 2012.
http://www.philanthropy.iupui.edu/files/research/womengive2012forrelease.pdf (Abruf: 24.02.2012).

Woolcock, Michael / Sweetser, Anne T. (2002): Social Capital. The Bonds that Connect. In: ADB Review, Vol. 34, No. 2, S. 26–27.

World Vision (o. J. (a)) Kindern in Umfeld helfen.
http://www.worldvision.de/unsere-arbeit-wie-wir-arbeiten-entwicklungsarbeit-mit-patenschaften.php (Abruf: 27.07.2013).

World Vision (o. J. (b)): Homepage
www.world-vision.de (Abruf: 27.07.2013).

Wulff, Christian (2012): Das gesamte Interview mit Christian Wulff. **Bundespräsident Wulff im Interview mit Bettina Schausten (ZDF) und Ulrich Deppendorf (ARD).**
http://www.tagesschau.de/inland/wulffinterview114.html (Abruf: 03.08.2012).

Yunus, Muhammed (2010): Social Business: Von der Vision zur Tat. München.

Zak, Paul J. / Stanton, Angela A. / Ahmadi, Sheila (2007): Oxytocin Increases Generosity in Humans. In: PLoS ONE 2(11): e1128. Doi:10.1371/journal.pone.0001128.
http://www.plosone.org/article/fetchObject.action?uri=info%3Adoi%2F10.1371%2Fjournal.pone.0001128&representation=PDF (Abruf: 25.06.2013).

Zewo (o. J.): Häufige Fragen von Spenderinnen und Spendern.
http://www.zewo.ch/fuer_spendende/informiert_spenden/faqsspendende (Abruf: 08.02.2013).

Zons, Alexander (2010): Das Geschäft mit den Projekten. Die Netzwerke Hollywoods und ihre Agenten. In: Binczek, Natalie / Stanitzek, Georg (Hg.): Strong ties / Weak ties. Freundschaftssemantik und Netzwerktheorie. Heidelberg, S. 293–309.

Kai Fischer

erkundet seit 20 Jahren innovative Möglichkeiten und Strategien, Nonprofit-Organisationen, Projekte und Programme nachhaltig zu finanzieren. Er war vor 20 Jahren der erste deutsche Pionier im Online-Fundraising und hat als einer der ersten Fundraising-Strategien für regionale Organisationen entwickelt. Darüber hinaus holte er den amerikanischen Mission-Based Ansatz nach Deutschland und passt ihn an die deutschen Gegebenheiten an. Seit sechs Jahren entwickelt er Geschäftsmodelle und Businesspläne für Nonprofit-Organisationen, Sozialunternehmen und Social Entrepreneurs, die auf die Besonderheiten hybrider und innovativer Wachstums-Organisationen zugeschnitten sind.

Kai Fischer ist Soziologe und Lehrbeauftragter für BWL-Themen an mehreren Universitäten und Hochschulen, Dozent der Fundraising Akademie und hält regelmäßig Workshops und Seminare auf Kongressen und Tagungen. Er hat vier Bücher und mehr als 60 Aufsätze und Beiträge zu Fundraising-Themen verfasst. Seit 15 Jahren gibt er seinen eigenen E-Mail-Newsletter heraus.

Bei Mission-Based Consulting ist Kai Fischer geschäftsführender Partner und berät seine Kunden – Nonprofit-Organisationen, Sozialunternehmen und Social Entrepreneurs – zu strategischen Fragen, der Erarbeitung von Geschäftsmodellen und Businessplänen sowie zu Fundraising und dem Gewinnen von Ressourcen. Zu seinen Schwerpunkten gehört auch die Entwicklung von Mission Statements.

Im Deutschen Fundraising Verband leitet Kai Fischer die Regionalgruppe Hamburg sowie die Fachgruppe „Politik und Zivilgesellschaft". Seit 2014 ist er Vorsitzender der Schiedskommission.

Weitere Informationen: www.mission-based.de